教育部高等学校电子信息类专业教学指导委员会规划教材

高等学校电子信息类专业系列教材

Modern Digital System Design

Based on Intel FPGA and VHDL

现代数字系统设计

基于Intel FPGA可编程逻辑器件与VHDL

孙延鹏 房启志 雷斌   编著
Sun Yanpeng   Fang Qizhi   Lei Bin

U0197936

清华大学出版社

北京

内容简介

本书以 Quartus Prime 软件为开发平台，结合 VHDL 与友晶科技教育平台 DE2-115 编写而成，对于基于 VHDL 和 Quartus Prime 开发的可编程逻辑器件进行了详细介绍。

本书针对电子信息类学生的特点，以入门—基础—理论—实践为主线组织内容，书中力求理论与实践相结合，更加注重实用性。书中大量实例都围绕基本数字电路的 VHDL 描述、数据采集与处理、基本算法和数字信号处理与数字通信技术展开，有作者独到的见解。

本书可作为电子信息工程、通信工程、电子科学与技术等电子信息类专业学生的教材和教师参考用书，也适合作为可编程逻辑器件开发的初学者和数字系统设计工程师的培训参考书。

本书封面贴有清华大学出版社防伪标签，无标签者不得销售。

版权所有，侵权必究。举报：010-62782989，beiqinquan@tup.tsinghua.edu.cn。

图书在版编目(CIP)数据

现代数字系统设计：基于 Intel FPGA 可编程逻辑器件与 VHDL/孙延鹏，房启志，雷斌编著.—北京：清华大学出版社，2020.7(2023.8 重印)

高等学校电子信息类专业系列教材

ISBN 978-7-302-55300-7

Ⅰ.①现… Ⅱ.①孙… ②房… ③雷… Ⅲ.①可编程序逻辑器件－系统设计－高等学校－教材 Ⅳ.TP332.1

中国版本图书馆 CIP 数据核字(2020)第 056221 号

责任编辑：曾　珊
封面设计：李召霞
责任校对：梁　毅
责任印制：杨　艳

出版发行：清华大学出版社
　　　　网　　　址：http://www.tup.com.cn，http://www.wqbook.com
　　　　地　　　址：北京清华大学学研大厦 A 座　　　　　　邮　　编：100084
　　　　社 总 机：010-83470000　　　　　　　　　　　　　邮　　购：010-62786544
　　　　投稿与读者服务：010-62776969，c-service@tup.tsinghua.edu.cn
　　　　质量反馈：010-62772015，zhiliang@tup.tsinghua.edu.cn
　　　　课件下载：http://www.tup.com.cn，010-83470236
印 装 者：涿州市般润文化传播有限公司
经　　销：全国新华书店
开　　本：185mm×260mm　　　印　　张：19　　　　　字　　数：475 千字
版　　次：2020 年 8 月第 1 版　　　　　　　　　　　　印　　次：2023 年 8 月第 3 次印刷
定　　价：69.00 元

产品编号：086763-01

前 言
PREFACE

随着集成电路技术和计算机技术的飞速发展,现在电子系统的设计和应用进入了全新的时代。传统的手工设计过程正在被先进的电子设计自动化(Electronic Design Automation,EDA)技术取代。目前EDA技术已经成为支撑现代电子设计的通用平台,并且向支持系统级设计发展。只有以硬件描述语言(Hardware Description Languages,HDL)和逻辑综合为基础的自顶向下的设计方法才能满足日趋复杂的数字系统设计需求。掌握这些现代化设计思想和EDA工具,已经成为从事信息技术和电子系统设计领域的工程师必备的一项基本专业技能。

几乎所有厂家的EDA工具都支持HDL输入方式,因此掌握EDA技术就必须要学会HDL。目前比较流行的HDL有VHDL和Verilog HDL两种。VHDL是美国电气和电子工程师协会制定的标准硬件描述语言(IEEE标准1076),是世界上第一个标准化的HDL,它可以用于数字电路与系统的描述、仿真和自动设计,当前使用较为广泛。

本书力求将理论与实践相结合,更加注重实用性。书中针对电子信息类学生的特点,沿着入门—基础—理论—实践的主线组织内容,所列实例重点突出信号处理和数字通信方向,大量实例都围绕基本数字电路的VHDL描述、数据采集与处理、基本算法和数字信号处理与数字通信技术展开,有作者独到的见解。在第6章,为了便于本类课程实验的开展,本着引导学生由易到难深入学习的原则,编写了部分实验指导。

本书共分7章。第1章主要从宏观角度介绍数字系统设计和EDA技术;第2章主要介绍PLD器件的发展演变、分类、结构以及CPLD/FPGA的结构,重点介绍了当前主流Intel CPLD/FPGA厂家的系列器件的结构及使用;第3章结合实例主要介绍了Quartus Prime工具软件的使用方法,包括输入、综合、仿真和下载等环节内容;第4章重点介绍VHDL语言要素、基本语法、状态机、TestBench设计等内容;第5章介绍常用数字电路模块的VHDL描述方法,常用算法VHDL实现,通过正弦波信号发生器的设计、基于SD卡图像数据读写缓存及显示等综合实例说明了如何用VHDL设计常用数字电路与系统;第6章介绍基于DE2-115平台设计的12个实验内容,并给出VHDL源文件以及测试文件便于初学者参考;第7章介绍DE2-115平台的结构特点以及应用方法。

本书由沈阳航空航天大学孙延鹏教授统稿,雷斌审阅了全部书稿,并提出了许多宝贵意见。第1章由北京至芯开源科技有限责任公司的雷斌编写,沈阳航空航天大学的房启志老师参与第2、3、6、7章的部分内容的编写,其余章节由孙延鹏编写并最终定稿。在本书编写过程中,部分案例的设计与验证得到了北京至芯开源科技有限公司郝旭帅工程师的大力支持和帮助,在此表示感谢。

由于作者水平有限,加之时间仓促,书中难免有不当和错误之处,恳请读者批评指正。

作　者

2019 年 12 月

学习建议

Learning Tips

通过本课程的学习,学生将了解 EDA 技术内容与发展趋势,掌握主流可编程逻辑器件的开发与应用,掌握 VHDL 语法规则进行基本数字功能模块设计,掌握 EDA 开发工具的使用方法及基本设计流程,掌握 EDA 仿真工具完成数字模块的测试文件编写与前后仿真方法,能够完成复杂数字系统设计等相关内容。

本课程课堂教学建议采用多媒体和 EDA 开发工具相结合,在课程讲授中,根据内容选择典型数字模块进行讲解,注重实际工程开发的思路与方法,培养学生的辩证思维能力,树立理论联系实际的科学观点,提高学生的抽象思维能力以及分析问题和解决问题的能力。

本课程的授课对象为计算机、电子、自动化、通信工程类专业的本科生,课程类别属于电子通信类。参考学时为 48 学时,包括课程理论教学环节 32 课时和实验教学环节 16 课时。

实验教学环节包括 Quartus Prime 和 Altera-ModelSim 工具的应用与 DE2-115 平台的下载验证,主要由学生课内独立完成仿真与物理验证,并撰写相应实验报告。

本课程的主要知识点、重点、难点及理论课时分配见下表。

知识模块	主要知识点	教学要求	计划学时
第 1 章 EDA 技术概述 (2 学时)	ASIC 综述	**知识点:** ① 了解 ASIC 的分类及发展历史; ② 了解电子设计发展历程,理解 EDA 技术含义;	0.5
	电子设计自动化技术	③ 掌握现代数字系统的设计方法,现代数字系统设计的一般步骤; ④ 了解 EDA 技术的发展趋势。	0.5
	数字系统设计方法	**重点难点:** 现代数字系统的设计方法。掌握前仿真与后仿真的含义与区别。	0.5
	EDA 技术的发展趋势	**能力:** 清楚 EDA 技术的含义与主要内容,能够了解 EDA 技术的应用领域与发展趋势,使学生具备工程实践的意识,培养学生理论联系实际的能力	0.5

续表

知 识 模 块	主要知识点	教 学 要 求	计划学时
第 2 章 CPLD/FPGA 结构(4 学时)	可编程逻辑器件的基本结构及分类 低密度可编程逻辑器件	**知识点：** ① 掌握 PROM、PAL、PLA、GAL 的基本结构与特点； ② 了解 Intel PSG CPLD 基本构成及主要特点； ③ 了解 Intel PSG FPGA 基本构成及主要特点； ④ 了解 ISP 及 JTAG 对 CPLD 和 FPGA 编程方法。	1
	Intel 公司的 CPLD Intel 公司的 FPGA	**重点难点：** 可编程逻辑器件的基本结构与特点、CPLD 与 FPGA 区别,可编程逻辑器件的编程方法。	1
	现场可编程门阵列 FPGA	**能力：** 能够根据设计需求完成基本的器件选型,根据设计	1
	Intel 公司 CPLD/ FPGA 编程和配置	需求选择合适的编程方法,使学生具备初步的工程 实践能力	1
第 3 章 Quartus Prime 软件设计 (4 学时)	使用 Quartus Prime 进行图形化设计 使用 Quartus Prime 进行 VHDL 设计	**知识点：** ① 掌握 Quartus Prime 下用图形输入方式和文本 输入方式对 CPLD 或 FPGA 设计的过程和方法； ② 掌握 Quartus Prime 下生成与调用常用 IP 核的 方法及常用 IP 核的作用；	2
	Quartus Prime 的 IP 使用	③ 掌握利用 ModelSim-Altera 工具对设计工程进 行仿真的方法。	1
	SignalTap Ⅱ 逻辑分 析仪的应用	**重点难点：** 掌握设计工具 Quartus Prime 的开发流程、仿真工 具 ModelSim-Altera 的使用方法。	
	调用 ModelSim-Altera RTL 仿真	**能力：** 能够利用 Quartus Prime 软件进行基本数字系统的	
	调用 ModelSim-Altera 门级仿真	开发,能够利用 ModelSim-Altera 仿真工具完成设 计模块的仿真	1
第 4 章 VHDL 语言基 础(14 时)	VHDL 概述	**知识点：** ① 了解 VHDL 发展历程掌握使用 VHDL 描述的 基本结构；	2
	VHDL 的基本结构	② 掌握 VHDL 主要的数据对象及数据类型,掌握 VHDL 的基本文字规则；	
	VHDL 的数据及文 字规则	③ 掌握 VHDL 中算术、逻辑、关系及符号操作符用 法,理解重载操作符含义； ④ 掌握 VHDL 中 IF、CASE、LOOP 语句的用法； ⑤ 了解 NEXT、EXIT 语句的用法；	1
	VHDL 操作符	⑥ 了解 GENERATE 用法； ⑦ 掌握 PROCESS、WHEN ELSE、WITH SELECT 及元件例化用法；	1
	VHDL 顺序语句	⑧ 了解 Mealy 型及 Moore 型状态机结构,掌握基 本状态机的写法； ⑨ 掌握基本信号激励的 TestBench 写法。	4

续表

知识模块	主要知识点	教学要求	计划学时
第4章 VHDL 语言基础(14时)	VHDL 并行语句	**重点难点:** 掌握利用顺序语句与并行语句完成基本数字模块的设计,根据设计模块的功能完成相应的测试向量文件的编写。	2
	有限状态机的设计	**能力:** 能够利用 VHDL 语言结合 Quartus Ⅱ 软件完成基本数字模块、数字系统的开发,同时能够编写相应的测试文件结合 Altera-ModelSim 仿真工具完成设计模块的仿真并对结果进行分析	2
	VHDLTestBench		2
第5章 CPLD/FPGA 应用实践 (8学时)	常用组合逻辑电路的描述	**知识点:** ① 掌握常用组合逻辑模块的 VHDL 描述; ② 掌握常用时序电路的 VHDL 描述。	4
	基本时序逻辑电路的 VHDL 描述	**重点难点:** 能够根据不同的设计需求选择合适的 VHDL 语言进行设计,同时完成测试文件的编写。	
	常用算法 VHDL 实现	**能力:** 能够根据工程实际需求完成相应数字功能模块或简单数字系统的 VHDL 设计,并具备从设计到仿真直至物理实现整个数字系统设计流程	4
	SD 卡驱动器设计		
理论学时总数			32

本课程的实验教学内容与要求及课时安排见下表。

实验项目	实验目的	教学要求	实验类型	计划学时
Quartus Prime 软件使用练习	熟悉 Quartus Prime 软件开发流程; 熟悉利用原理图方式设计数字电路; 熟悉利用波形文件方式仿真设计结果	熟练 Quartus Prime 开发过程: 工程建立; 原理图文件建立; 波形仿真; 分析仿真结果	验证	2
DE2-115 实验板下载练习	(1) 进一步熟悉 Quartus Prime 开发流程; (2) 利用文本方式设计数字电路; (3) 编写测试向量对设计文件利用 Altera-ModelSim 进行仿真; 将设计文件下载至目标芯片,并进行相应操作,对实验现象进行分析	完成 Quartus Prime 开发流程(文本方式); 利用 Altera-ModelSim 仿真测试,分析测试结果; 能够实现实验箱下载验证并分析硬件结果	验证	2

续表

实验项目	实验目的	教学要求	实验类型	计划学时
3 线/8 线译码器实验	利用 VHDL 进行 3 线/8 线译码器设计,利用 Altera-ModelSim 进行仿真测试、利用实验箱验证设计结果	能够完成 3 线/8 线译码器的仿真验证和硬件验证	验证	2
BCD/七段显示译码器实验	利用 VHDL 进行 BCD/七段译码器设计,利用 Altera-ModelSim 进行仿真测试、利用实验箱验证设计结果	能够完成 BCD/七段译码器的仿真验证和硬件验证	验证	2
模拟 74LS160 计数器实验	根据 74LS160 功能表利用 VHDL 进行计数器功能设计	能够根据功能表完成设计、仿真验证和硬件验证	验证	2
多路彩灯控制器的设计	学习基本状态机的设计方法,根据多路彩灯运行规律利用 VHDL 设计多路彩灯控制器	能够完成多路彩灯控制器的设计、仿真验证和硬件验证	验证	2
分频器的设计	理解分频器设计的基本原理,掌握分频系数和占空比的调整方法,掌握 PLL 的生成与调用防范	能够完成动态调整分频系数的数字分频器设计、仿真验证和硬件验证	验证	2
数字频率计的设计	理解频率计的设计原理,利用 VHDL 设计能够自动测量并显示的数字频率计,理解 Top-Down 设计的模块划分方法	能够完成 6 位数字频率计的设计、仿真测试和硬件测试;进阶完成 8 位频率计的仿真验证	设计性	4
数字钟的设计	理解数字钟的原理,理解 Top-Down 设计的模块划分方法	能够完成具备时间调整功能的数字钟的设计、仿真测试和硬件测试	设计性	4
LCD1602 控制器的设计	(1) 理解 LCD1602 的工作原理和方式; (2) 掌握 FPGA 对 LCD1602 接口的控制技术; (3) 学习利用状态机方式控制 LCD1602 显示字符	完成 LCD1602 控制器的设计、仿真测试和硬件测试	设计性	4
UART 控制器的设计	(1) 理解 UART 的工作原理和方式; (2) 掌握 FPGA 对 UART 接口的控制技术; (3) 学习利用状态机方式实现计算机与 FPGA 的通信	完成 UART 控制器的设计、仿真测试和利用串口助手软件实现通信功能的调试	设计性	4
VGA 控制器的设计	(1) 理解 VGA 的工作原理和方式; (2) 掌握 FPGA 对 ADV7123 接口的控制技术; (3) 驱动控制芯片 ADV7123 实现在液晶显示器上显示彩色条纹	完成 VGA 控制器的设计、仿真测试和硬件测试	设计性	4

实验学时共计 34 学时,建议选择 16 学时作为实验内容

目 录
CONTENTS

第1章

CHAPTER 1

EDA 技术概述

1.1 ASIC 综述

为专门限定的产品或应用而设计的芯片称为专用集成电路(Application Specific Integrated Circuits,ASIC),它是面向用户特定用途的集成电路。除了全定制的专用集成电路外,目前有 5 种半定制的元件可实现 ASIC 的要求,分别是:可编程逻辑器件(Programmable Logic Device,PLD)、复杂可编程逻辑器件(Complex Programmable Logic Device,CPLD)、现场可编程门阵列(Field Programmable Gate Array,FPGA)、门阵列(Gate Array)、标准单元(Standard Cell)。

在这些器件中,尤其是前 3 种器件的出现,使得电子系统的设计工程师利用相应的电子设计自动化(Electronic Design Automation,EDA)软件,在办公室或实验室里就可以设计自己的 ASIC 器件,其中近几年发展起来的 CPLD 和 FPGA 格外引人注目。这三种器件都具有用户可编程性,能实现用户规定的各种特定用途,因此被称作可编程专用集成电路。这种集成电路,半导体制造厂家可按照通用器件的规格大批量生产,用户可按通用器件从市场上选购,再由用户通过设计软件编程实现 ASIC 的要求。由于这种方式对厂家和用户都带来了好处而受到欢迎,因此发展特别迅速,已经成为实现 ASIC 的一种重要手段。

随着半导体技术的迅速发展,从 20 世纪 80 年代开始,构造许多电子系统仅仅需要三种标准电路:微处理器、存储器和可编程 ASIC。从 20 世纪 70 年代开始,存储器已经作为标准产品进入市场,而 20 世纪 80 年代的微处理器也成为一种标准产品。值得注意的是,微处理器和存储器作为电子系统的两个主要模块,一直不是可编程的。但是组成电子系统的各种控制逻辑仍然需要大量的中小规模通用器件。直到近十年来,随着可编程逻辑器件的出现,才给电子系统的控制逻辑提供了可编程的灵活性。而可编程门阵列作为一种高密度、通用的可编程逻辑器件与它的开发系统一起为更多的电子系统逻辑设计确定了一种新的工业标准。越来越多的电子系统设计工程师采用 CPLD 或 FPGA 作为电子系统设计的第三种模块,来实现一个电子系统。

互补金属氧化半导体(Complementary Metal Oxide Semiconductor,CMOS)技术的不断发展推动了电子系统逻辑设计的这一变革。人们历来认为 CMOS 速度太慢,不能满足高性能系统设计的需要,这些设计只能用一次可编程(One Time Programmable,OTP)的双极型可编程逻辑器件(PLD)来完成。而现在许多 CMOS 的可编程逻辑器件实际上已达到或超过双极型的性能,同时还具有低功耗、可编程和高集成度等吸引人的优点。

目前可编程 ASIC 正朝着为设计者提供系统内可再编程(或可再配置)的能力方向发展,即可编程 ASIC 器件不仅要具有可编程和重复编程能力,而且只要把器件插在系统内或者电路板上,就能对其进行编程或者再编程,这就为设计者进行电子系统的设计和开发提供了最新的实现手段,而在以前这是不可想象的。采用系统内可再编程(In System Programmable,ISP)技术,使得系统内硬件的功能可以像软件一样被编程来配置,从而可以实时地进行灵活和方便的更改和开发。这种称为"软"硬件的全新设计概念,使得新一代电子系统具有极强的灵活性和适应性,它不仅使电子系统的设计和产品性能的改进、扩充变得十分简易和方便,而且使电子系统具有多功能性的适应能力,从而可以为许多复杂的信号处理技术提供新的思路和方法。

随着可编程器件规模的增加,器件变得越来越复杂,对器件做全面彻底测试的要求也就越来越高,而且越来越重要。表面安装的封装和电路板制造技术的进步,使得电路板变小变密,这样一来,传统的测试方法,例如外探针测试法和"钉床"测试夹具法都难以实现,从而提高了成本。

20 世纪 80 年代联合测试行动组(Joint Test Action Group,JTAG)开发了 IEEE 1149.1—1990 边界扫描测试技术规范。这个边界扫描测试(Boundary Scan Test,BST)结构提供了有效地测试引线间隔致密的电路板上零部件的能力。目前很多公司的可编程器件均遵守 IEEE 规范,给输入引脚、输出引脚以及专用的配置引脚提供了 BST 能力。用户可以使用 BST 结构测试引脚连接而不必使用物理测试探针,而且可以在器件正常工作时,捕获功能数据。器件的边界扫描单元能够迫使逻辑追踪引脚信号,或是从引脚或器件核心逻辑信号中捕获数据。强行加入的测试数据串行移入边界扫描单元,捕获的数据串行移出并在器件外部与预期的结果进行比较。JTAG 标准提供了板级和芯片级的测试。通过定义输入输出引脚、逻辑控制函数和指令,所有 JTAG 的测试功能仅需一个四线或五线的接口及相应的软件即可完成。

可编程逻辑器件规模的不断发展,使其可以实现电子系统的高度集成,为了快速准确地设计复杂的电子系统,必须采用基于计算机的自顶向下的设计和综合工具。综合工具一般包括从原理图输入和高层描述工具、逻辑仿真器,到底层综合工具的一系列软件包。底层的综合工具对设计进行逻辑描述,并执行逻辑优化、器件映射、布局布线、网表优化,从而产生最终的设计结果。对于简单的设计,采用原理图输入或布尔方程输入是比较合适的,但对于复杂系统的设计这两种输入方法变的烦琐而复杂,并容易产生错误,而必须考虑高层次的设计输入方法。因此很多综合工具支持硬件描述语言(Hardware Description Language,HDL)、寄存器转换语言(Register Translate Logic,RTL)或有限状态机(Finite State Machine,FSM)。高层综合工具可以采用高层的行为描述,如 VHDL 或编程语言。行为描述不需要说明一个设计具体采用何种方式实现。高层综合包括选择特定的结构模板,然后执行资源分配、寄存器分配和定时。所以在高层设计期间,设计者基本是在速度和资源之间取舍。例如,相同的行为设计,当速度要求不高时,可以采用简单的微处理器(如单片机)来实现,当速度要求很高,而且有足够的硬件资源时,可以采用完全的流水线方式的逻辑设计来实现。从一个满意的行为描述开始的设计,使设计者能够有更广泛的选择余地,来找出哪一个最适合特定的实现环境。高层设计方法的另一个主要优点是顶层描述更容易理解和维护。

目前,电子设计自动化软件不再是简单的 CAD 或 CAT,已经发展到"电子设计自动化(EDA)",软件平台也已从小型机覆盖到工作站到高性能微机,一般都包含了符合 IEEE 1076 标准的 VHDL 高层综合工具,这些都为可编程 ASIC 的设计带来了极大的方便。特别对于中小规模系统的集成,可编程逻辑器件已经成为首选的方案。这也是可编程逻辑器件得到广泛应用的原因之一。

1.2　电子设计自动化技术

电子设计自动化技术(EDA)是一种以计算机为基本工作平台,利用计算机图形学、拓扑逻辑学、计算数学,以至人工智能学等多种计算机应用学科的最新成果开发出来的一整套软件工具,是一种帮助电子设计工程师从事电子元件、产品和系统设计的综合技术。EDA 技术就是以微电子技术为物理层面;现代电子设计技术为灵魂;计算机软件技术为手段;最终形成集成电子系统或 ASIC 为目的的一门新兴技术。由此可见,EDA 技术的使用对象由两大类人员组成。一类是专用集成电路 ASIC 的芯片设计研发人员;另一类是广大的电子线路设计人员,他们不具备专门的集成电路(Integrated Circuit,IC)深层次的知识。本书所阐述的 EDA 技术是以后者为应用对象,这样 EDA 技术可简单概括为以大规模可编程逻辑器件为设计载体,通过硬件描述语言输入给相应开发软件,经过编译和仿真最终下载到设计载体中,从而完成系统电路设计任务的一门新技术。

1.2.1　EDA 技术的发展历程

EDA 技术伴随着计算机、集成电路、电子系统设计的发展,经历了计算机辅助设计(Computer Assist Design,CAD)、计算机辅助工程设计(Computer Assist Engineering Design,CAED)和电子设计自动化(Electronic Design Automation,EDA)3 个发展阶段。

1. 20 世纪 70 年代的计算机辅助设计 CAD 阶段

早期的电子系统硬件设计采用的是分立元件,随着集成电路的出现和应用,硬件设计进入大量选用中小规模标准集成电路阶段。人们将这些器件焊接在电路板上,做成初级电子系统,对电子系统的调试是在组装好的(Printed Circuit Board,PCB)板上进行的。

由于设计师对图形符号使用数量有限,传统的手工布图方法无法满足产品复杂性的要求,更不能满足工作效率的要求。这时,人们开始将产品设计过程中高度重复性的繁杂劳动,如布图布线工作,用二维图形编辑与分析的 CAD 工具替代,最具代表性的产品就是美国 ACCEL 公司开发的 Tango 布线软件。由于 PCB 布图布线工具受到计算机工作平台的制约,其支持的设计工作有限且性能比较差。20 世纪 70 年代,可以说是 EDA 技术发展的初期。

2. 20 世纪 80 年代的计算机辅助工程设计 CAED 阶段

初级阶段的硬件设计是用大量不同型号的标准芯片实现电子系统设计的。随着微电子工艺的发展,相继出现了集成上万只晶体管的微处理器、集成几十万直到上百万储存单元的随机存储器和只读存储器。此外,支持定制单元电路设计的硅编辑、掩膜编程的门阵列,如标准单元的半定制设计方法以及可编程逻辑器件(PAL 和 GAL)等一系列微结构和微电子学的研究成果都为电子系统的设计提供了新天地。因此,可以用少数几种通用的标准芯片实现电子系统的设计。

伴随计算机和集成电路的发展,EDA 技术进入计算机辅助工程设计阶段。20 世纪 80 年代初,推出的 EDA 工具则以逻辑模拟、定时分析、故障仿真、自动布局和布线为核心,重点解决电路设计没有完成之前的功能检测等问题。利用这些工具,设计师能在产品制作之前预知产品的功能与性能,能生成产品制造文件,在设计阶段对产品性能的分析前进了一大步。

如果说 20 世纪 70 年代的自动布局布线的 CAD 工具代替了设计工作中绘图的重复劳动,那么,到了 20 世纪 80 年代出现的具有自动综合能力的 CAED 工具则代替了设计师的部分工作,对保证电子系统的设计,制造出最佳的电子产品起着关键的作用。到了 20 世纪 80 年代后期,EDA 工具已经可以进行设计描述、综合与优化和设计结果验证,CAE 阶段的 EDA 工具不仅为成功开发电子产品创造了有利条件,而且为高级设计人员的创造性劳动提供了方便。但是,大部分从原理图出发的 EDA 工具仍然不能适应复杂电子系统的设计要求,而具体化的元件图形也制约着优化设计。

3. 20 世纪 90 年代以来的电子系统设计自动化 EDA 阶段

为了满足千差万别的系统用户提出的设计要求,最好的办法是由用户自己设计芯片,让他们把想设计的电路直接设计在自己的专用芯片上。微电子技术的发展,特别是可编程逻辑器件的发展,使得微电子厂家可以为用户提供各种规模的可编程逻辑器件,使设计者通过设计芯片实现电子系统功能。EDA 工具的发展,又为设计师提供了全线 EDA 工具。这个阶段发展起来的 EDA 工具,目的是在设计前期将设计师从事的许多高层次设计由工具来完成。如可以将用户要求转换为设计技术规范,有效地处理可用的设计资源与理想的设计目标之间的矛盾,按具体的硬件、软件和算法分解设计等。由于电子技术和 EDA 工具的发展,设计师可以在不太长的时间内使用 EDA 工具,通过一些简单标准化的设计过程,利用微电子厂家提供的设计库来完成数万门 ASIC 和集成系统的设计与验证。

20 世纪 90 年代,设计师逐步从使用硬件转向设计硬件,从单个电子产品开发转向系统级电子产品开发 SOC(System-on-Chip,片上系统)。因此,EDA 工具是以系统级设计为核心,包括系统行为级描述与结构综合,系统仿真与测试验证,系统划分与指标分配,系统决策与文件生成等一整套的电子系统设计自动化工具。这时的 EDA 工具不仅具有电子系统设计能力,而且能提供独立于工艺和厂家的系统级设计能力,具有高级抽象的设计构思手段。例如,提供方框图、状态图和流程图的编辑能力,具有适合层次描述和混合信号描述的硬件描述语言(如 VHDL、Verilog HDL 或 System Verilog),同时含有各种工艺的标准元件库。只有具备上述功能的 EDA 工具,才能使电子系统工程师在不熟悉各种半导体工艺的情况下,完成电子系统的设计。

21 世纪以来,EDA 技术已经进入了电子技术的全方位领域。EDA 技术让电子领域的不同学科的界限变得模糊,相互包容,尤其表现在以下几个方面:实现了以自主知识产权的方式表达和确认电子设计成果;进一步确认了电子行业产业领域中软硬件 IP 核的地位;大规模电子系统和 IP 核模块已被 EDA 工具的设计标准单元涵盖;高效低成本设计技术 SOC 等逐渐成熟。

目前,全球 EDA 工具市场被三大巨头瓜分,Synopsys 公司、Cadence 公司、Mentor 公司拥有大部分 EDA 工具市场份额。2018 年全球包括 EDA、半导体知识产权(SIP),以及服务等在内的整体 EDA 产业市场规模约为 85 亿～90 亿美元。三巨头瓜分 70％的市场。

1) Synopsys 公司

Synopsys 公司成立于 1986 年,是全球最大 EDA 和全球第二大的 IP 提供商,公司市值已经达到了 130 亿美元,2017 年营收达到 27 亿美元,全球员工总数超过 12 000 人。Synopsys 公司占据统治地位的产品为逻辑综合工具 DC(Design Compiler)、时序分析工具 PT(Prime Time),这两大产品在全球 EDA 市场几乎一统江山。通过这两大产品 Synopsys 公司建立了完整的芯片 ASIC 设计 FLOW,包括:Verilog 仿真工具 VCS、逻辑综合工具 Design Compiler、物理布局布线工具 IC Compiler、形式验证工具 Formality、时序分析工具 Prime Time、参数提取工具 STAR-RC、版图检查工具 Hercules、还有 ATPG 工具 TetraMAX,可以说是集"广、大、全"于一身。

2) Cadence 公司

Cadence 公司成立于 1986 年,是 EDA 业界第二厂商,2016 年营收为 18.2 亿美元,全球员工总数超过 7000 人。公司产品集中在模拟电路、PCB 电路、FPGA 工具。Cadence 公司 1991 年推出 Virtuso 工具,正是凭借 Virtuso,Cadence 公司稳居业界第二。据悉,Virtuoso 不局限在模拟电路,将从模拟电路平台走向数模混合平台;从模拟验证走向实现,实现芯片、封装、通信到 PCB 交互式协同仿真。

3) Mentor 公司

Mentor 公司成立于 1981 年,2016 年被西门子公司以 45 亿美元收购。作为 EDA 业界第三,体量比前两家要小不少,年营收规模在 7 亿～8 亿美元,全球员工总数 4000 人。作为三巨头中成立最早的公司,虽然工具没有 Synopys 公司和 Cadence 公司全面,但在某些领域还是有独到之处,如 PCB 设计工具、Calibre、DFTAdvisor 都具有一定优势。

1.2.2 EDA 技术主要内容

如果把 EDA 的主要内容和传统绘画过程相比较,那么在开始绘画之前,我们必须准备好纸和笔墨,这里的白纸就相当于我们的设计载体——大规模可编程逻辑器件;绘画所使用的笔墨就好像是我们的软件开发工具;绘画的方式相当于我们的输入方式。由此可见,EDA 技术主要包括三部分的内容:①大规模可编程逻辑器件(白纸);②软件开发工具(笔墨);③输入方式(方式)。

1.2.3 可编程逻辑器件

可编程逻辑器件(简称 PLD)是一种由用户编程来实现某种逻辑功能的新型逻辑器件。FPGA 和 CPLD 分别是现场可编程门阵列和复杂可编程逻辑器件的简称。国际上生产 FPGA/CPLD 的主流公司,并且在国内占有市场份额较大的主要是 Xilinx、Intel、Lattice 三家公司,Xilinx 公司的 FPGA 器件有 XC2000、XC3000、XC4000、XC5000、Spartan、Artix、Kintex、Virtex、Zynq 系列等,可用门数为 1200～数亿门;Intel 公司的 CPLD 器件有 MAX3000、MAX7000A/B/S、MAX9000、MAX Ⅱ、MAX Ⅴ系列等,FPGA 器件有 Stratix、Stratix Ⅱ、Stratix Ⅴ、Stratix 10、Arria Ⅴ、Arria 10、Cyclone、Cyclone Ⅱ、Cyclone Ⅲ、

Cyclone Ⅳ、Cyclone Ⅴ、Cyclone 10、MAX 10、ACEX 1K、APEX 20K 和 FLEX 10K 等，提供门数为 5000～数亿门；Lattice 公司的 FPGA/CPLD 器件有 ispL1000、ispLSI2000、ispLSI3000、ispLSI6000、EC、ECP-DSP、ECP2、ECP2M、ECP3、ECP4、SC、XP、XP2、MachXO、MachXO2 系列等，集成度可多达数千万个等效逻辑门。

FPGA 在结构上主要分为三个部分，即可编程逻辑单元，可编程输入/输出单元和可编程连线三个部分。CPLD 在结构上主要包括三个部分，即可编程逻辑宏单元，可编程输入/输出单元和可编程内部连线。

高集成度、高速度和高可靠性是 FPGA/CPLD 最明显的特点，其时钟延时可小至纳秒级，结合其并行工作方式，在超高速应用领域和实时测控方面有着非常广阔的应用前景。在高可靠应用领域，如果设计得当，将不会存在类似于 MCU 的复位不可靠和程序指针可能跑飞等问题。FPGA/CPLD 的高可靠性还表现在几乎可将整个系统下载于同一芯片中，实现所谓片上系统，从而大大缩小了体积，易于管理和屏蔽。

1.2.4　软件开发工具

目前比较流行的、主流 FPGA 厂家的 EDA 软件工具有 Intel 公司的 Quartus Prime、Lattice 公司的 ispLEVER/Diamond、Xilinx 公司的 ISE/Vivado 等。

（1）Quartus Prime：Quartus Prime 支持原理图、VHDL 和 Verilog HDL 语言文本文件，以及以波形与 EDIF 等格式的文件作为设计输入，并支持这些文件的任意混合设计。它具有门级仿真器，可以进行功能仿真和时序仿真，能够产生精确的仿真结果。在适配之后，Quartus Prime 生成供时序仿真用的 EDIF、VHDL 和 Verilog HDL 这 3 种不同格式的网表文件，它界面友好，使用便捷，被誉为业界最易学易用的 EDA 的软件，并支持主流的第三方 EDA 工具，支持几乎所有 Intel 公司的 FPGA/CPLD 大规模逻辑器件。Quartus Prime 的前身为 Quartus Ⅱ，从 15.1 的版本开始就成了 Quartus Prime。基于上述特点，Quartus Prime 软件也是本书重点介绍的软件。

（2）ispLEVER/Diamond：ispLEVER System 是 ispLEVER 的主要集成环境。通过它可以进行 VHDL、Verilog 及 ABEL 语言的设计输入、综合、适配、仿真和下载。ispLEVER System 是目前流行的 EDA 软件中最容易掌握的设计工具之一，它界面友好，操作方便，功能强大，并与第三方 EDA 工具兼容良好。Lattice 开发环境 ispLEVER 新版本是 8.1 版。此后 Lattice 公司推出一个更新的开发环境——Lattice Diamond，并将这个环境作为下一代 Lattice 的开发环境，也就是说 ispLever 不会再升级了。Lattice Diamond 界面风格更像 Xilinx 公司的 ISE，这两个开发环境基本是一个团队开发出来的，所以很像。

（3）ISE/Vivado：Xilinx 公司最新集成开发的 EDA 工具。它采用自动化的、完整的集成设计环境，是业界最强大的 EDA 设计工具之一。ISE 是 Vivado 的上一代开发工具，自 14.7 版本（对应 Vivado 2013.3）后已经停止开发了。Vivado 是 ISE 后的新一代开发工具，运行时间更短，对复杂设计更容易收敛。如果没有特殊设计要求，建议基于 Zynq 的设计都从 Vivado 开始。

表 1.1 列出主要厂商开发软件的特性。

表 1.1 可编程逻辑器件的 EDA 开发软件的特性

厂商	EDA 软件名称	适用器件系列	输入方式
Lattice	ispLEVER	GAL、ispLSI、MACH、ispGDX、ORCA2、ORCA3、ORCA4、ispMACH 等	原理图、VHDL、Verilog HDL 文本等
Lattice	Diamond	ECP5/ECP5-5G、 ECP3、 MachXO3、MachXO2、LatticeXP2 等	原理图、VHDL、Verilog HDL 文本等
Intel	Quartus Ⅱ	Intel 各种系列 CPLD、FPGA	原理图、波形图、VHDL、Verilog HDL 文本等
Intel	Quartus Prime	Intel 各种系列,全面支持 10 系列芯片,包括 Stratix 10、Arria 10、Cyclone 10、MAX 10 等,不包含部分早期芯片	原理图、波形图、VHDL、Verilog HDL 文本等
Xilinx	ISE	Xilinx 各种系列,不包括 7 系列芯片	原理图、VHDL、Verilog HDL 文本等
Xilinx	Vivado	Xilinx 的 7 系列芯片,包括 Artix 7、Kintex 7、Virtex 7 和 ZYNQ 等。	原理图、VHDL、Verilog HDL 文本等

1.2.5 输入方式

常用的硬件描述语言有 VHDL 语言、Verilog HDL 语言、System Verilog 语言。

(1) VHDL 语言:作为 IEEE 的工业标准硬件描述语言,在电子工程领域,已成为事实上的通用硬件描述语言。

(2) Verilog HDL 语言:支持的 EDA 工具较多,适用于 RTL 级和门电路级的描述,其综合过程较 VHDL 稍简单,但其在高级描述方面不如 VHDL。

(3) System Verilog 语言:简称 SV 语言,它建立在 Verilog HDL 语言的基础上,是 IEEE 1364 Verilog—2001 标准的扩展增强,兼容 Verilog 2001,将硬件描述语言(HDL)与现代的高层级验证语言(HVL)结合起来,并成为下一代硬件设计和验证的语言。

System Verilog 结合了来自 Verilog HDL、VHDL、C++ 的概念,还有验证平台语言和断言语言,也就是说,它将硬件描述语言(HDL)与现代的高层级验证语言(HVL)结合起来。使其对于进行当今高度复杂的设计验证的验证工程师具有相当大的吸引力。System Verilog 是 Verilog HDL 语言的拓展和延伸。Verilog 适合系统级、算法级、寄存器级、逻辑级、门级、电路开关级设计,而 System Verilog 更适合于可重用的可综合 IP 和可重用的验证用 IP 设计,以及特大型基于 IP 的系统级设计和验证。

另外,还有简单易学的原理图和波形图输入方式。

1.2.6 相关厂商概述

我们知道,要成为一名优秀的画家就必须对各种纸张、笔墨的特性都非常熟悉,因此,作为一名优秀电子器件设计工程师也必须对相关厂商有一定的了解。

1. Intel 公司

2015 年 6 月 Intel 公司斥资 167 亿美元收购了 Altera 公司。Altera 公司 20 世纪 90 年代以后发展很快,是最大可编程逻辑器件供应商之一。主要产品有 MAX3000/7000、FLEX10K、APEX20K、ACEX1K、Stratix、Arria、Cyclone 等。开发软件为 Quartus Ⅱ 和

Quartus Prime（Quartus Ⅱ 的升级版本）。普遍认为其开发工具——Quartus Ⅱ 对于 FPGA、CPLD 以及结构化 ASIC 设计是性能和效能首屈一指的设计软件。

2. Xilinx 公司

Xilinx 公司是 FPGA 的发明者，老牌 PLD 公司，是最大可编程逻辑器件供应商之一。产品种类较全，主要有 XC9500/4000、Coolrunner(XPLA3)、Spartan、Artix、Kintex、Virtex、Zynq 等。开发软件为 ISE 和 Vivado。通常来说，在欧洲用 Xilinx 公司产品的人多，在日本和亚太地区用 Intel 公司产品的人多，在美国则是平分秋色。全球 PLD/FPGA 产品 90％ 以上是由 Intel 公司和 Xilinx 公司提供的。可以讲 Intel 公司和 Xilinx 公司共同决定了 PLD 技术的发展方向。

3. Lattice 公司

Lattice 公司是 ISP 技术的发明者，ISP 技术极大地促进了 PLD 产品的发展，与 Intel 公司和 Xilinx 公司相比，其开发工具略逊一筹。中小规模 PLD 比较有特色，不过其大规模 PLD、FPGA 的竞争力还不够强。1999 年推出可编程模拟器件，同时收购 Vantis 公司（原 AMD 子公司），成为第三大可编程逻辑器件供应商。2001 年 12 月收购 Agere 公司（原 Lucent 微电子部）的 FPGA 部门。主要产品有 ispLS12000/5000/8000、MachXO、MachXO2 等。

4. Microsemi 公司（并购了 Actel 公司）

Actel 公司于 1985 年成立，2010 年，Microsemi 公司并购了 FPGA 厂商 Actel 公司。Actel 公司是反熔丝（一次性烧写）PLD 的领导者，由于反熔丝 PLD 抗辐射、耐高低温、功耗低、速度快，所以在军品和宇航级上有较大优势。一直都是美国军方的半导体供应商，并禁止对外出售，所以在中国及其他国家地区即使通过授权 Actel 代理商都很难购买到 Actel 公司的产品，目前 Actel 公司开始逐渐转向民用和商用，除了反熔丝系列外，还推出可重复擦除的 ProASIC3 系列。

5. Quicklogic 公司

Quicklogic 公司是专业 PLD/FPGA 公司，以一次性反熔丝工艺为主，有一些集成硬核的 FPGA 比较有特色，但总体上在中国地区销售量不大。

6. Lucent 公司

Lucent 公司的主要特点是有不少用于通信领域的专用 IP 核，但 PLD/FPGA 不是 Lucent 公司的主要业务，在中国地区使用的人很少。2000 年 Lucent 公司的半导体部独立出来并更名为 Agere 公司。2001 年 12 月 Agere 公司的 FPGA 部门被 Lattice 公司收购。

7. Cypress 公司

曾经的 FPGA 玩家，已经完全退出 FPGA 市场。

8. Atmel 公司

曾经的 FPGA 玩家，已经完全退出 FPGA 市场。

1.3 数字系统的设计方法

1.3.1 Top-Down 设计方法

早期的数字系统多采用试凑法进行设计，此法无固定的套路可循，主要凭借设计者的经验。所设计出的电路，虽然不乏构思巧妙者，但交流和修改不方便，设计所花费时间也较多。

现代数字系统设计多采用一种叫做自上而下的模块化设计方法。自上而下也称自顶向下（Top-Down），"顶"就是系统的功能，向下指的是将系统分割成若干功能模块。完整的意思是：从整个系统功能出发，按一定原则将系统分为若干子系统，再将每个子系统分为若干功能模块，再将每个模块分成若干较小的模块直至分成许多基本模块实现。在自上而下划分过程中，最重要的是将系统或子系统按计算机组成思想那样划分成控制器和若干个受控的功能模块（即受控部分）。受控部分通常为设计者们所熟悉的各种功能电路，无论是选用现成模块还是自行设计都有一些固定方法可依，无须花费更多的精力。主要的任务是设计控制器，而控制器通常相当于一个规模不大的时序机，且控制器在系统或子系统中仅有一个，设计工作量不大。这样就把一个复杂的系统设计任务化为一个较小规模的设计问题，从而大大简化了设计的难度，缩短了设计时间，而且修改设计也很方便，通常只需对控制器做适当调整，最后用现场可编程器件实现这样的数字系统，对于 ASIC 制作过程而言，上述设计只是一种构思设计，最后还要落实到具体芯片的设计上。通常 PLD 是以门和触发器为基本单元的，也就是说，各种模块还要"下"到门和触发器级，因而还需要用到 SSI 设计方法，但结合 PLD 的特点，有其独特之处。本书将介绍一些 PLD 中适用的 SSI 设计方法。另一方面，在现代 PLD 开发软件的数据库中都有许多功能模块（相应于各种 MSI 器件），设计者可以随便调用，因而各种教科书所介绍的 MSI 设计方法也有其用武之地。只是一般来说，用 MSI 模块方法设计方便、快捷，但芯片利用率不如 SSI 方法高。

1.3.2　数字系统设计的一般步骤

在 CPLD 大量问世以前，电子工程师们设计数字系统的过程是：书面设计→硬件搭试→制作样机。众所周知，硬件搭试是很费时间的，往往因接线紊乱和接触不良带来各式各样的麻烦，所用器件越多，搭试难度越大，当系统规模大到一定程度，系统复杂到一定程度，这种搭试实际是不可行的，随着计算机技术的发展和 CPLD 的使用，改变了数字系统设计的程式，采用 EDA 工具可以很方便地对设计进行仿真，从而省去了繁杂的实验过程。应用 EDA 技术，现代数字系统设计一般有以下步骤。

（1）确定设计任务，划分各功能模块。

（2）设计输入，大多数 EDA 工具软件都支持逻辑图输入和硬件描述语言输入两种方式。

（3）逻辑验证（功能仿真或前仿真）。

（4）逻辑综合。EDA 工具中存在综合器，它能将高层次系统级行为设计自动翻译成门级逻辑电路的描述，也能将同层次的行为描述转换成为结构描述。经过逻辑综合，各种逻辑功能可直接用 EDA 工具目标中的相应单元器件实现。

（5）时间仿真（后仿真）。它是在引入实际器件的参数后进行的仿真，其结果能真实地反映实际系统的时序、功能。

（6）物理实现。物理实现是指用实际的器件实现数字系统的设计，用仪表测量设计的电路是否符合设计的要求。

1.3.3　IP 核介绍

知识产权英文全称为 Intellectual Property，简称 IP。美国 Dataquest 咨询公司将半导体产业的 IP 定义为用于 ASIC、ASSP、PLD 等芯片当中的，并且是预先设计好的电路功能模块,让其他用户可以直接调用这些模块,是那些已验证的、可重利用的、具有某种确定功能的 IC 模块。简言之,这里的 IP 即电路功能模块。IP 核是指将一些在数字电路中常用但比较复杂的功能块(如 FIR 滤波器、SDRAM 控制器、PCI 接口)等设计成参数可修改的模块。根据实现方式的不同,IP 分为软 IP(soft IP core)、固 IP(firm IP core)和硬 IP(hard IP core)。软 IP 是用硬件描述语言的形式描述功能块的行为,并不涉及用什么电路和电路元件实现这些行为,软 IP 的最终产品是应用软件。固 IP 除了完成软 IP 所有的设计外,还完成了门电路级综合和时序仿真等设计环节,一般以门电路级网表形式提交用户使用。硬 IP 则是完成了综合的功能块,已有固定的拓扑布局和具体工艺,并已经经过工艺验证,具有可保证的性能,提供设计的最终阶段产品——掩膜(mask)。设计深度越深,后续工序所需要做的事情就越少,但是灵活性也就越小。

FPGA 的 IP 核是指 FPGA 厂商及其合作公司提供的,针对其 FPGA 芯片结构进行了优化的逻辑功能块。在 FPGA 开发过程中使用 IP 核代替用户自己设计的逻辑,可大大缩短开发周期,提供更可靠、有效的逻辑综合和实现。使用高度优化的 IP 核有助于加速开发进程,降低开发成本。

从复杂性的角度看,支持 FPGA 的 IP 核既包括诸如逻辑和算术运算等简单的 IP 核,也包括诸如数字信号处理器、以太网 MAC、PCI/PCI Express 接口等比较复杂的系统级构造模块。按其功能划分,FPGA 的 IP 核主要有以下几类。

(1) 逻辑运算 IP 核。包括与、或、非、异或等基本逻辑运算单元和复用器、循环移位器、三态缓存器和解码器等相对复杂的逻辑运算模块。

(2) 数学运算 IP 核。Intel 公司的数学运算 IP 核分为整数运算和浮点运算两大类。

(3) 存储类 IP 核。包括移位寄存器、触发器、锁存器等简单的存储器 IP 核和较为复杂的 ROM、RAM、FIFO 和 Flash 存储器等模块。

(4) 数字信号处理 IP 核。包括有限冲激响应滤波器(FIR)编译器、级联积分梳状(CIC)滤波器编译器、数控振荡器(NCO)编译器以及快速傅里叶变换(FFT)等 IP 核,用于数字信号系统设计。

(5) 数字通信 IP 核。包括 RS 码编译器、用于卷积码译码的 Viterbi 译码器、循环冗余校验(CRC)编译器、8B/10B 编/译码器以及 SONET/SDH 物理层 IP 核等。

(6) 图像处理 IP 核。主要是实现视频和图像处理系统中常用功能的 IP 核,具体有 2D FIR 滤波器和 2D 中值滤波器、α 混合器、视频监控器、色度重采样器、图像裁剪器、视频输入和输出模块、颜色面板序列器、颜色空间转换器、同步器、视频帧读取和缓冲器、γ 校正器、隔行扫描和去隔行扫描器、缩放器、切换器、测试模板生成器和视频跟踪系统模块。

(7) 输入/输出 IP 核。主要包括时钟控制器、锁相环(PLL)、低电压差分信号(LVDS)收发器、双数据速率(DDR)I/O、I/O 缓存器等。

(8) 芯片接口 IP 核。包括用于数字视频广播(DVB)的异步串行接口(ASI)、10/100/1000Mb/s 以太网接口、DDR 和 DDR2 SDRAM 控制器、存储器物理层访问接口、PCI/PCI Express 编译器、RapidIO 和用于数字电视信号传输的串行数字接口(SDI)等。

(9) 设计调试 IP 核。包括提供设计调试功能的逻辑分析仪、串行和并行 Flash 加载器、系统内的源和探测模块以及虚拟 JTAG 等。

(10) 其他 IP 核。还有一些针对部分 FPGA 应用的专用 IP 核。

1.4 EDA 技术的发展趋势

1.4.1 可编程器件的发展趋势

1. 向高密度、大规模的方向发展

电子系统的发展必须以电子器件为基础,随着集成电路制造技术的发展,可编程 ASIC 器件的规模不断地扩大,从最初的几百门到现在的上亿门。目前,高密度的可编程 ASIC 产品已经成为主流器件,可编程 ASIC 已具备了片上系统(SOC)集成的能力,产生了巨大的飞跃。这也促使了工艺的不断进步,而每次工艺的改进,可编程 ASIC 器件的规模都将有很大的扩展。由于高密度、大容量的可编程 ASIC 的出现,给现代电子系统(复杂系统)的设计与实现带来了巨大的帮助。

2. 向系统内可重构的方向发展

系统内可重构是指可编程 ASIC 在置入用户系统后仍具有改变其内部功能的能力。采用系统内可重构技术,使得系统内硬件的功能可以像软件那样通过编程来配置,从而在电子系统中引入"软硬件"的全新概念。它不仅使电子系统的设计、产品性能的改进和扩充变得十分简便,还使新一代电子系统具有极强的灵活性和适应性,为许多复杂信号的处理和信息加工的实现提供了新的思路和方法。

3. 向低电压、低功耗的方向发展

集成技术的飞速发展,工艺水平的不断提高,节能潮流在全世界的兴起,也为半导体工业提出了降低工作电压的发展方向。可编程 ASIC 产品作为电子系统的重要组成部分,也不可避免地向 3.3V—2.5V—1.8V 的标准靠拢,以便适应其他数字器件,扩大应用范围,满足节能的要求。

4. 向混合可编程技术方向发展

可编程 ASIC 的广泛应用使得电子系统的构成和设计方法均发生了很大的变化。但是迄今为止,有关可编程 ASIC 的研究和开发的大部分工作基本上都集中在数字逻辑电路上,在未来几年里,这一局面将会有所改变,模拟电路及数模混合电路的可编程技术将得到发展。

可编程模拟 ASIC 是今后模拟电子线路设计的一个发展方向。它们的出现使得模拟电子系统的设计也和数字系统设计一样变得简单易行,为模拟电路的设计提供了一个崭新的途径。

1.4.2 开发工具的发展趋势

1. 具有混合信号处理能力的 EDA 工具

目前,数字电路设计的 EDA 工具远比模拟电路的 EDA 工具多,模拟集成电路 EDA 工具的开发难度较大,但是,由于物理量本身多以模拟形式存在,所以实现高性能的复杂电子系统的设计离不开模拟信号。因此,20 世纪 90 年代以来 EDA 工具厂商都比较重视数模混合信号设计工具的开发。对数字信号的语言描述,IEEE 已经制定了 VHDL 标准,对模拟信号的语言正在制定 AHDL 标准,此外还提出了对微波信号的 MHDL 描述语言。

具有混合信号设计能力的 EDA 工具能处理含有数字信号处理、专用集成电路宏单元、数模变换和模数变换模块、各种压控振荡器在内的混合系统设计。美国 Cadence、Synopsys 等公司开发的 EDA 工具已经具有混合设计能力。

2. 有效的仿真工具的发展

通常可以将电子系统设计的仿真过程分为两个阶段：设计前期的系统级仿真和设计过程的电路级仿真。系统级仿真主要验证系统的功能；电路级仿真主要验证系统的性能，决定怎样实现设计所需的精度。在整个电子设计过程中仿真是花费时间最多的工作也是占用 EDA 工具资源最多的一个环节。通常，设计活动的大部分时间在做仿真，如验证设计的有效性、测试设计的精度、处理和保证设计要求等。仿真过程中仿真收敛的快慢同样是关键因素之一。提高仿真的有效性一方面是建立合理的仿真算法，另一方面是系统级仿真中系统级模型的建模，电路级仿真中电路级模型的建模。预计在下一代 EDA 工具中，仿真工具将有一个较大的发展。

3. 理想的设计综合工具的开发

现在电子系统和电路的集成规模越来越大，几乎不可能直接面向版图做设计，若要找出版图中的错误，更是难上加难。将设计者的精力从烦琐的版图设计和分析中转移到设计前期的算法开发和功能验证上，这是设计综合工具要达到的目的。高层次设计综合工具可以将低层次的硬件设计一起转换到物理级的设计，实现不同层次的不同形式的设计描述转换，通过各种综合算法实现设计目标所规定的优化设计。

面对当今飞速发展的电子产品市场，电子设计人员需要更加实用、快捷的 EDA 工具，使用统一的集成化设计环境，改变传统设计思路，即优先考虑具体物理实现方式，而将精力集中到设计构思、方案比较和寻找优化设计等方面，以最快的速度开发出性能优良、质量一流的电子产品。总之，今天的 EDA 工具将向着功能强大、简单易学、使用方便的方向发展。

1.4.3 输入方式的发展趋势

1. 输入方式简便化趋势

早期 EDA 工具设计输入普遍采用原理图输入方式，以文字和图形作为设计载体和文件，将设计信息加载到后续的 EDA 工具中，完成设计分析工作。原理图输入方式的优点是直观，能满足以设计分析为主的一般要求，但是原理图输入方式不适合用 EDA 综合工具。20 世纪 80 年代末，电子设计开始采用新的综合工具，设计描述开始由原理图设计描述转向以各种硬件描述语言为主的编程方式。用硬件描述语言描述设计，更接近系统行为描述，且便于综合，更适于传递和修改设计信息，还可以建立独立于工艺的设计文件，不便之处是不太直观，要求设计师学会编程。

很多电子设计师都具有原理图设计的经验，不具有编程经验，所以仍然希望继续在比较熟悉的符号与图形环境中完成设计，而不是利用编程来完成设计。为此，EDA 公司在 20 世纪 90 年代相继推出一批图形化免编程的设计输入工具，它们允许设计师用他们最方便、熟悉的设计方式，如框图、状态图、真值表和逻辑方程建立设计文件，然后由 EDA 工具自动生成硬件描述语言文件。

2. 输入方式高效化和统一化趋势

今天，在电子设计领域形成了这样一种分工：软件和硬件；相应工程师也被分成软件工程师和硬件工程师。对于复杂算法的实现，人们通常先建立系统模型，根据经验分析任务,然后将一部分工作划给软件工程师,将另一部分工作交给硬件工程师。硬件工程师为了实现复杂的功能,使用硬件描述语言设计高速执行的芯片,而这种设计是富有挑战性和花费时间的,需要一定的硬件工程技巧。人们希望能够找到一种方法,在更高的层次下设计更复杂、更高速的系统,并希望将软件设计和硬件设计统一到一个平台下。C/C++语言是软件工程师在开发商业软件时的标准语言,也是使用最为广泛的高级语言,人们很早就开始尝试在C语言的基础上设计下一代硬件描述语言。

FPGA的超强并行计算能力以及低功耗是其先天优点,缺点则是开发难度也是最高的,这也是 C based HLS 工具想要解决的问题。

用 HDL 来描述算法的 FPGA 设计方式,工程师需要描述 Register 与 Register 之间每一个 Cycle 的逻辑,相当于用汇编语言(同样也是关注 Register 层面的读写)来做软件开发。这种设计方法的开发效率很低,开发难度也会很大。

高层次综合(High-Level Synthesis,HLS)技术在最近几年获得了较为广泛的关注,原因在于它支持设计者使用 C/C++/System C/OpenCL 来做算法的 FPGA 实现,用户无须再关注 Cycle 层次的细节,设计的抽象层次和软件实现基本是一样的。HLS 高层次综合是经过复杂的算法处理(优化、调度、资源分配等),由 HLS 自动生成 HDL 语言描述(RTL 级实现),性能上远高于 CPU 软核的方式。

关于 FPGA 的开发方法,从硬件描述语言,到高级语言综合,走了几十年的路。至今也没有一个工具能够实现很好的开发体验。近几年比较热门的工具,像 HLS 和 OpenCL 综合工具仍然有很长的路要走。HLS 和以前的工具相比,有了一些进步。比如有很多内置函数,能更好地控制综合目标,可以选择电路单元类型,支持 OpenCL 语言,等等。但是仍然有资源使用大,综合速度慢,事无巨细的人工干预这些缺点。OpenCL 规范描述的开发方式,本身只强调了程序的移植性,没有性能的移植性。在 FPGA 上要想达到理想的效果,仍然需要大量的人工干预。

C 语言输入方式的广泛使用还有赖于更多 EDA 软件厂家和 FPGA 公司的支持。随着EDA 技术的不断成熟,软件和硬件的概念将日益模糊,使用单一的高级语言直接设计整个系统将是一个统一化的发展趋势。

1.5　本章小结

本节主要对 EDA 技术做了一个综述,介绍了 EDA 技术的发展历程和相关厂商。同时介绍了 EDA 技术发展而带来的新的数字系统设计的方法和一般步骤,讲解了 IP 核的概念和应用。EDA 技术本身也是一个不断发展更新的技术,对 EDA 技术三个主要内容的发展趋势也做了简单的介绍。

第 2 章

CHAPTER 2

CPLD/FPGA 结构

可编程逻辑器件(PLD)是 20 世纪 70 年代发展起来的一种新型逻辑器件。它是一个逻辑电路,从最基本的原理讲,它主要是一种"与-或"两级结构的器件,可由用户编程来执行专门规定的逻辑功能。虽然现有的 PLD 器件已经发展得很复杂,但其核心思想仍然是"与-或"阵列形式,并与用户可编程的逻辑宏单元相结合,其最终逻辑结构和功能由用户决定,许多 PLD 器件的功能已经或多或少地变成工业标准,即可以像标准 74 系列中小规模器件那样。电路设计人员可以按照产品手册,根据不同的速度、功耗、成本进行器件选择,并能从不同的厂家购买到。而且,PLD 器件还提供了标准 74 系列器件无法提供的功能,即 PLD 器件是用户可编程的,未经编程的 PLD 器件不能实现任何功能,使用者可以通过对 PLD 编程来实现一个用户规定的逻辑功能。这样就极大地方便了用户,使用户可以将一些中小规模器件的功能集成到一个或几个 PLD 中,极大地简化了印制板设计,因此 PLD 成为最早实现可编程 ASIC 的器件。

PLD 的主要部分由两个逻辑阵列构成。逻辑阵列是用户可编程的部分,它由与门、或门和反相器组成,输入信号是在逻辑阵列中布线通道上运行的。在第二代 PLD 上就增加了宏单元允许用户规定 PLD 的输出结构。最早的宏单元是输出极性可编程的,这个宏单元十分简单,在逻辑阵列的每个输出边上加上一个极性熔丝,用户编程这个极性熔丝来配置输出信号的极性。

PLD 的主要部分由两个逻辑阵列构成:一个与阵列伴随一个或阵列。从技术上讲,输入到 PLD 的信号必须首先通过与阵列,在这里形成输入信号的组合,每组与项被称为布尔代数的最小项或 PLD 术语中的乘积项,这些乘积项在或阵列中进行逻辑或,然后这个逻辑信号经输出宏单元输出。由于输入信号的原码和它的反码都是由输入缓冲器产生的,所以输入信号的极性不是问题。因为 PLD 的布线是通过阵列实现的,所以设计的逻辑功能只要能够放进 PLD 器件,布线就能成功。

PLD 器件的与/或阵列结构可以十分有效地利用硅片面积,而且对于逻辑设计也非常方便。这是由于任何布尔函数都可以表示为最小项的逻辑式,即所谓 PLD 术语中的积之和形式,而 PLD 器件的这种结构正是直接实现了积之和。对于比较复杂的逻辑函数来说,采用积之和方式得到的门电路可能非常大,利用离散的逻辑器件实现起来可能比较困难,但采用阵列基础上的 PLD 则不必考虑这些问题。PLD 器件发展到现在已经形成了多种结构,形成了不同的产品,从 PROM、PLA、PAL、GAL 到 CPLD。从最初的"与"阵列全部预定制

PROM 到现在的复杂 PLD(CPLD)器件,大体可以分为四个发展阶段:

第一阶段,PROM(Programmable Read-Only Memory)、FPLA(Field Programmable Logic Array),即可编程只读存储器;

第二阶段,PAL(Programmable Array Logic),即可编程阵列逻辑;

第三阶段,GAL(Generic Array Logic),即可编程逻辑阵列;

第四阶段,CPLD(Complex Programmable Logic Device),即复杂可编程逻辑器件和 FPGA(Field Programmable Gate Array),即现场可编程门阵列。

2.1 可编程逻辑器件的基本结构及分类

可编程逻辑器件是 20 世纪 70 年代发展起来的一种新型逻辑器件,以其独特的优越性能,一出现就受到了人们的青睐,它不仅速度快、集成度高,并且几乎能随心所欲完成定义的逻辑功能(Do As You Wish),还可以加密和重新编程,其编程次数最大可达 1 万次以上。使用可编程逻辑器件可以大大简化硬件系统、降低成本、提高系统的可靠性、灵活性和保密性。因此,可编程逻辑器件是设计数字系统的理想工具,现已广泛用于计算机硬件、工业控制、智能仪表、通信设备和医疗电子仪器等多个领域。可编程逻辑器件的应用不仅使电子产品性能有了很大改善,而且使数字系统设计方法也发生了根本性变革。

可编程逻辑器件是指由用户通过编程定义其逻辑功能,从而实现各种设计要求的集成电路芯片。因此,PLD 器件在电路结构上与其他逻辑器件有着较大差别。

2.1.1 基本结构

PLD 的基本结构如图 2.1 所示。电路的主体是由门构成的与阵列和或阵列,逻辑函数要靠它们实现。为了适应各种输入情况,与阵列的每个输入端都有输入缓冲电路,从而使输入信号具有足够的驱动能力,并产生原变量(A)和反变量($\overline{A}$)两个互补的信息。有些 PLD 的输入电路还包含锁存器(Latch),甚至是一些可以组态的输入宏单元,可对输入信号进行预处理。PLD 的输出方式有多种,可以由阵列直接输出(组合方式),也可以通过寄存器输出(时序方式);输出可以是低电平有效,也可以是高电平有效;不管采用什么方式,在输出端口上往往带有三态电路,且有内部通路可以将输出信号反馈到与阵列输入端。新型的 PLD 器件则将输出电路做成宏单元(Macro Cell),使用者可以根据需要对其输出方式组态编辑,从而使 PLD 的功能更灵活,更完善。

由于任何组合函数均可化为与或式,从而用"与门-或门"二级电路实现,而任何时序电路又都是由组合电路加上存储元件构成的,因而 PLD 的结构对实现数字电路具有普遍的意义。

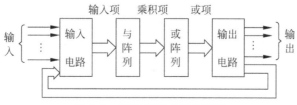

图 2.1 PLD 的基本结构框图

2.1.2 PLD 器件的分类

1. 按可编程的部位分类

如图 2.1 所示,在 PLD 各个方框中,通常只有部分可以编程或组态。根据它们的可编程情况,一般分为以下几类。

1) 可编程只读存储器(PROM)

PROM 的基本结构包括一个固定的与阵列,其输出加到一个可编程的或阵列上。大多用来存储计算机程序和数据,此时固定的输入用作存储器地址,输出是存储器单元的内容,如图 2.2 所示。

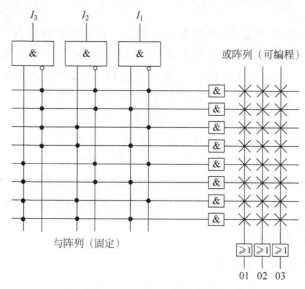

图 2.2　PROM 的阵列结构

2) 可编程逻辑阵列(PLA)

PLA 是由可编程的与阵列和可编程的或阵列构成的,在实现逻辑函数时有极大的灵活性,然而这种结构编程困难,且造价昂贵。PLA 的阵列结构如图 2.3 所示。

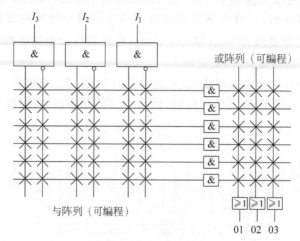

图 2.3　PLA 的阵列结构

3）可编程阵列逻辑（PAL）

PAL 器件结合了 PLA 的灵活性和 PROM 的廉价和易于编程的特点。其基本结构为一个可编程的与阵列和一个固定的或阵列。

4）通用逻辑阵列（GAL）

GAL 器件是在其他 PLD 器件的基础上发展起来的逻辑芯片，它的结构继承了 PAL 器件的与-或结构，并在这一基础上有了新的突破，增加了输出逻辑宏单元（OLMC）结构，其结构如图 2.4 所示。

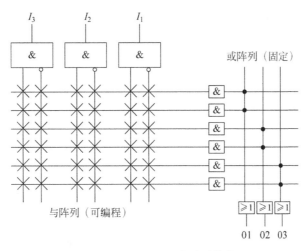

图 2.4　PAL(GAL)的阵列结构

各种结构的主要区别如表 2.1 所示。

表 2.1　不同 PLD 的分类

分　　类	与　阵　列	或　阵　列	输出电路
PROM	固定	可编程	固定
PLA	可编程	可编程	固定
PAL	可编程	固定	固定
GAL	可编程	固定	可组态

除了以上几种 PLD 外，还有可编程二极管阵列和可编程 MUX 阵列等特殊的 PLD。

近年来，可编程技术使用越来越广，又出现了可编程互联、可编程模块和可编程模拟电路等广义的可编程器件。

2．按编程方法分类

最初的 ROM 是由半导体生产厂制造的，阵列中各点间的连线用厂家专门为用户设计的掩模板制作，因而称为掩模编程。一般用来生产存放固定数据和程序的 ROM 等。

由于设计掩模成本高，有一定的风险，所以人们又研制了一种熔丝编程的 PROM，如图 2.5 所示，其中每个横线与纵线的交点处皆有熔丝，因而任何一条横线与纵线都是相连的，编程时利用某一形式特殊的高幅度的电流将熔丝烧断即可。可见这种方法是不可逆的，是一次性编程。用 MOS 工艺制造的 PROM 中连线接点放的不是熔丝，而是一对反向串联的肖特基二极管，如图 2.6 所示。未编程时纵线与横线间是不通的，编程时加反向高电压击

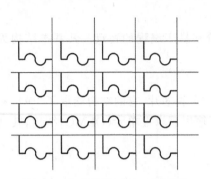

图 2.5 熔丝编程 PROM 示意图

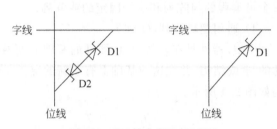

图 2.6 PN 结击穿法 PROM

穿一个二极管,从而达到逻辑连接的目的。

第三类编程方式称为可擦除 PROM(Erasable Programmable ROM,EPROM),其编程"熔丝"是一只浮栅雪崩注入型 MOS 管,其结构如图 2.7 所示。编程时,在 G2 栅上注入电子来提高 MOS 的开启电压,从而达到编程的目的。

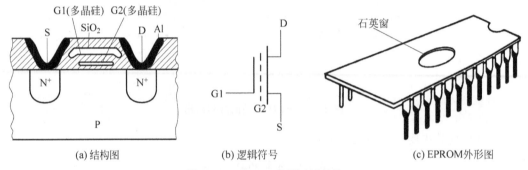

(a) 结构图　　　　　　(b) 逻辑符号　　　　　　(c) EPROM外形图

图 2.7 EPROM 的"熔丝"结构

EPROM 器件的上方有一个石英窗(如图 2.7(c)所示),就是为擦去编程信息而设置的。擦除时将器件放在紫外线处照射 20min 即可,正常运用时,应用不透明的胶纸将其封住。

另一种可擦除的 PROM 器件称为 EEPROM 或称 E^2PROM,它是一种电擦除的可编程器件,其编程"熔丝"与 EPROM 结构相仿。

还有一种快闪存储器(Flash Memory),它是采用类似 EPROM 的单管浮栅结构的存储单元制成的新一代用电信号擦除的可编程 ROM。它既吸收了 EPROM 结构简单、编程可靠的优点,又具有 E^2PROM 用隧道效应擦除的快捷特性,集成度可以做得很高。

快闪存储器的编程和擦除分别采用两种不同的机理。在编程(写入)方法上,与 EPROM 相似,即利用雪崩注入的方法使浮栅充电;在擦除方法上与 E^2PROM 相似,即利用隧道效应使浮栅上的电子通过隧道返回衬底。由于片内所有叠栅 MOS 管的源极连在一起,所以全部存储单元同时被擦除。这是它不同于 E^2PROM 的一个特点。

早期采用浮栅技术的存储元件都需要使用两种电压,即 5V 逻辑电压和 12~21V 的编程电压。现在已趋向采用单电源供电,即由器件内部的升压电路提供编程和擦除电压。大多数单电源可编程逻辑器为 5V 或 3.3V 的产品。随着生产工艺水平的提高,这些浮栅编程元件的擦写寿命已达 10 万次以上。

最后一种是 SRAM 编程方法。SRAM 指静态存储器。其存储单元由两个 CMOS 反相器和一个用来控制读写的 MOS 管传输开关组成,结构如图 2.8 所示。大多数 FPGA 用它来存储配置数据,所以又称为配置存储器。由于采用独特的工艺设计,SRAM 具有很强的抗干扰能力和很高的可靠性。FPGA 中可编程单元的全部工作状态由编程数据存储器中的数据设定。

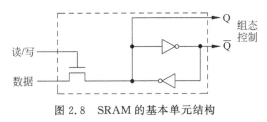

图 2.8　SRAM 的基本单元结构

综上所述,ROM 的编程方法是按掩模 ROM→PROM→EPROM→E^2PROM 次序发展的,通常把一次性编程的(如 PROM)称为第一代 PLD,把紫外光擦除的(如 EPROM)称为第二代 PLD,把电擦除的(如 E^2PROM)称为第三代 PLD。

第二代、第三代 PLD 器件的编程都是在编程器上进行的,而在系统编程(ISP)器件,编程工作可以不用编程器而直接在目标系统或线路板上进行,因而称第四代 PLD 器件。

3. 按集成密度分类

可分为低密度可编程逻辑器件(LDPLD)和高密度可编程逻辑器件(HDPLD)。历史上,GAL22V10 是简单 PLD 和复杂 PLD 的分水岭,一般也按照 GAL22V10 芯片的容量区分为 LDPLD 和 HDPLD。GAL22V10 的集成密度根据制造商的不同,大致为 500～750 门。如果按照这个标准,PROM、PLA、PAL 和 GAL 器件均属于低密度可编程逻辑器件(LDPID),而 EPLD、CPLD 和 FPGA 则属于高密度可编程逻辑器件(HDPLD),如图 2.9 所示。

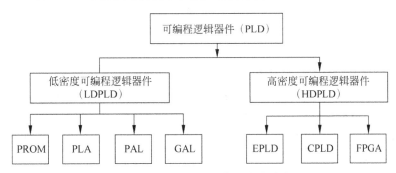

图 2.9　可编程逻辑器件的密度分类

1) 低密度可编程逻辑器件(LDPLD)

低密度可编程逻辑器件包括 PROM、PLA、PAL 和 GAL 四种器件。

2) 高密度可编程逻辑器件(HDPLD)

高密度可编程逻辑器件包括 EPLD、CPLD 和 FPGA 三种器件。

20 世纪 80 年代中期,Intel 公司推出一种新型的、可擦除的可编程逻辑器件,称为 EPLD(Erasable Programmable Logic Device)。它是一种基于 EPROM 和 CMOS 技术的可编程逻辑器件。

　　EPLD 器件的基本逻辑单位是宏单元。宏单元由可编程的与或阵列、可编程寄存器和可编程 I/O 三部分组成。宏单元和整个器件的逻辑功能,均由 EPROM 来定义和规划。从某种意义上讲 EPLD 是改进的 GAL。EPLD 的特点是大量增加输出宏单元的数目,提供更大的与阵列。由于特有的宏单元结构,使设计的灵活性比 GAL 有较大的改善;集成密度提高,在一片芯片内能够实现较多的逻辑功能;EPLD 由于保留了逻辑块的结构,内部连线相对固定,即使是大规模集成容量的器件,其内部延时也很小,有利于器件在高频率下工作。

　　世界著名的半导体器件公司如 Intel、Xilinx、AMD、Lattice 和 Atmel 均有 EPLD 产品。但结构差异较大。EPLD 内部互连能力十分弱,在 20 世纪 80 年代末受到另一种新兴的可编程逻辑器件 FPGA 的冲击,直到 20 世纪 90 年代 EPLD 的改进器件 CPLD(Complex PLD)出现后,这种情况才有所改变。

　　CPLD 器件是复杂可编程逻辑器件,与 EPLD 相比,CPLD 增加了内部连线,对逻辑宏单元和 I/O 单元有了重大的改进。CPLD 在集成度和结构上呈现的特点是具有更大的与阵列和或阵列,增加大量的宏单元和布线资源,触发器的数量明显增加。高速的译码器、多位计数器、寄存器、时序状态机、网络适配器、总线控制器等较大规模的逻辑设计可选用 CPLD 来实现。需要说明的是,近年来各芯片生产厂家又纷纷推出规模更大的 CPLD。Lattice 公司的 ispMACH4000V/B/C/Z 产品系列集成高达 512 个宏单元,支持单个时钟的重置和预置,以及时钟使能控制,工作频率可高达 SuperFAST™ 400MHz。ispLSI6000 系列,其集成度达到 25 000 个等效 PLD 门并具有 320 个宏单元。Intel 公司的 MAX V 器件系列密度分布在 40～2210 个 LE 之间,最多 272 个用户 I/O 引脚。因此,具有复杂算法的数字滤波器等数字信号处理单元的逻辑设计也可选用这些具有更高集成度的 CPLD 来实现。部分 CPLD 器件内部还集成了 RAM、FIFO,或双口 RAM 等存储器,以适应 DSP 应用设计的要求。典型的 CPLD 器件有 Lattice 公司的 ispMACH 系列器件,Xilinx 公司的 XC9500XL、CoolRunner-II CPLD 系列器件,Intel 公司的 MAX II、MAX V 系列器件等。

　　FPGA(Field Programmable Gate Array)现场可编程门阵列是最近十年发展起来的新型可编程逻辑器件。FPGA 器件的功能由逻辑结构的配置数据决定。工作时,这些配置数据存放在片内的 SRAM 或者熔丝图上。使用无 SRAM 的 FPGA 器件,在工作前需要从芯片外部加载配置数据。配置数据可以存储在片外的 EPROM 或其他存储体上,人们可以控制加载过程,在现场修改器件的逻辑功能,即所谓现场编程。

　　FPGA 器件在结构上由逻辑功能块排列为阵列,并由可编程的内部连线连接这些功能块来实现一定的逻辑功能。以 Xilinx 公司的 FPGA 器件为例,它的结构可以分为三个部分:可配置逻辑块(Configurable Logic Blocks,CLB)、可编程 I/O 模块(Input/Output Block,IOB)和可编程内部连线(Programmable Inter Connect,PIC)。

2.2　低密度可编程逻辑器件

　　低密度可编程逻辑器件 GAL 是美国晶格半导体公司(Lattice-Semiconductor)于 1983 年推出的一种可电擦写、可重复编程、可设置加密的新型 PLD 器件。GAL 器件采用电擦除技术,无须紫外线照射就可随时进行修改。由于其内部具有特殊的结构控制字,因而使它虽然芯片类型少,但编程灵活、功能齐全。

GAL 和 PAL 的与阵列是相似的,但或阵列以及输出寄存器被输出逻辑宏单元(Output Logic Macro Cell,OLMC)所取代了,其结构图如图 2.10 所示。

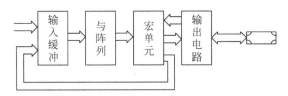

图 2.10　GAL 结构框图

GAL 的许多优点都源于 OLMC,它使 GAL 的输出电路可以组态。

目前市场上供应最多的是 GAL16V8 和 GAL20V8 两种系列产品。这里 16(20)是指可使用的输入端数,V 表示通用型,8 指输出端数。图 2.11 是 GAL16V8 的方框图。GAL16V8 是 20 条引脚的集成电路芯片,其结构分为四部分。

(1) 输入缓冲器。输入端为引脚 2～引脚 9,共有 8 个输入,又因为输出端是具有反馈的,也可以用作输入端,因此可利用的输入端总数为 16 个。

(2) 与阵列。它包含有 32 列和 64 行的与矩阵,32 列表示 8 个输入的原变量和反变量以及 8 个输出反馈信号的原变量和反变量,相当于有 32 个输入变量。64 行表示 8 个输出的 8 个乘积项,相当于与矩阵有 64 个输出,即产生 64 个乘积项。可编程的与阵列有 2048 个可编程单元,图上表示为 2048 个码点。

(3) 输出逻辑宏单元(OLMC),输出引脚为 12～19 共 8 个。输出逻辑宏单元包括或门、异或门、D 触发器、四个 4 选 1 多路选择器、输出缓冲器等。

(4) 输出电路,从宏单元中引出信号经过三态门缓冲加以输出。

另外,还有系统时钟 CK(引脚 1)、输出三态公共控制端 OE(引脚 11)、电源 VCC(引脚 20)和 GND(引脚 10)。

OLMC 的结构示意图如图 2.12 所示。其主要构成为或门 G3 完成或操作,异或门 G4 完成极性选择,因为异或门控制变量为 0 时输出与输入相同,当控制变量为 1 时,输出与输入相反。极性选择还可以用来实现所需的乘积项,GAL 的输出只能实现小于 8 个乘积项的函数,如果采用异或门,可以把大于 8 乘积项,而每个乘积项只含一个变量的函数化简为一个乘积项。例如:

$$Y = A + B + C + D + E + F + G + H + I \tag{2.1}$$

$$\overline{Y} = \overline{A} \cdot \overline{B} \cdot \overline{C} \cdot \overline{D} \cdot \overline{E} \cdot \overline{F} \cdot \overline{G} \cdot \overline{H} \cdot \overline{I} \tag{2.2}$$

当输入大于 8 项如式(2.1)时,可以通过输入端将其反变为式(2.2)输入而逻辑功能不变,然后通过异或门 G4 在取反来还原成式(2.1),从而完成大于 8 个的乘积函数功能。

在 OLMC 中还有 D 触发器和四个多路选择器,多路选择器的功能如下。

(1) 乘积项输入多路选择器(Product Term Input Multiplexer,PTMUX)。PTMUX 的数据信号分别来自地电平和本组与阵列的第一与项。这两个数据信号哪个能成为或门 G3 的输入,要由与非门 G1 的输出来决定。当 AC0 和 AC1(n)全为 1 时,地电平被选中成为或门 G3 的输入。而 AC0 和 AC1(n)中至少有一个为 0 时,则第一与项成为或门的输入。可见,PTMUX 的主要功能是在 AC0 和 AC1(n)两个控制端口控制下,用来决定第一与项是否成为或门的输入信号。

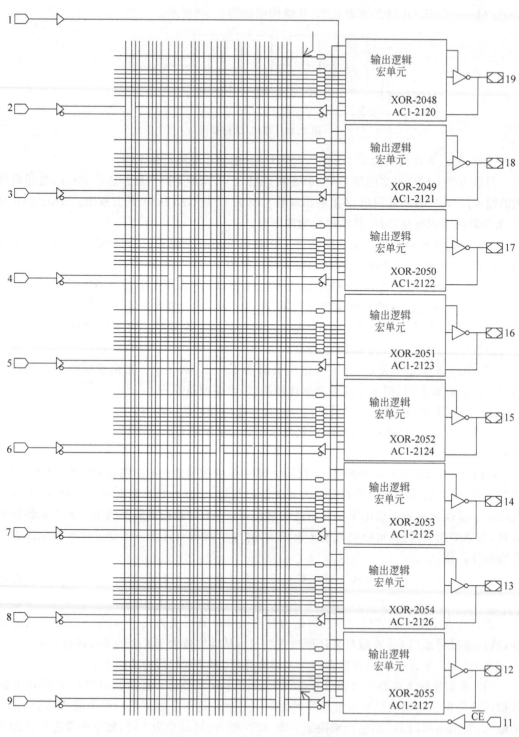

图 2.11　GAL16V8 的电路结构图

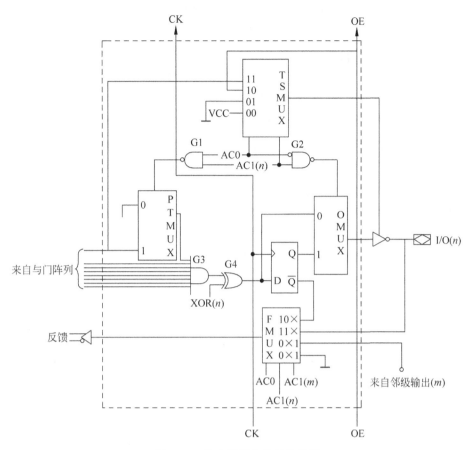

图 2.12 输出逻辑宏单元结构图

（2）OMUX 称为输出多路选择器。OMUX 的数据信号分别来自 D 触发器的 Q 端和异或门的输出。当 AC0AC1(n)等于 10 时，门 G2 输出为 1。此时，Q 端和输出三态缓冲器接通，成为时序电路。在 AC0AC1(n)为其他值时，门 G2 输出为 0，这时把 D 值送到输出三态缓冲器中，成为组合电路。OMUX 功能是在 AC0 和 AC1(n)控制下，决定输出是组合电路还是时序电路。

（3）TSMUX 称为三态多路选择器。它用来从 VCC、地电平、OE、第一与项这四路信号中选出一路信号作为输出三态缓冲器的三态控制信号。当 AC0 和 AC1(n)为"11"时，取标记为"11"的第一与项作为输出缓冲器的三态控制信号，第一与项是"0"还是"1"由用户编程决定；为"10"时，取 OE 作为三态控制信号；为"01"时，取地电平作为三态控制信号，输出呈高阻态；为"00"时，取 VCC 为三态控制信号，输出缓冲器被选通。

（4）FMUX 称为反馈多路选择器。它用来从 D 触发器的 Q 端、本级输出、邻级输出、地电平这四路信号中选出一路作为反馈信号，反馈到与阵列。

GAL16V8、CAL20V8 系列器件的 OLMC 有寄存器、复杂、简单三种工作模式。用户通过输出引脚定义方程来设定 OLMC 的工作模式。OLMC 三种模式又细分成七种逻辑组态，如表 2.2 所示。

表 2.2　三种模式和七种组态的关系

工 作 模 式	逻 辑 组 态
寄存器模式	(1) 寄存器输出组态；(2) 组合输出双向口组态
复合模式	(3) 组合输出双向口组态(与寄存器模式下类似，但 CLK、OE 可作他用)； (4) 组合输出组态(无反馈)
简单模式	(5) 反馈输入组态；(6) 输出反馈组态；(7) 相邻输入组态

低密度可编程逻辑器件易于编程，对开发软件的要求低，在 20 世纪 80 年代得到了广泛应用，但随着技术的发展，低密度可编程逻辑器件在集成度和性能方面的局限性也暴露出来。低密度可编程逻辑器件的寄存器、I/O 引脚、时钟等资源的数目有限，没有内部互连，使设计的灵活性受到明显的限制。复杂可编程逻辑器件(CPLD)是随着半导体工艺不断完善、用户对器件集成度要求不断提高的形势下所发展起来的产物。1985 年，美国 Intel 公司在 EPROM 和 GAL 器件的基础上，首先推出了电可擦除可编程逻辑器件，也就是 EPLD，其基本结构与 PAL/GAL 器件相仿，但其集成度要比 GAL 器件高得多。而后 Intel、Atmel、Xilinx 等公司不断推出新的 EPLD 产品，它们的工艺不尽相同，结构不断改进，形成了一个庞大的群体。

前几年，一般把器件的可用门数超过 500 门的 PLD 称为 EPLD。近年来，由于器件的密度越来越大，所以许多公司把原来称为 EPLD 的产品都称为 CPLD。现在一般把所有超过某一集成度的 PLD 器件都称为 CPLD。

当前 CPLD 的规模已从取代 PAL 和 GAL 的 500 门以下的芯片系列，发展到 5000 门以上，现已有上百万门的 CPLD 芯片系列。随着工艺水平的提高，在增加器件容量的同时，为提高芯片的利用率和工作频率，CPLD 从内部结构上做了许多改进，出现了多种不同的形式，功能更加齐全，应用不断扩展。

2.3　Intel 公司的 CPLD

1993 年推出的 Intel MAX CPLD 系列广受赞誉，该系列提供了有史以来功耗最低、成本最低的 CPLD。MAX 系列器件如表 2.3 所示。

表 2.3　MAX CPLD 系列器件

系列名称	MAX 7000S	MAX 3000A	MAX II	MAX IIZ	MAX V
推出年份	1995	2002	2004	2007	2010
工艺技术	$0.5\mu m$	$0.30\mu m$	$0.18\mu m$	$0.18\mu m$	$0.18\mu m$
关键特性	5.0V I/O	低成本	I/O 数量多	零功耗	低成本；低功耗

5.0V I/O MAX 7000S CPLD 系列对于需要 5.0V I/O 的工业、军事和通信系统应用非常重要。

MAX 3000A CPLD 系列针对大批量应用优化了成本。采用先进的 $0.30\mu m$ CMOS 工艺进行制造，基于 E^2PROM 的 MAX 3000A CPLD 系列提供瞬时接通功能，其密度范围为 32～512 个宏单元。MAX 3000A CPLD 支持在系统编程(ISP)，很容易在现场重新进行配置。可以针对连续或者组合逻辑操作来单独配置每一 MAX 3000A 宏单元。

MAX Ⅱ CPLD 系列基于突破创新的体系结构,在任何 CPLD 系统中,其单位 I/O 引脚功耗和成本都是最低的。MAX Ⅱ CPLD 是瞬时接通、非易失器件,面向低密度通用逻辑和便携式应用,例如蜂窝手机设计等。

除了能够实现成本最低的传统 CPLD 设计之外,MAX Ⅱ CPLD 还进一步降低了高密度设计的功耗和成本,支持用户使用 MAX Ⅱ CPLD 来替代高功耗、高成本 ASSP 或者标准逻辑 CPLD。

MAX ⅡZ CPLD 具有零功耗特性,与低成本 MAX Ⅱ CPLD 系列有相同的非易失、瞬时接通优势,可实现多种功能。

MAX Ⅴ CPLD 是 CPLD 的最新系列,也是市场上最有价值的器件。具有独特的非易失体系结构,并且是业界密度最大的 CPLD,MAX Ⅴ 器件提供可靠的新特性,与竞争 CPLD 相比,进一步降低了总功耗。该系列非常适合各类市场领域中的通用和便携式设计,包括固网、无线、工业、消费类、计算机和存储、汽车,以及广播和军事等。

2.3.1 MAX 3000A 器件

1. 概述

Intel 公司的 3.3V MAX 3000A 器件基于 Intel MAX 架构,为大批量应用进行了成本优化。采用先进的 $0.30\mu m$ CMOS 处理,基于电可擦除可编程只读存储器(E^2PROM),MAX 3000A 系列是一种即用性的器件,密度范围为 32~512 个宏单元。MAX 3000A 器件支持在线系统可编程能力(ISP),能够轻松地实现现场重配置。每个 MAX 3000A 宏单元都可以独立地配置成顺序或组合逻辑操作。3.3V 的 MAX 3000A CPLD 系列提供商业和工业级的常用速度等级和封装,是应对成本敏感、大批量应用的理想解决方案。表 2.4 列出 MAX 3000A 所提供的器件。

表 2.4 MAX 3000A 器件概述(3.3V)

特 性	器 件				
	EPM3032A	EPM3064A	EPM3128A	EPM3256A	EPM3512A
可用门	600	1250	2500	5000	10 000
宏单元	32	64	128	256	512
最大用户 I/O	34	66	96	158	208
T_{PD}/ns	4.5	4.5	5.0	7.5	7.5
T_{SU}/ns	2.9	2.8	3.3	5.2	5.6
T_{CO1}/ns	3.0	3.1	3.4	4.8	4.7
f_{CNT}/MHz	227.3	222.2	192.3	126.6	116.3

注: T_{PD} 为从输入到非寄存器输出的数据路径延迟; T_{SU} 为全局时钟建立时间; T_{CO1} 为全局时钟到输出延迟; f_{CNT} 为 16 比特计数器内部全局时钟频率。

Intel 公司的 MAX 3000A 可编程逻辑器件(PLD)是满足大批量、成本敏感性应用的非易失性和即用性 CPLD 理想的解决方案。MAX 3000A CPLD 提供 32~512 个宏单元,3.3V 逻辑内核电压,并支持通用特性和封装。

Intel 公司的 MAX 3000A 系列采用成本优化的 $0.30\mu m$,四层金属生产工艺,提供 32～512 个宏单元。MAX 3000A 器件支持商业和工业级温度范围,并提供常用的封装,例如除了传统的塑封引线芯片封装(PLCC)和塑封四角扁平封装(PQFP)之外,还有薄塑封四角扁平封装(TQFP)和 1.0mm 间距球栅阵列封装(BGA)。MAX 3000A 器件给予设计人员采用不同单板布局进行设计所需的灵活性。

Intel 公司的 MultiVolt™ 多电压接口允许设计人员在 MAX 3000A 设计中无缝集成 2.5V、3.3V 和 5.0V 逻辑电平。从工业应用传统所要求的 5.0V I/O 信号到消费电子应用要求的低电压标准如 2.5V,MAX 3000A 器件都提供强大的 I/O 电压选项。表 2.5 列出了 MAX 3000A 器件的输入和输出电压支持。

表 2.5　MAX3000A I/O 支持的输入和输出电压

VCC I/O 电压	输入信号			输出信号	
	2.5V	3.3V	5.0V	2.5V	3.3V
2.5V	√	√	√	√	
3.3V	√	√	√		√

注:3.3V 输出兼容 2.5V 和 5.0V 系统。

MAX 3000A 器件是具有即用性、非易失性,提供全局时钟、在系统可编程、IEEE—1532 标准支持和开路输出特性的器件。和许多其他硅片特性一起,MAX 3000A 器件适用于大量系统级的应用。

MAX 器件为易用的 Quartus Ⅱ 网络版和 MAX＋PLUS Ⅱ 基础版设计软件所支持。这两个平台提供综合、布局布线、设计验证和器件编程功能,能够从 Intel 网站的设计软件部分免费下载。这两个免费赠送的可用于 MAX 器件设计的开发工具使最终用户系统的总体开发成本最小化。

MAX 3000A CPLD 常用于通信、计算机、消费电子、汽车、工业和许多其他终端系统中。依靠其低成本和灵活性的特点,MAX 3000A 器件通过替代其他更昂贵的标准硅片器件,降低了系统成本。采用 CPLD,系统升级更为简单,并依靠 MAX 3000A CPLD 的再编程能力延长了终端产品的生命周期。

2. 功能描述

MAX3000A 器件结构包含以下 5 个单元:逻辑阵列块、宏单元、扩展乘积项(共享和并联)、可编程互联阵列、I/O 控制块实现。MAX3000A 结构还包含 4 个专用输入(时钟、复位、两个输出使能),可以用来作为普通 I/O 使用也可以用来作为高速全局控制信号。图 2.13 为 MAX3000A 器件结构。

1) 逻辑阵列块 LAB

MAX3000A 系列器件的结构主要由逻辑阵列块 LAB 和它们之间的连线构成。每个逻辑阵列块由 16 个宏单元组成,多个 LAB 通过可编程连线阵列 PIA 和全局总线连接在一起。全局总线由所有的专用输入、I/O 引脚和宏单元馈给信号。LAB 的输入信号有:①来自 PIA 的 36 个信号;②全局控制信号;③I/O 引脚到寄存器的直接输入通道。

2) 宏单元

MAX3000A 系列器件的宏单元可以被独立配置成组合或时序逻辑。宏单元由逻辑阵列、乘积项选择矩阵和可编程触发器三个功能块组成。宏单元的结构如图 2.14 所示。

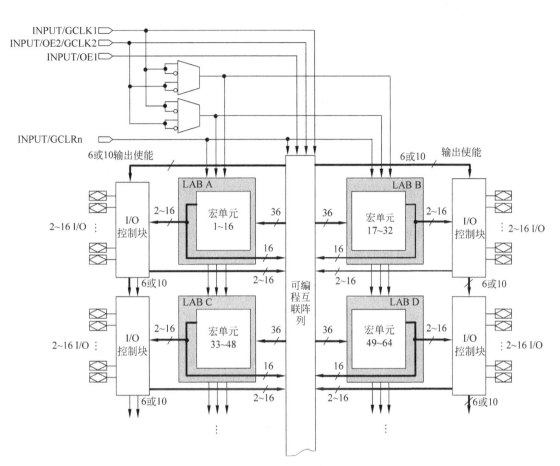

图 2.13 MAX3000A 系列器件的结构框图

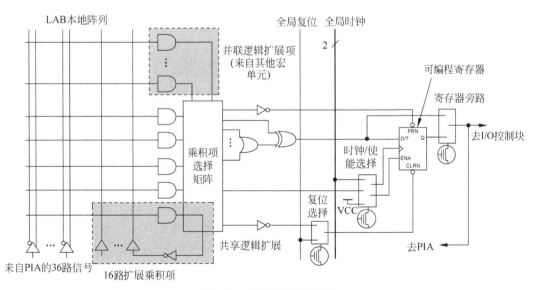

图 2.14 宏单元结构框图

逻辑阵列实现组合逻辑功能,给每个宏单元提供 5 个乘积项。"乘积项选择矩阵"分配这些乘积项作为到"或"门和"异或"门的主要逻辑输入,以实现组合逻辑函数,或者把这些乘积项作为宏单元中触发器的辅助输入,即清除、置位、时钟和时钟使能控制。每个宏单元的一个乘积项可以反相后回送到逻辑阵列。这个"可共享"的乘积项能够连接到同一个 LAB 中任何其他乘积项上。利用 Intel 开发工具按设计要求自动优化乘积项的分配。

宏单元中的触发器可以单独地编程为具有可编程时钟控制的 D 触发器、T 触发器、SR 触发器或 JK 触发器工作方式。另外,也可以将触发器旁路,实现组合逻辑功能。每个触发器也支持异步清除和异步置位功能,乘积项选择矩阵分配乘积项去控制这些操作。虽然乘积项驱动触发器的置位和复位信号是高电平有效,但是在逻辑阵列中可将信号反相,得到低电平有效的控制。此外,每个触发器的复位功能可以由低电平有效的、专用的全局复位引脚 GCLRn 信号提供。在设计输入时,用户可以选择所希望的触发器,然后 Intel 开发工具对每一个寄存器功能选择最有效的触发器工作方式,以使设计所需要的资源最少。

3)扩展乘积项

大多数逻辑函数虽然能够用宏单元中的 5 个乘积项来实现,但某些逻辑函数较为复杂,要附加乘积项。为提供所需的逻辑资源,不利用另一个宏单元,而是利用 MAX3000A 结构中共享逻辑扩展和并联逻辑扩展乘积项,作为附加的乘积项直接送到 LAB 的任意宏单元中,在逻辑综合时,利用扩展项可保证用尽可能少的逻辑资源,实现尽可能快的工作速度。

共享扩展项在每个 LAB 中有 16 个扩展项。它是由宏单元提供一个未使用的乘积项,并把它们反馈到逻辑阵列,便于集中管理使用。每个共享扩展乘积项可被 LAB 内任何(或全部)宏单元使用和共享,以实现复杂的逻辑函数。共享逻辑扩展项结构如图 2.15 所示。

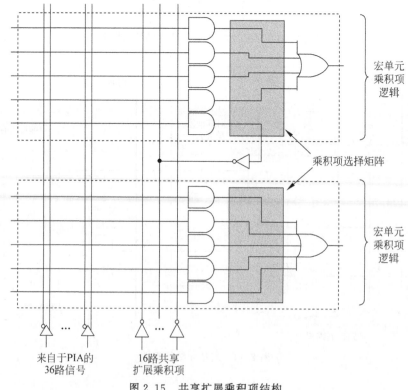

图 2.15　共享扩展乘积项结构

并联扩展项是将没有使用的乘积项分配给邻近的宏单元以实现快速复杂的逻辑功能。并联扩展项允许最多20个乘积项直接提供给宏单元实现逻辑,其中5个乘积项由宏单元提供,15个乘积项由邻近的宏单元并联扩展项提供。每个LAB内部有8个宏单元,宏单元可以为邻近宏单元借入或借出并联扩展项。高位的宏单元能向低位的宏单元借入并联扩展项。最低位的宏单元只能借出并联扩展项,最高位的宏单元只能借入宏单元。图2.16表示宏单元之间是如何借入或借出并联扩展项的。

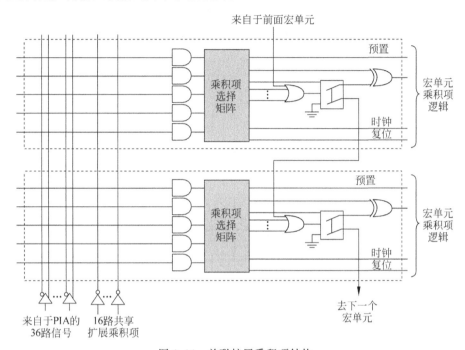

图 2.16 并联扩展乘积项结构

4)可编程连线阵列(PIA)

通过这个PIA的可编程布线通道,把多个LAB相互连接,构成所需的逻辑。它能够把器件中任何信号源连接到目的地。所有的专用输入、I/O引脚的反馈、宏单元的反馈均连入PIA中,并且布满整个器件。图2.17给出了PIA上的信号如何布线到LAB的。EPROM单元控制2输入"与门"的一个输入端,以选择驱动LAB的PIA信号。

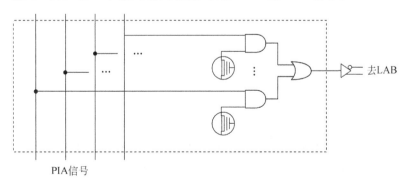

图 2.17 PIA 布线图

可编程连线阵列的延时是固定的,因此,PIA 消除了信号之间的时间偏移,使得时间性能容易预测。

5) I/O 控制块

I/O 控制块允许每个 I/O 引脚单独地配置成输入、输出和双向工作方式,所有 I/O 引脚都有一个三态缓冲器。它的使能端由全局输出使能信号或 VCC、GND 信号中的一个控制。I/O 控制块结构如图 2.18 所示。该 I/O 控制块由 6 个或 10 个全局输出使能信号驱动。当三态缓冲器的控制端接到地(GND)时,其输出为三态(高阻态),而且 I/O 引脚可作为专用输入端使用;当三态缓冲器的控制端接到电源(VCC)时,I/O 引脚处于输出工作方式。

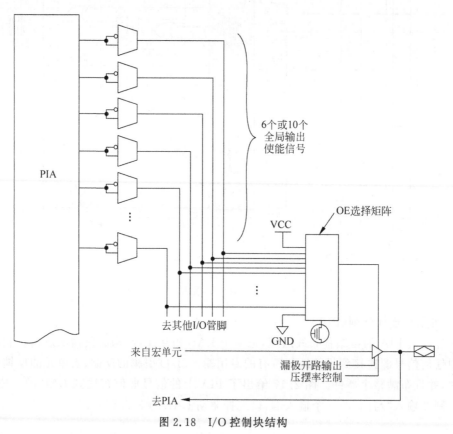

图 2.18 I/O 控制块结构

2.3.2 MAX Ⅱ 器件

1. 概述

MAX Ⅱ 系列是一款即开即用非挥发性的 CPLD 产品,它由基于 $0.18\mu m$ 技术的 6 层金属 Flash 组成,其密度为 240～2210 逻辑单元 LE(即 128～2210 等效宏),具有非挥发性的 8Kbit 存储器。MAX Ⅱ 提供高速高性能 I/O 端口,这些端口能可靠地与其他架构的 CPLD 端口对接。以多电压核、用户 Flash 存储器 UFM 和增强型在线编程 ISP 为特色的 MAX Ⅱ,被用于降低成本减少功耗的各类可编程解决方案,例如总线桥接器、I/O 扩展、上电复位(POR)和顺序控制,以及设备配置器。MAX Ⅱ 系列器件特性如表 2.6 所示。

表 2.6 MAX Ⅱ系列器件特性

特 点	EPM240	EPM570	EPM1270	EPM2210
LE	240	570	1270	2210
典型等效宏单元	192	440	980	1700
UFM 容量/bit	8192	8192	8192	8192
最大用户 I/O	80	160	212	272
t_{PDI}/ns	4.7	5.5	6.3	7.1
f_{CNT1}/MHz	304	304	304	304
t_{SU1}/ns	2.0	1.8	1.8	1.8
t_{CO1}/ns	4.4	4.5	4.6	4.7

① t_{PDI} 表示最坏 I/O 布局情况下的点对点的延迟时间,此时路径对角穿过整个器件,以及穿过邻近输出引脚的 LUT 和 LAB 所组成的组合逻辑。

② 最大频率取决于 I/O 端口时钟输入引脚性能的限制。16 位计数器的临界延迟要比这个参数快。

　　MAX Ⅱ器件具有一个内部线性电压调节器,以支持外部 3.3V 或 2.5V 的电源电压,调节器将外部电压降低到 1.8V 的内部操作电压。MAX ⅡG 和 MAX ⅡZ 仅接受 1.8V 的外部电源电压。在 100-Pin Micro FineLine BGA 或 256-Pin Micro FineLine BGA 这两款封装中,MAX ⅡZ 与 MAX ⅡG 器件的引脚兼容。除了外部支持电压不同,MAX Ⅱ和 MAX ⅡG 器件具有完全相同的输出引脚和时序参数。表 2.7 列出 MAX Ⅱ系列支持的外部电压。

表 2.7 MAX Ⅱ系列支持的外部电压

器 件	EPM240、EPM570、EPM1270、EPM2210	EPM240G、EPM570G、EPM1270G、EPM2210G
多电压内核外部供电电压(VCCINT)	3.3V; 2.5V	1.8V
多电压 I/O 端口的接口电平(VCCIO)	1.5V; 1.8V; 2.5V; 3.3V	1.5V; 1.8V; 2.5V; 3.3V

2. 功能描述

　　MAX Ⅱ具有一个用以执行定制逻辑的基于行和列的二维架构。行和列的接点则提供了逻辑阵列块 LAB 之间的信号连接。逻辑阵列由诸逻辑阵列块 LAB 组成,每个逻辑阵列块 LAB 则由 10 个逻辑单元 LE 组成。LE 是一个能够执行用户逻辑的小单元。逻辑阵列块 LAB 被分成行和列分布在器件上。多路互连结构在 LAB 之间提供了快速的颗粒延迟(granular timing delays)。相比于全局路由连接架构,LE 之间的快速路由能提供最小的时序延时,用以构成更大的逻辑。MAX Ⅱ器件的引脚由 I/O 单元(IOE)驱动,IOE 则位于环绕器件边缘的行和列 LAB 终端位置上。每个 IOE 包含一个具有多种高级功能的双向缓冲器。I/O 引脚支持施密特触发输入和多种端口标准,例如 66MHz,32bit PCI 以及 LVTTL。MAX Ⅱ器件提供一个全局的时钟网络。该全局时钟网络由贯穿整个器件的 4 条全局时钟线组成,为器件内的所有资源提供时钟。这些全局时钟线也可以用作控制信号,例如清零 clear、预置 preset 或输出使能。MAX Ⅱ的功能框图如图 2.19 所示。图 2.20 为 MAX Ⅱ的引脚底层框图。

　　每个 MAX Ⅱ器件中包含一个 Flash 存储器。在 EPM240 器件中,该存储器位于器件的左边。而在 EPM570、EPM1270 和 EPM2210 器件中,存储器位于器件的左下角区域。

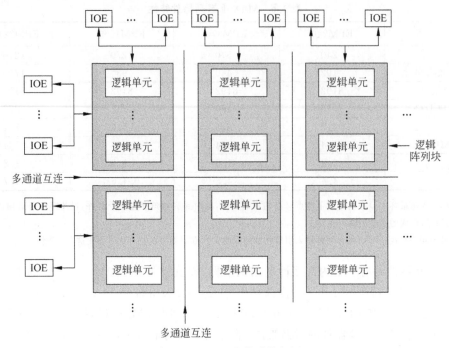

图 2.19　MAX Ⅱ 的功能框图

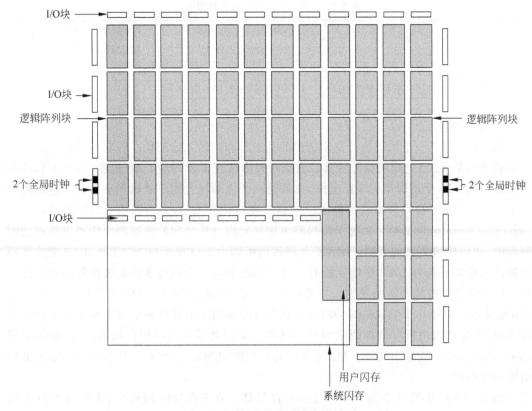

图 2.20　MAX Ⅱ 的引脚底层框图

Flash存储器的大部分被用作专用的Flash配置存储器CFM,CFM为所有的SRAM的配置信息提供非挥发性的存储。CMF在器件上电时自动下载和配置逻辑和端口,以实现即开即用。MAX Ⅱ器件中Flash存储器的另一部分被用作小型用户数据存储UFM。UFM提供了8192bit的通用存储器,并提供有连接至逻辑阵列的可编程端口,用于执行对UFM的读写。有三个LAB行邻近这个区块(其LAB的列编号改变)。

3. 逻辑阵列块(LAB)

MAX Ⅱ LAB结构如图2.21所示。每个LAB都由以下部分组成:10个逻辑单元LE,若干LE进位链,若干LAB控制信号,一个局部通道,一个查找表LUT链,若干寄存器链连线。组成26种不同的LAB输入方式,LE的输出端驱动10根反馈线至LE自身的输入。局部通道用于在相同LAB的LE之间传送信号。查找表LUT链将一个LE的LUT输出链接并传输给邻近的LE,以完成LAB内部连续快速的LUT连接。寄存器链将LAB内一个LE寄存器的输出链接并传输给邻近的LE寄存器。Quartus Prime软件将组合逻辑放置在一个LAB内,或相邻的LAB内,并允许使用局部的LUT链和寄存器链,以提高区域效率。

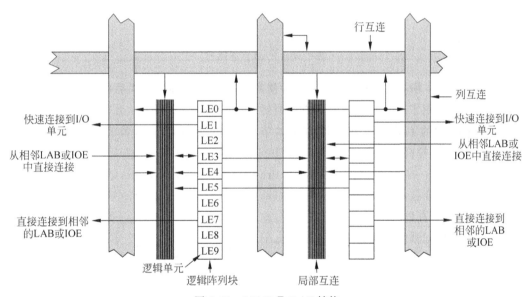

图2.21 MAX Ⅱ LAB结构

1) LAB内部互连

LAB局部通道可用于连接LAB内部的逻辑单元LE,它由LAB内部的行通道、列通道和LE输出驱动。相邻LAB也可以通过其左侧和右侧的直连通道驱动其局部通道。局部通道使得行通道和列通道的使用量最小化,这样可以提供更高的性能和灵活性。通过快速局部通道和直连通道,每个LE能够驱动其他30个LE。图2.22为LAB直连通道。

2) LAB控制信号

每个LAB都包含有为其LE提供控制信号的专用逻辑电路。该控制信号包括两个时钟、两个时钟使能、两个异步清零、一个同步清零、一个异步预置/装入(Preset/Load)、一个同步装入(Load)以及加减控制信号。最多可有10个控制信号同时工作。虽然同步清零和装入信号通常被用在计数器上,但它们也可作为其他用途。每个LAB可使用两个时钟和两

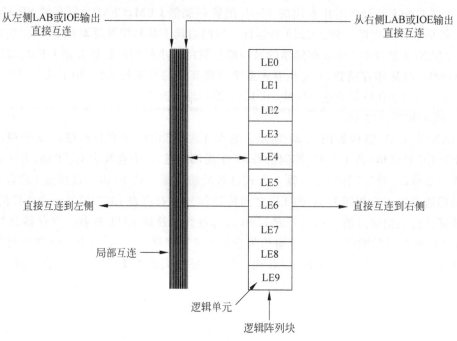

图 2.22　LAB 直连通道

个时钟使能信号。所有 LAB 的时钟和时钟使能这两个信号都是相关联的,例如,一个指定 LAB 中的 LE 使用了 labclk1 信号,那它的时钟使能信号则必须使用 labclkena1。如果 LAB 既使用一个时钟的上升沿也使用该时钟的下降沿,也就使用了两者的局部 LAB(LAB-wide)时钟信号。拉高时钟使能信号则关闭该 LAB 局部时钟。每个 LAB 可使用两个异步清零信号 Clear 和一个异步预置/装入信号 Preset/Load。默认情况下,Quartus Prime 软件使用一个非门回推技术实现预置 Preset。如果在 Quartus Prime 软件中屏蔽了非门回推选项,或者指定某寄存器的上电状态为高电平,此时则使用异步装入 Load 来完成预置 Preset,而异步装入的数据则绑定为高电平。由于 LAB 局部的加减信号,一个单独的 LE 就能够执行一位加法或减法,这就节约了 LE 资源,改善了逻辑函数的性能。LAB 列时钟信号 clocks[3..0]由全局时钟网络驱动,LAB 的局部通道生成 LAB 多路控制信号。LAB 局部通道由多路互连结构驱动,用于非全局控制信号的传输。多路互连特有的低倾斜率(low skew)使得时钟信号和控制信号可以分布。图 2.23 为 LAB 控制信号生成电路。

4. 逻辑单元 LE

LE 是 MAX Ⅱ架构中最小的逻辑组织。LE 具有结构简洁和提供高级功能等特色,可提供高效率的逻辑应用。每个 LE 包含一个四输入的查找表,查找表是可执行 4 种功能中之一的功能发生器。另外,每个 LE 包含一个可编程寄存器和具有进位选择能力的进位链。通过 LAB 多路控制信号(LAB-wide),一个单独的 LE 还支持单比特的动态加减运算。每个 LE 都能驱动所有类型的通道:局部通道、行通道、列通道、LUT 链、寄存器链和直连通道,如图 2.24 所示。

每个 LE 的可编程寄存器都可被设置成 D、T、JK 和 SR 寄存器。每个寄存器都有数据、时钟、时钟使能、清零和异步装入/预置这些输入端口。通常会将 I/O 引脚或驱动寄存器的

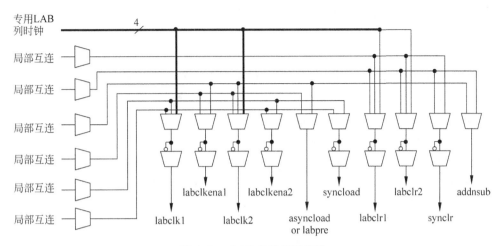

图 2.23　LAB 多路控制信号

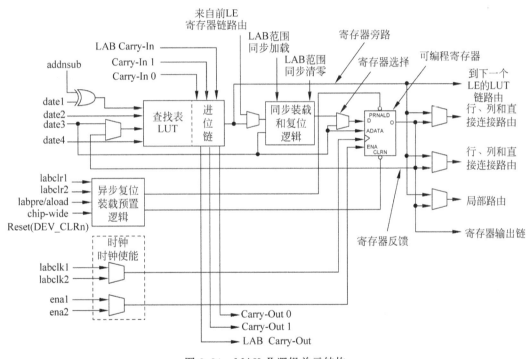

图 2.24　MAX Ⅱ 逻辑单元结构

时钟和清零控制信号作为全局信号。一般情况下,全局信号要么是 I/O 引脚,要么是 LE 产生的时钟使能、预置、异步装入和异步数据。异步装入数据来自 LE 的 data3 输入端。为了组合逻辑需要,LUT 输出时旁路了其寄存器,直接输出到 LE 的输出端。每个 LE 有三个用于驱动本地、行和列路由资源的输出端。它的 LUT 或者寄存器都可以独立地驱动这三个输出端口。其中两个输出端用于驱动列或行的路由通道,以及驱动直连通道,另一个输出端用于驱动本地通道资源。这就允许查找表驱动一个输出端口的同时寄存器驱动另一个输出端口。因为器件的寄存器和查找表可以同时进行无关的工作,这种称为寄存器封装的特性改善了器件的使用性能。另一个特别的封装模式是允许寄存器的输出反馈给相同 LAB 的查找表 LUT,由它自己至寄存器的扇出构成了寄存器封装。这种用于其他机器的特性改善了适应性能。LE 还可以驱动已注册和未注册的 LUT。

5. 多路互连

在 MAX Ⅱ架构中,LE、UFM 和器件 I/O 引脚之间的联系是由多路互连(Multi Track Interconnect)结构提供的。多路互连由连续的性能优化的路由线路组成,这些线路实现了设计框图之间或框图内部的连通。Quartus Prime 编译器自动地将关键设计路径放置到更快的内部通道中,以改善设计的性能。多路互连由间距固定的行、列通道组成。具有固定长度资源的任何器件,其路由结构是可评估的,并能以短延迟替代长延迟,而后者对应全局的或长的线路。专用的行通道路由信号在同一行的 LAB 之间传递。这些行资源包括:

(1) 位于 LAB 之间的直连通道;

(2) 穿越 4 个 LAB 至左边或右边的 R4 通道。直连通道结构允许一个 LAB 驱动其左侧和右侧相邻的局部通道。直连通道提供了相邻 LAB 之间的快速通信及在没有使用行通道资源的块之间的快速通信。R4 通道跨越 4 个 LAB,作为 4-LAB 区内部的快速通道。每个 LAB 都自有 R4 通道的子集,它连接到左侧或右侧的线路。图 2.25(每个行 LAB 中结构相同)显示了一个 LAB 的 R4 通道。R4 通道能够驱动行 IOE,或被行 IOE 驱动。作为 LAB 的界面,一个主 LAB,或者一组横向相邻的 LAB,都可以驱动一个给定的 R4 通道。主 LAB 或其右侧 LAB 可以驱动右侧 R4 通道,主 LAB 或其左侧的 LAB 可以驱动左侧 R4 通道。R4 通道可以驱动其他的 R4 通道,以扩展 LAB 的范围。R4 通道也可以驱动 C4 通道,以用于行与行之间的联系。

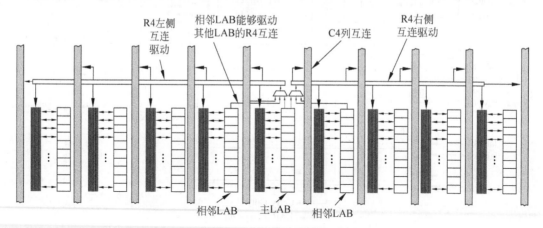

图 2.25　R4 内部互联

列通道的工作与行通道类似,每个 LAB 列由专用的列通道维持。这些列通道中的垂直路由信号来自不同 LAB,或者来自不同行和列的 IOE。这些列资源包括:

(1) 位于 LAB 内部的 LUT 链通道;

(2) 位于 LAB 内部的寄存器链通道;

(3) 纵向跨越 4 个 LAB 的 C4 通道。

6. 用户 Flash 存储区

MAX Ⅱ器件单独提供了一个称为 UFM(User Flash Memory)的用户 Flash 存储区,可以像串行 E^2PROM 器件那样使用它,用于存储非挥发性的信息,其容量可达到 8192bit。

UFM区通过多路互连通道连接到逻辑阵列,允许任意 LE 与 UFM 区相连接。图 2.26 展示了 UFM 区和接口信号。用逻辑阵列创建定制逻辑接口或协议逻辑接口,将 UFM 区的数据从器件中输出。UFM 区具有下列特性:

(1) 最高 16 位宽度和最大 8192bit 容量的非挥发性存储器;

(2) 两个可用于分区擦除的扇区;

(3) 可选逻辑阵列构成的内部振荡器;

(4) 编程、擦除和忙信号;

(5) 地址自动递增;

(6) 与可编程逻辑阵列相连的串行接口。UFM 写和擦除更多的资讯,参考《MAX Ⅱ 器件手册》中《MAX Ⅱ 器件中的用户 Flash 存储器》。

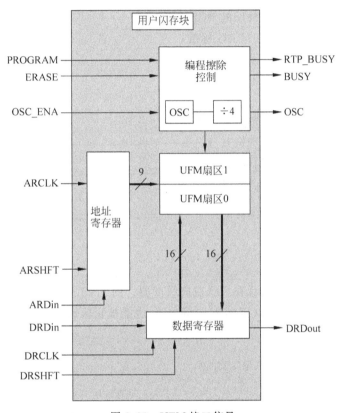

图 2.26　UFM 接口信号

多电压核:MAX Ⅱ架构支持一种称为多电压核的性能,它允许 MAX Ⅱ 器件使用多种 VCC 电压等级,为其内核电压 VCCINT 供电。一个内部线性电压调节器为器件提供 1.8V 的内部电压。该电压调节器支持 3.3V 或 2.5V 的输入电压,输出 1.8V 的内部电压供给器件,如图 2.27 所示。当输入电压小于 2.5V 或大于 3.3V 时,电压调节器不能保证正常工作。MAX ⅡG 和 MAX ⅡZ 器件使用 1.8V 外部电压,1.8V 的外部电压 VCC 直接给内核供电。

7. I/O 单元

输入输出单元 IOE 支持许多功能,包括:

(1) LVTTL 和 LVCMOS 的 I/O 标准;

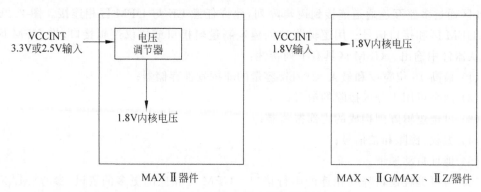

图 2.27　MAX Ⅱ 内核电压特点

（2）遵从 3.3V，32bit，66MHz 的 PCI 标准；

（3）支持边界扫描 BST 的 JTAG 标准；

（4）输出接口的驱动电流强度可编程；

（5）上电和在线编程时的弱上拉电阻；

（6）电平转换速度控制；

（7）具有输出使能控制信号的三态缓冲器；

（8）总线保持电路；

（9）用户模式下可编程的上拉电阻；

（10）每个引脚都有唯一的输出使能控制；

（11）漏极开路输出；

（12）施密特触发器输入；

（13）快速 I/O 通道；

（14）可编程的输入延迟。

MAX Ⅱ 器件的 IOE 中包含有一个双向缓冲器。图 2.28 显示了 MAX Ⅱ 的 I/O 架构。邻近 LAB 的寄存器能够驱动 IOE 的双向缓冲器，也能被它驱动。Quartus Prime 软件自动

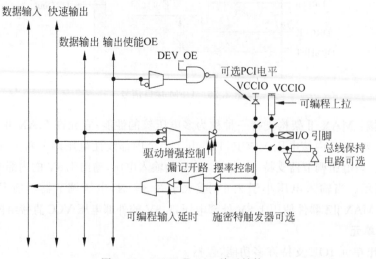

图 2.28　MAX Ⅱ I/O 单元结构

地将相邻 LAB 中的寄存器连接到快速 I/O 通道,以实现最快的时钟输出时序和输出使能时序。对于输入,Quartus Prime 软件能自动路由,使其具有零保持时间。也可以在 Quartus Prime 中进行时序设置,以完成指定的 I/O 时序。

I/O 标准和 I/O Bank:MAX Ⅱ器件的 IOE 支持 I/O 标准如表 2.8 所示。

表 2.8　MAX Ⅱ I/O 标准

I/O 标准	类　型	输出电压 V(VCCIO)
3.3V LVTTL/LVCMOS	单端	3.3
2.5V LVTTL/LVCMOS	单端	2.5
1.8V LVTTL/LVCMOS	单端	1.8
1.5V LVCMOS	单端	1.5
3.3V PCI	单端	3.3

说明:EPM1270 和 EPM2210 的 Bank3 提供对 3.3V PCI I/O 标准的支持。EPM240 和 EPM570 支持 2 个 Bank,每一个 Bank 都支持所有的 LVTTL 和 LVCMOS 标准,如表 2.8 所示。这两个器件以及它们的 Bank 不支持 PCI 端口标准。EPM1270 和 EPM2210 支持 4 个 I/O Bank。每个 Bank 都支持所有的 LVTTL 和 LVCMOS 标准,如表 3.4 所示。Bank3 支持 PCI 的 I/O 标准。Bank3 支持在输入中使用 PCI 嵌位二极管,输出遵从 PCI。因此,若要设计 PCI I/O 引脚,则必须使用 Bank3。使用 Quartus Prime 软件时,如果分配了 PCI I/O 端口,软件将自动地将这些 I/O 端口放置到 Bank3 中。

每个 Bank 都有其专用的 VCCIO 引脚,它加载的电压数值决定了该 Bank 所支持的电压标准。单一器件上可以支持 1.5V、1.8V、2.5V 和 3.3V 这些接口电平标准。每个 Bank 都可以有不同的接口电平标准。每个 I/O Bank 通过改变 VCCIO,都能支持多种电压等级以用于输入和输出。例如,当 VCCIO 是 3.3V 时(Bank3 的 VCCIO 引脚),Bank3 可以支持 LVTTL、LVCMOS 和 3.3V Ⅱ PCI 标准。VCCIO 同时向 MAX Ⅱ器件的输入和输出缓冲器供电。

施密特触发器:MAX Ⅱ器件每个 I/O 引脚的输入缓冲器中,都有一个可选用的施密特触发器,它可用于 3.3V 或 2.5V 的电平标准。施密特触发器使输入缓冲器响应一个慢边沿的输入,产生一个快边沿的输出。重要的是,施密特触发器使输入缓冲器产生滞后,阻止了输入信号中的那些具有低速上升沿的噪声,而这些噪声来自输入信号的反射和震荡,并通往逻辑阵列。这就提高了 MAX Ⅱ器件输入端的噪声容差,但增加了一点延迟。

输出使能信号:所有的 MAX Ⅱ IOE 都提供输出使能信号,以用于三态门控制。输出使能信号可以来自全局时钟信号 GCLK[3..0]或者来自多路互联通道。多路互联通道路由这些输出使能信号,并为每一个输出引脚或双向引脚提供唯一的输出使能。MAX Ⅱ器件还提供了一个全芯片范围有效的输出使能引脚(DEV_OE),为设计中的所有输出引脚提供输出使能,Quartus Prime 软件编辑前的一个选项,可以设置这个引脚。这个全芯片有效的输出使能信号使用它自己的路由资源,而不占用任何全局资源(有四个全局资源)。如果这个选项被选中,当 DEV_OE 有效时,芯片中所有输出引脚将是正常状态,当 DEV_OE 无效时,芯片中所有的输出引脚则呈现三态;如果这个选项不选,DEV_OE 引脚被屏蔽,或者用作 I/O 引脚。

输出引脚驱动电流可编程：MAX Ⅱ器件I/O引脚的输出缓存器有两个级别的驱动电流可选，以适应不同的LVTTL或LVCMOS的I/O标准。可编程驱动电流这一功能为高性能的I/O设计提供了减少系统噪声的措施。虽然电平转换速率控制器和可编程驱动电流是相互独立的系统，但如果用低强度的驱动电流提供给电平转换速率控制器，则可以减少系统噪声和信号过冲，这就附加了一个与转换速率控制相关联的功能。Quartus Prime软件用最大电流强度作为默认设置。PCI I/O标准总是设置在20mA(无交换设置)。

转换速率控制：MAX Ⅱ器件中所有I/O引脚的输出缓冲器中，都有一个可编程的输出转换速率控制器，它可配置应用于低噪声或者高速系统。能产生高速传输的快速率转换可用于高性能的系统，但这种高速传输却可能将瞬态噪声引入系统。慢速率转换减少了噪声，但却会在输出中增加上升沿和下降沿的延迟。当低速转换被使能时，低电压标准(例如，1.8V LVTTL)会产生更大的输出延迟。每一个I/O引脚都有一个独立的转换速率控制器，允许设计者为该引脚指定转换速率。转换速率控制器既会影响到上升沿，也会影响到下降沿。

漏极开路输出：MAX Ⅱ器件为每个I/O引脚提供一个漏极开路输出(相当于集电极开路)。漏极开路输出使器件能够提供系统级的控制信号，它是由多个器件共同生效的(例如中断信号和写使能信号)。这个输出也可用于一个附加的线或平面。

可编程的接地引脚：MAX Ⅱ器件中每一个未使用的引脚都可以用作接地引脚。可编程接地引脚这一功能并不要求使用器件中相关的LE。在Quartus Prime软件中，可以通过全局默认设置或者单独设置，将未使用引脚接地。未使用引脚还有一个初始化的选项，可将其设置为三态输入。

总线保持：所有MAX Ⅱ器件的I/O引脚都有一个可选的总线保持功能。总线保持电路能够将信号的最后状态保持在它的引脚上。当总线是三态时，因为它保持引脚的最后状态，直到下一个信号出现，所以不需要用上拉和下拉电阻保持信号电平。总线保持电路还将无驱动引脚上拉，使其离开输入阈值电压，否则将导致高频开关效应。总线保持不会输出超过VCCIO的电压，以防止过驱动。如果使能了总线保持功能，该器件就不能使用可编程上拉选项。总线保持电路使用一个电阻上拉信号电平至其最后状态。《MAX Ⅱ器件手册》中《直流和开关特性》给出了各种VCCIO电压等级情况下通过这个上拉电阻的支持电流，以及用于识别下一个电压等级的过驱动电流。总线保持电路仅在器件完全初始化以后才生效。总线保持电路在进入用户模式的瞬间，捕获引脚上的电压。

可编程上拉电阻：在用户模式下，所有MAX Ⅱ器件的I/O引脚都有一个可选的可编程上拉电阻。如果设计者使能了一个引脚的这个功能，上拉电阻将输出保持，其值等于该输出引脚所在Bank的VCCIO电压等级。

2.4　Intel公司的FPGA

现场可编程门阵列(FPGA)是20世纪80年代中期由美国Xilinx公司首先推出的大规模可编程逻辑器件。由于FPGA器件采用标准化结构，体积小、集成度高、功耗低、速度快，可无限次反复编程，已成为开发电子产品的首选器件。

FPGA在结构上由逻辑功能块排列为阵列，并由可编程的内部连线连接这些功能块，来实现一定的逻辑功能。FPGA 的功能由逻辑结构的配置数据决定,在工作时,这些配置数据存放在片内的 SRAM 或者熔丝图上。使用 SRAM 的 FPGA 器件,在工作前需要从芯片外部加载配置数据,这些配置数据可以存放在片外的 EPROM 或其他存储器上,人们可以控制加载过程,在现场修改器件的逻辑功能。

2.4.1 FPGA 的优势

FPGA 支持对设备中的大量电气功能进行更改;可由设计工程师更改,可在 PCB 装配过程中更改,也可在设备发运到客户手中后"现场"更改。FPGA 能够为各种电气设备的设计师提供优势,包括智能电网、飞机导航、汽车驾驶辅助、医学超声波检查和数据中心搜索引擎等。其优势体现如表 2.9 所示。

表 2.9 FPGA 的优势

优 势	说 明
灵活性	FPGA 功能可在设备每次启动时更改。因此在需要更改时,设计工程师仅需将新的配置文件下载至设备; 一般情况下,更改 FPGA 时无须更换昂贵的印制电路板; ASSP 和 ASIC 具有固定的硬件功能,更改时需要耗费大量成本和时间,缩短产品上市时间和/或提升系统性能
加速	与 ASIC 相比,FPGA 设备是"现成的"(需要数月的制造周期); 由于 FPGA 的灵活性,OEM 可以在设计正式运行和测试后立即发货; FPGA 可面向 CPU 提供卸载和加速功能,从而有效提升整体系统性能
集成	如今的 FPGA 包括片上处理器、28Gb/s(或更快)的收发器 I/O、RAM 块和 DSP 引擎等。在 FPGA 内提供更多功能意味着电路板上的设备较少,通过减少设备故障数量来提高可靠性
总体拥有成本(TCO)	虽然 ASIC 的单位成本可能低于同等 FPGA,但它在构建过程中需要一次性成本投入(NRE)、昂贵的软件工具、专业设计团队以及较长的制造周期; Intel 公司 FPGA 支持长生命周期(15 年或更长),如果其中一个板载电子设备停产(EOL),可消除对 OEM 生产设备进行重新设计和重新验证的成本; FPGA 支持向客户发运原型系统以进行现场试验,同时能够在投入批量生产之前进行快速更改,从而显著降低风险

典型的 FPGA 有 Xilinx 公司的 FPGA 器件和 Intel 公司的 FPGA 器件等。

2.4.2 Intel 公司的 FPGA 器件的结构特点

Intel 是世界上十几家生产 CPLD/FPGA 的公司中最大的可编程逻辑器件供应商之一,生产的 FPGA 产品有 Cyclone 系列、Arria 系列、Stratix 系列、MAX 系列。不同型号的 FPGA 器件具有不同的内部结构,每种器件系列针对具体的应用都具有各自的特点。

(1) Cyclone FPGA 系列旨在提高集成度、提升性能、降低功耗、降低成本和缩短产品上市时间。Cyclone V SOC FPGA 提供业界最低的系统成本和功耗。芯片内具有多种系统级硬核功能:双核 ARM Cortex-A9 硬核处理器系统(HPS)、嵌入式外设、多端口内存控制器、串行收发器和 PCI Express(PCIe) 端口等。

（2）Arria 系列产品可提供中端市场中的最佳性能和能效。Arria 系列产品拥有丰富的内存、逻辑和数字信号处理(DSP)模块特性集，以及高达 25.78Gb/s 收发器的卓越信号完整性，支持集成更多功能并最大限度地提高系统带宽。此外，Arria V 可提供基于 ARM 的硬核处理器系统(HPS)，从而进一步提高集成度和节省更多成本。

（3）Stratix FPGA 和 SOC 系列结合了高密度、高性能和丰富的特性，可实现更多功能并最大程度地提高系统带宽，从而支持客户更快地向市场推出一流的高性能产品，并且降低风险。Stratix 10 SOC 采用 Intel 14nm 制程技术制造，将四核 ARM Cortex-A53 MPCore 硬处理器系统与革命性的 Intel Hyperflex FPGA 架构进行了组合，在性能、功效、密度和系统集成方面具有突破性优势。相比前一代高性能 FPGA，Intel Stratix 10 设备实现了 2 倍性能提升，并将功耗降低了多达 70%。

（4）MAX 10 FPGA 在低成本的瞬时接通小外形可编程逻辑设备中提供了先进的处理功能，能够革新非易失集成。它们提供支持模数转换器(ADC)的瞬时接通双配置，和特性齐全的 FPGA 功能，针对各种成本敏感性的大容量应用进行了优化，包括工业、汽车和通信等。

1. Cyclone 系列器件概述

Cyclone 属于中等规模 FPGA，2003 年推出，$0.13\mu m$ 工艺，1.5V 内核供电，与 Stratix 结构类似，是一种低成本 FPGA 系列，其配置芯片也改用全新的产品。

Cyclone Ⅱ 是 Cyclone 的下一代产品，2005 年开始推出，90nm 工艺，1.2V 内核供电，属于低成本 FPGA，性能和 Cyclone 相当，提供了硬件乘法器单元。

Cyclone Ⅲ FPGA 系列 2007 年推出，采用台积电(TSMC)65nm 低功耗(LP)工艺技术制造，以相当于 ASIC 的价格实现了低功耗。

Cyclone Ⅳ FPGA 系列 2009 年推出，60nm 工艺，面向对成本敏感的大批量应用，可以满足越来越大的带宽需求，同时降低了成本。

Cyclone Ⅴ FPGA 系列 2011 年推出，28nm 工艺，实现了业界最低的系统成本和功耗，其性能水平使得该器件系列成为大批量应用优势的理想选择。与前几代产品相比，它具有高效的逻辑集成功能，提供集成收发器型号，总功耗降低了 40%，静态功耗降低了 30%。

Cyclone 10 FPGA 系列 2017 年推出，适合智能、互联系统的高带宽低成本应用。Cyclone 10 LP 基于功耗优化的 60 nm 工艺制造，与前代相比，新一代设备可将内核静态功耗降低高达 50%。Cyclone 10 GX FPGA 提供基于 12.5G 收发器的功能、1.4Gb/s LVDS 和高达 72 位宽且速度高达 1866Mb/s 的 DDR3 SDRAM 接口。

目前在新设计中 Intel 官网已经不推荐 Cyclone 和 Cyclone Ⅱ 使用，下面将对 Cyclone 主流应用 Cyclone Ⅳ 的结构和特点加以介绍。

2. Cyclone Ⅳ 系列器件概述

所有 Cyclone Ⅳ FPGA 的运行只需要两个电源，大大简化了配电网络，降低了电路板成本，减小了电路板空间，缩短了设计时间。基于优化的 60nm 低功耗制程技术构建，Cyclone Ⅳ E FPGA 进一步扩大了前一代 Cyclone Ⅲ FPGA 的低功耗优势。新一代设备降低了内核电压，与前代产品相比，总功耗降低了 25%。Cyclone Ⅳ E 系列器件资源如表 2.10 所示。

表 2.10 Cyclone Ⅳ E 系列器件资源

设 备	EP4CE6	EP4CE10	EP4CE15	EP4CE22	EP4CE30	EP4CE40	EP4CE55	EP4CE75	EP4CE115
逻辑元件	6272	10 320	15 408	22 320	28 848	39 600	55 856	75 408	114 480
M9K 内存块	30	46	56	66	66	126	260	305	432
嵌入式内存/Kb	270	414	504	594	594	1134	2340	2745	3888
18×18 位乘法器	15	23	56	66	66	116	154	200	266
PLL	2	2	4	4	4	4	4	4	4
用户 I/O 最大数量	179	179	343	153	532	532	374	426	528
最大差分通道	66	66	137	52	224	224	160	178	230

　　Cyclone Ⅳ 基本结构框图如图 2.29 所示。逻辑和布线核心结构的周围是 I/O 单元
(IOE),多至 475 个用户 I/O 和锁相环(PLL)。GX 和 E 设备在芯片的每个角落都设置了
4 个通用 PLL。Cyclone Ⅳ GX FPGA 在芯片的顶部、底部和右侧设置 I/O 单元,而
Cyclone Ⅳ E FPGA 在芯片的四边都设置有 I/O。Cyclone Ⅳ GX FPGA 芯片的左侧有 8
个收发器,排成两个 quad,每个 quad 包含 4 个收发器。每个收发器 quad 的顶部和底部采
用 1 个多功能 PLL(MPLL),供收发器或 FPGA 结构使用。兼容 PCI-SIG 的收发器型号支
持多种串行协议。Cyclone Ⅳ GX FPGA 还采用唯一的硬核知识产权(IP)模块,支持根端
口和端点配置中的 PCI Express x1、x2 和 x4。逻辑资源包括 360 个嵌入式乘法器、6Mbit
嵌入式存储单元、400Mb/s 片外存储接口、PCIe 硬 IP 核和多至 150K 的逻辑单元。

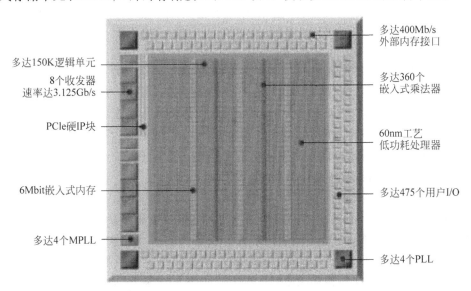

图 2.29　Cyclone Ⅳ 器件内部结构

3. Cyclone Ⅳ 系列器件内部结构

1) 逻辑单元(LE)

　　逻辑元件(Logic Elements)是 Cyclone Ⅳ 器件中最小的逻辑单元,其结构如图 2.30 所
示。LE 结构紧凑,可以提供高效的逻辑功能。每个 LE 包含以下结构:一个四输入查找表
(LUT),它可以实现四输入变量的逻辑函数;可编程寄存器;一个进位链连接;一个寄存
器链连接;驱动互连包含本地互连、行连接、列连接、寄存器连接、直接连接、寄存器反馈、寄
存器旁路。

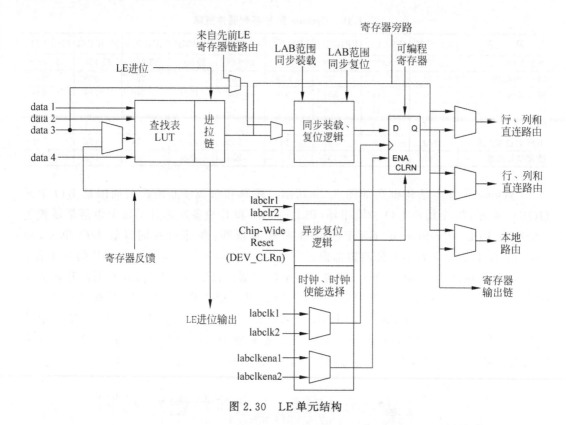

图 2.30　LE 单元结构

每个触发器可以灵活配置成 D、T、JK 或 SR 触发器。每个寄存器都有数据、时钟、时钟使能和复位信号。时钟或复位信号可以使用全局时钟网络，通用 I/O 引脚以及内部逻辑可以驱动。通用 I/O 引脚或内部逻辑可以驱动时钟使能信号。对于组合逻辑函数，LUT 输出可以旁路寄存器，直接驱动到 LE 输出。每个 LE 有三个输出，它们驱动本地、行和列连线资源。LUT 或寄存器输出可以独立驱动这三个输出。当其中一个 LE 驱动本地的互连资源时另外两个 LE 输出驱动列或行和直接连接。

2) 逻辑阵列块(LAB)

Cyclone Ⅳ 的逻辑阵列块由 16 个逻辑单元、LAB 进位链和寄存器链、LAB 控制信号以及 LAB 本地互连线构成，如图 2.31 所示。

本地互连可以在同一个 LAB 内的 LE 之间传递信号。寄存器连接可以传递同一个 LAB 中 LE 的寄存器输出至相邻 LE 寄存器中。LAB 的本地互连可以由行列互连驱动也可由 LAB 内部的直接连接进行驱动。左右相邻的 LAB、PLL、M9K、乘法器也可以由直接连接驱动 LAB。

每个 LAB 包含专用逻辑控制信号到其内部的 LE 中。其中包括两个时钟信号、两个时钟使能信号、两个异步复位信号、两个同步复位信号和一个同步加载信号。

3) 存储块 M9K

Cyclone Ⅳ 内嵌存储块。存储块由一列 M9K 存储块构成。用户可以配置多种存储功能，如 RAM、移位寄存器、FIFO 缓冲器和 ROM。

每一个 M9K 块内部包含 8192 个存储位、每一个端口都包含独立的读使能(rden)和写

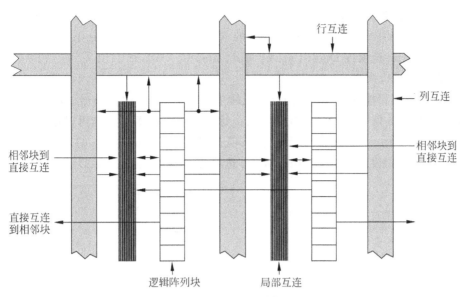

图 2.31 LAB 结构

使能(wren)；M9K 可以分成两个 4.5K 单端口 RAM；支持多种端口配置；在 RAM 或 ROM 模式中可以预先装载初始化文件至存储单元中。

Cyclone Ⅳ 设备 M9K 内存块允许在多种操作模式实现完全同步 SRAM 存储器。 Cyclone Ⅳ 设备 M9K 内存块不支持异步(非寄存器模式)内存输入。M9K 支持以下存储模式：单端口；简单双端口；真正的双端口；移位寄存器；ROM；FIFO。

(1) 单端口模式。

单端口模式支持来自单个端口的非同步读写操作地址。图 2.32 显示了 Cyclone Ⅳ 的单端口内存配置设备 M9K 内存块。

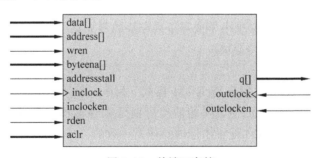

图 2.32 单端口存储

在写操作期间,RAM 输出是可配置的。如果在写操作期间 rden 信号有效,RAM 输出显示正在写入的新数据或在该地址对应的旧数据。如果执行写操作时 rden 失效,RAM 输出上一时刻 rden 信号保持的值。单口模式下 M9K 块的端口宽度配置如下：8192×1、4096×2、2048×4、1024×8、1024×9、512×16、512×18、256×32、256×36。

(2) 简单双端口模式。

简单双端口模式可以支持同时读写不同的操作的位置,结构如图 2.33 所示。在简单的双端口模式下,M9K 内存块支持单独的 wren 和 rden 信号。可以使 rden 信号(无效)来降低功耗。对相同地址的读写操作可以输出"Don't Care"，注意该位置的数据或输出"旧数据"。为了实现该功能需在 Quartus Prime 的 RAM MegaWizard Plug-In Manager 中设置 Read-During-Write 选项或 Don't Care or Old Data。

（3）真实双端口模式。

在真正的双端口模式下，M9K 内存块支持单独的 wren 和 rden 信号。用户可以通过在不读取时拉低 rden 信号（无效）来节省功耗。对同一地址的读-写操作可以输出"新数据"或"旧数据"，结构如图 2.34 所示。若要选择该模式，需在 Quartus Prime 的 RAM MegaWizard Plug-In Manager 中设置 Read-During-Write 选项或 New Data or Old Data。

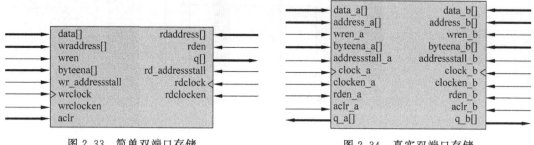

图 2.33　简单双端口存储　　　　图 2.34　真实双端口存储

（4）移位寄存器模式。

Cyclone Ⅳ 中 M9K 内存块的移位寄存器功能适合于数字信号处理（DSP）的应用，例如有限脉冲响应（FIR）滤波器、伪随机数发生器、多通道滤波、自相关和互相关函数。这些和其他 DSP 应用都要本地数据存储。传统上设计是采用标准触发器实现的，这种设计会占用很多逻辑资源去实现移位寄存器。Cyclone Ⅳ 使用嵌入式内存作为移位寄存器块，这种模式可以节省大量逻辑单元和布线资源。移位寄存器的大小（$w \times m \times n$）是由输入数据宽度（w）、数据长度（m），数据数量（n）决定的，但大小必须小于或等于内存块的最大容量，即 9216bit。此外，大小（$w \times n$）必须小于或等于内存块的最大宽度，即 36bit。如果需要更大的移位寄存器，可以级联 M9K 内存块。

• ROM 模式

Cyclone Ⅳ 中 M9K 内存块支持 ROM 模式。Mif 文件可以初始化块的 ROM 内容。ROM 的地址是寄存器方式的。ROM 的输出可以是寄存器输出也可以是非寄存器输出。ROM 的读操作与单端口 RAM 配置中读取操作是一致的。

• FIFO 模式

Cyclone Ⅳ 中 M9K 内存块支持单时钟或双时钟 FIFO 缓冲器模式。当从一个时钟域向另一个时钟域传输数据时，双时钟 FIFO 缓冲区非常有用。Cyclone Ⅳ 中 M9K 不支持从一个空的 FIFO 中同时进行读写操作。

4）嵌入式乘法器

Cyclone Ⅳ 中嵌入式乘数器可以配置为一个 18×1 或两个 9×9 的乘法器。乘法大于 18×18 的允许多个嵌入式乘数器级联。乘法器的数据宽度没有限制，但数据宽度越大，乘法过程越慢。乘法器结构如图 2.35 所示。每个乘法器中包括乘法单元、输入输出寄存器、输入输出接口。

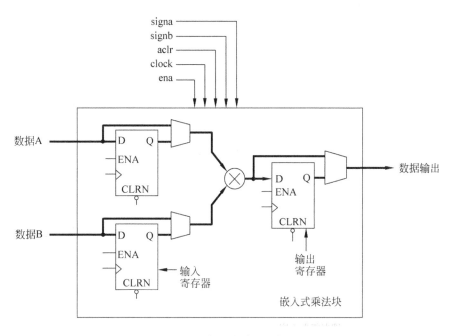

图 2.35　嵌入式乘法器结构

数据输入可以通过数据选择器选择寄存器输入或直接输入,数据输出也可以通过数据选择器直接选择输出或寄存器输出。每个寄存器有时钟、使能和异步复位端口。

乘法器可以根据需要配置为 18×18 乘法器或两个 9×9 乘法器。18 位乘法器结构、9 位乘法器结构如图 2.36 和图 2.37 所示。所有 18 位乘法器输入和结果输出都可以独立

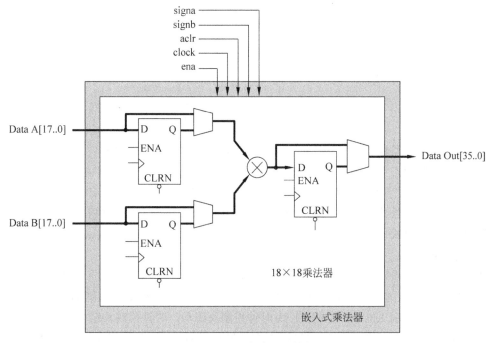

图 2.36　18 位乘法器结构

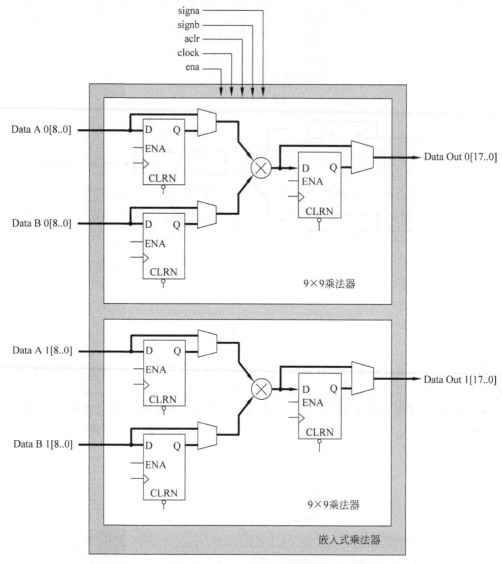

图 2.37　9 位乘法器结构

配置寄存器。乘法器输入可以接受有符号整数、无符号整数或两者都有。此外，还可以通过专用输入寄存器动态更改输入信号 A 和 B。所有 9 位乘法器输入和结果输出都可以独立配置寄存器。9 位乘法器输入可以接受有符号整数、无符号整数或两者都有。两个 9×9 乘数在同一个嵌入式乘数共享相同的输入数据 A 和 B 信号。因此，所有数据 A 和 B 必须具有相同的符号表示形式。

5）时钟网络

Cyclone Ⅳ E 系列器件提供多至 15 个专用时钟引脚（CLK[15..1]），可以驱动 20 个 GCLK。器件中所有的资源像 I/O 单元、逻辑阵列块（LAB）、专用乘法器和 M9K 内存块都可以像时钟一样使用 GCLK。所有 GCLK 由时钟控制块驱动。时钟控制块结构如图 2.38 所示。

（1）CLKSWITCH 信号可以通过配置文件进行设置，也可以使用手动 PLL 动态配置。多路复用器的输出是锁相环的输入时钟（f_{IN}）。

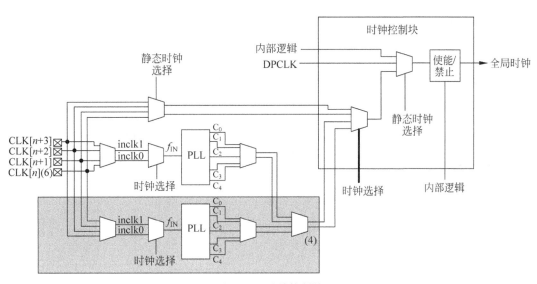

图 2.38　时钟控制块

（2）CLKSELECT [1..0]信号由内部逻辑提供，用于器件在用户模式时动态选择 GCLK 时钟源。

（3）在配置文件中设置静态时钟选择信号。因此，当器件处于用户模式时不支持动态控制。

（4）从相邻的 PLL 中选择两个输出驱动时钟控制块。

（5）在用户模式下可以使用内部逻辑启用或禁用 GCLK。

6）I/O 单元（IOE）

Cyclone Ⅳ I/O 单元（IOE）包含一个双向 I/O 缓冲区和 5 个寄存器，用于寄存器输入、输出、输出使能信号，以及嵌入式双向单数据速率传输。I/O 引脚支持各种单端和差分 I/O 标准。

IOE 包含一个输入寄存器、两个输出寄存器和两个输出使能寄存器。两个输出寄存器和两个 OE 寄存器用于 DDR 应用。可以将输入寄存器用于快速建立时间，将输出寄存器用于快速时钟到输出。此外，可以使用 OE 寄存器实现快速的时钟-输出使能计时。可以将 IOE 用于输入、输出或双向数据路径。图 2.39 为 SDR 模式下双向 I/O 配置结构。

I/O 单元（IOE）具有如下特点。

（1）可编程输出电流强度：Cyclone Ⅳ器件每个 I/O 引脚具有输出缓冲器，可以编程电流强度符合特定 I/O 标准。

（2）电压摆率控制：Cyclone Ⅳ引脚的输出缓冲器提供可编程输出摆率控制。I/O 引脚的快速转换可能会在系统中引入噪声。较慢的转换率降低了系统噪声，但增加了上升和下降边缘的名义延迟。因为每个 I/O 引脚都有一个单独的摆率控制，所以用户可以指定逐个引脚的转速率。转换速率控制既影响上升沿，也影响下降沿。转换速率控制适用于强度为 8mA 或更高的单端 I/O 标准。

（3）漏极开路输出：Cyclone Ⅳ为每个 I/O 引脚提供一个可选择的漏极开路（相当于集电极开路）功能。当系统有多个器件时，该功能允许器件提供系统级信号使能（如中断或写使能）。

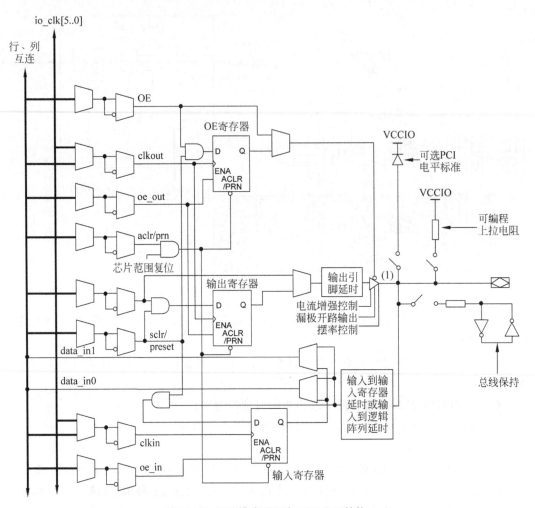

图 2.39 SDR 模式下双向 I/O 配置结构

（4）总线保持：Cyclone Ⅳ 的每个用户 I/O 引脚提供了一个可选的总线保持功能。总线保持电路将 I/O 引脚上的信号保持在其最后驱动状态。因为总线保持功能保持引脚的最后驱动状态直到下一个输入信号到来，所以当总线处于三态时不需要额外增加上拉或下拉电阻保持信号电平。

（5）可编程上拉电阻：在用户模式下 Cyclone Ⅳ 为每个用户 I/O 引脚提供了一个可选的上拉电阻功能。如果使用该功能，将会使输出信号保持到 VCCIO 电平上。

7）I/O Bank

Cyclone Ⅳ 的用户 I/O 按组打包至 I/O Bank 中。每个 Bank 有独立的供电总线。Cyclone Ⅳ E 有 8 个 I/O Bank，如图 2.40 所示。器件中每个 I/O 与一个 I/O Bank 相关联。除了 HSTL-12Ⅱ 之外所有的 Bank 都支持所有单端 I/O 标准和差分 I/O 标准。

4. Intel SOC FPGA 系列器件概述

Intel 公司提供覆盖高端、中端和低端应用的全套 SOC FPGA 产品组合。为满足高端应用的苛刻性能要求，Intel 公司推出了 Intel Stratix 系列。对于中端应用，Intel Arria 系列可在成本和功耗与性能之间进行完美平衡。Intel Cyclone 系列同时具备低系统成本和功耗

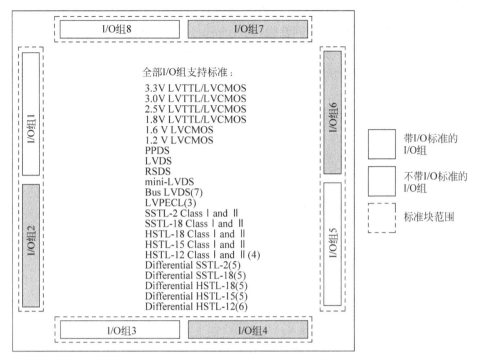

图 2.40　Cyclone Ⅳ E I/O Bank 结构

及出色性能,适用于不同的大批量应用。

Cyclone Ⅴ SOC FPGA 在业界系统相对成本低、功耗低。SOC FPGA 的高性能特性非常适合不同场景的大批量应用,例如,工业电机控制驱动器、协议桥接、视频转换器和采集卡,以及手持式设备等。SOC FPGA 提供多种可编程逻辑密度,硅片内具有很多系统级硬核功能——双核 ARM * Cortex * -A9 硬核处理器系统(HPS)、嵌入式外设、多端口内存控制器、串行收发器和 PCI Express *(PCIe *)端口等。

Arria Ⅴ SOC FPGA 对于远程射频单元、10G/40G 线路卡、医疗成像以及广播演播设备等中端应用,提供了最大带宽,而总功耗最低。将由双核 ARM * Cortex * -A9 处理器、外设和内存接口组成的硬核处理器系统(HPS)与灵活的 28nm FPGA 结构相结合,可以降低系统功耗、成本和电路板面积。

Intel Arria 10 SOC FPGA 采用 TSMC 的 20nm 工艺技术,结合了双核 ARM * Cortex * -A9 MPCore * 硬核处理器系统(HPS)和业界领先的可编程逻辑技术(包含硬化浮点数字信号处理(DSP)模块)。通过利用与 Arria Ⅴ SOC FPGA 相同的双核 ARM * Cortex * -A9 处理器,Intel Arria 10 SOC FPGA 为 Arria Ⅴ SOC FPGA 设计提供了简单的性能升级和软件迁移路径。

Intel Stratix 10 SOC FPGA 具有革命性的 Intel HyperFlex 架构,采用 Intel 14nm 三栅极工艺制造,突破了性能和功效。结合 64 位四核 ARM * Cortex * -A53 处理器以及面向 OpenCL 的 Intel SDK 1 和 SOC 嵌入式设计套件(EDS)等高级异构开发和调试工具,Intel Stratix 10 SOC FPGA 实现了业界最通用的异构计算平台。

双核 ARM * Cortex * -A9 MPCore * 处理器是 Cyclone Ⅴ SOC FPGA、Arria Ⅴ SOC FPGA

和 Intel Arria 10 SOC FPGA 的核心。所有三种设备使用相同的高性能处理器,但 Arria V SOC FPGA 可实现更高的时钟速度和性能,Intel Arria 10 SOC FPGA 在这方面的表现甚至更加突出。因为三种设备基本上使用相同的处理器,所以 Cyclone V SOC FPGA 可有效用于基于三种 SOC 之一的系统的早期原型设计和软件开发。图 2.41 为 Cyclone V SOC 的架构。

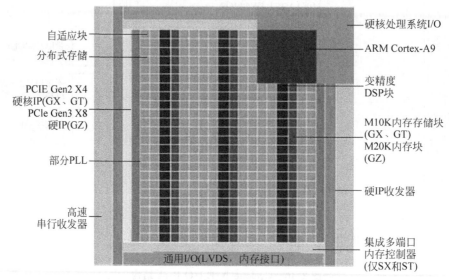

图 2.41 Cyclone V SOC 的架构

1) 逻辑阵列块(LAB)

Cyclone V 器件中逻辑阵列块由自适应阵列块(ALM)基本构造模块组成,通过配置这些模块能够实现逻辑功能、算术功能以及寄存器功能。图 2.42 为 LAB 的互连结构。

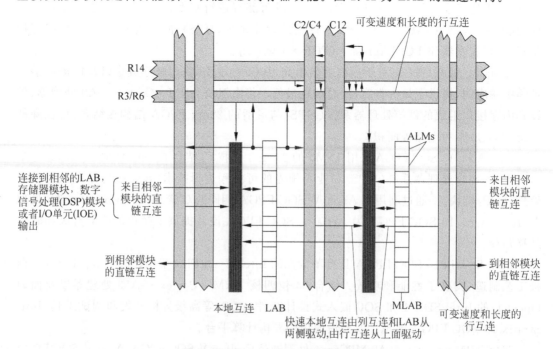

图 2.42 Cyclone V LAB 的互连结构

Cyclone V 器件中 1/4 的 LAB 可以用作存储器 LAB(MLAB)。每个 MLAB 均支持最大 640bit 的简单双端口 SRAM。可以将 MLAB 中的每一个 ALM 配置成 32×2 存储器模块，生成一个 32×20 简单双端口 SRAM 模块。每个 LAB 能够通过快速本地和直链互连驱动 30 个 ALM。10 个 ALM 位于任意给定的 LAB 中，10 个 ALM 位于每个相邻的 LAB 中。LAB 本地互连通过使用相同 LAB 中的行列互连以及 ALM 输出来驱动相同 LAB 中的 ALM。相邻的 LAB、MLAB、M10K 模块，或者左侧的数字信号处理(DSP)模块也能够通过直链连接来驱动 LAB 的本地互连。直链互连功能最大限度地降低了行列互连的使用，从而提供了更高的性能和更大的灵活性。

2) 自适应阵列块(ALM)

图 2.43 为 ALM 内部结构。从图中可以看出一个 ALM 包含 4 个可编程寄存器。每个寄存器包含如下端口：数据、时钟、同步和异步清零、同步加载、全局信号、通用 I/O(GPIO) 引脚或者任何内部逻辑都可以驱动 ALM 寄存器的时钟和清零控制信号。GPIO 引脚或内部逻辑驱动时钟使能信号。对于组合功能，寄存器被旁路，LUT 的输出直接驱动到 ALM 的输出。

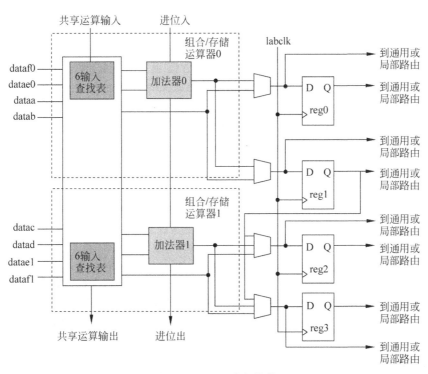

图 2.43　ALM 内部结构

3) 嵌入式存储器

Cyclone V 器件包含两种类型的存储器模块。

(1) 10Kbit M10K 模块——专用存储器资源的模块。M10K 模块最适用于较大的存储器阵列，并提供大量独立端口。

(2) 640bit 存储器逻辑阵列模块(MLAB)——由多功能逻辑阵列模块(LAB)配置而成的存储器逻辑阵列。MLAB 最适用于宽而浅的存储器阵列。MLAB 被优化以实现数字信号处理(DSP)应用的移位寄存器,宽浅 FIFO 缓存和滤波延迟线。每个 MLAB 由 10 个自适应逻辑模块(ALM)组成。在 Cyclone V 器件中,这些 ALM 可配置成 10 个 32×2 模块,从而每个 MLAB 可实现一个 32×20 简单双端口 SRAM 模块。表 2.11 列出了嵌入式存储块支持的存储模式。

表 2.11　Cyclone V 嵌入式阵列块存储模式

存储器模式	M10K	MLAB	说　　明
单端口 RAM	支持	支持	一次只能执行一个读或一个写操作。 使用读使能端口控制写操作期间的 RAM 输出端口行为: • 保留最近有效读使能期间保持的之前值,创建一个读使能端口并通过置低此端口执行写操作。 • 显示正在写入的新数据,该地址上的旧数据,或者"Don't Care"值(当 read-during-write 出现在同一地址上),不要创建 read-enable 信号,或者在写操作期间启用读使能
简单双端口模式	支持	支持	可以对不同位置同时执行读写操作,端口 A 进行写操作,端口 B 进行读操作
真双端口 RAM	支持	不支持	可以执行两个端口操作的任意组合:在两个不同时钟频率上的两个读操作、两个写操作,或者一个读操作和一个写操作
移位寄存器	支持	支持	存储器模块可用作移位寄存器以节省逻辑单元和布线资源。这在要求本地数据存储(例如:有限脉冲响应(FIR)滤波器、伪随机数生成器、多通道滤波和自相关和互相关函数)的 DSP 应用中很有用。传统上,使用触发器实现大型移位寄存器会消耗大量的逻辑单元。移位寄存器的大小($w×m×n$)由输入数据位宽(w)、抽头(tap)长度(m)和抽头数量(n)决定。通过级联存储器模块,能够实现更大的移位寄存器
ROM	支持	支持	存储器模块可用作 ROM。 • 使用.mif 或.hex 初始化存储器模块的 ROM 数据。 • ROM 的地址线在 M10K 块中是必须被寄存器寄存的;然而,它们在 MLAB 中可以是未寄存的。 • 输出可以是寄存的或者是未寄存的。 • 输出寄存器能够被异步清零。 • ROM 的读操作与单端口 RAM 配置的读操作相同
FIFO	支持	支持	存储器模块用作 FIFO 缓存。使用 SCFIFO 和 DCFIFO Megafunctions 实现单时钟和双时钟异步 FIFO 缓存。 对于使用小而浅的 FIFO 缓存的设计而言,MLAB 是 FIFO 模式的最理想选择。然而,MLAB 不支持混合宽度 FIFO 模式

4) 精度可调 DSP 模块

Cyclone V 精度可调 DSP 模块具有以下特性:

(1) 高性能、功耗优化和完善寄存的乘法操作;

(2) 9bit、18bit 和 27bit 字长;

(3) 两个 18×19 复数乘法;

(4) 内置加法、减法和双 64bit 累加单元用于综合乘法结果;

(5) 级联 19bit 或 27bit 以形成滤波应用的抽头延迟线(tap-delay line);

（6）级联 64bit 输出总线，在没有外部逻辑支持的情况下将输出结果从一个模块传播至下一个模块；

（7）对称滤波器 19bit 和 27bit 模式中支持的硬核预加器；

（8）用于滤波实现的内部系数寄存器块；

（9）具有分布式输出加法器的 18bit 和 27bit 有限脉冲响应（FIR）滤波器。

图 2.44 为 Cyclone Ⅴ器件的精度可调 DSP 模块结构。其内部由输入寄存器块（Input Register Bank）、预加器、内部系数、乘法器、加法器、累加器和 Chainout 加法器、脉动寄存器、双倍累加寄存器、输出寄存器块（Output Register Bank）构成。

精度可调 DSP 模块支持独立乘法器模式、独立复合乘法器模式、乘法加法器求和模式、36bit 输入相加的 18×18 乘法模式、脉动 FIR 模式。Intel 公司提供两种方法实现 Cyclone Ⅴ精度可调 DSP 模块的各种模式：使用 Quartus Prime DSP Megafunction 和 HDL inferring。以下 Quartus Prime Megafunction 支持 Cyclone Ⅴ精度可调 DSP 模块实现：LPM_MULT、ALTMULT_ADD、ALTMULT_ACCUM、ALTMULT_COMPLEX。

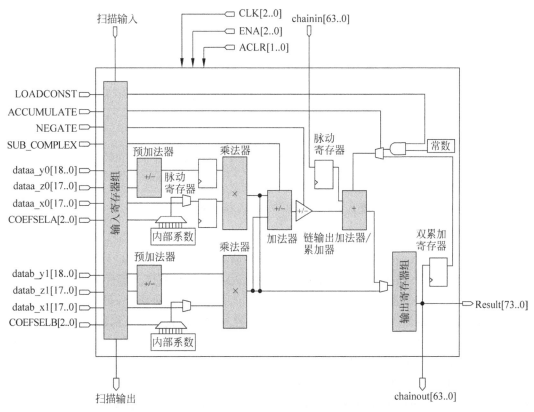

图 2.44　Cyclone Ⅴ器件的精度可调 DSP 模块结构

5）外部存储器接口

Cyclone Ⅴ器件提供了一种高效的体系结构，能够适配广泛的外部存储器接口以支持小模块化 I/O Bank 结构中的高水平系统带宽。I/O 被设计用于对现有的和新兴的外部存储器标准提供高性能的支持。表 2.12 列出了 Cyclone Ⅴ器件中所支持的外部存储器标准及性能。

表 2.12 Cyclone Ⅴ 器件支持的外部存储器性能

接口	电压/V	最大频率/MHz		最小频率/MHz
		硬核控制器	软核控制器	
DDR3 SDRAM	1.5	400	300	300
DDR3 SDRAM	1.35	400	300	300
DDR2 SDRAM	1.8	400	300	167
LPDDR2SDRAM	1.2	333	300	167

6) 硬核处理系统(HPS)

Cyclone Ⅴ SOC FPGA 器件是一个片上系统(SOC),包含两个不同的部分：硬核处理器系统(HPS)和 FPGA。图 2.45 显示了 Intel SOC FPGA 器件的结构图。

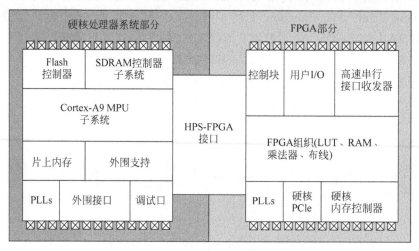

图 2.45 Intel SOC FPGA 器件的结构图

HPS 包含单或双 ARM Cortex-A9 MPCore 处理器的微处理器单元(MPU)子系统、闪存控制器、一个 SDRAM 控制器子系统、片上存储器、支持外设、接口外设、调试功能和 PLL。双处理器 HPS 支持对称(SMP) 和非对称(AMP) 多路处理。器件的 FPGA 部分包含 FPGA 架构、一个控制模块(CB)、锁相环(PLL),并且根据器件类型,可能会包括高速串行接口(HSSI) 收发器、硬核 PCI Express(PCIe) 控制器和硬核存储控制器。

器件的 HPS 和 FPGA 部分都有自己的引脚。引脚在 HPS 和 FPGA 架构之间不共享。HPS I/O 引脚由 HPS 中执行的软件进行配置。HPS 上执行的软件访问系统管理器中的控制寄存器,以便将 HPS I/O 引脚分配到可用的 HPS 模块。FPGA I/O 引脚通过 HPS 或器件支持的任何外部源由 FPGA 配置镜像进行配置。MPU 子系统可以从与 HPS 引脚连接的闪存器件进行启动。或者,当 FPGA 部分由外部源进行配置时,MPU 子系统可以从器件的 FPGA 部分中的存储器启动。器件的 HPS 和 FPGA 部分都有各自的外部电源和上电方式。在没有上电器件的 FPGA 的情况下,可以上电 HPS。但是要上电 FPGA,HPS 必须已经上电或与 FPGA 同时上电。也可以关闭器件的 FPGA,而保持 HPS 仍处于上电。图 2.46 显示了 HPS 结构图(不含调试模块)。

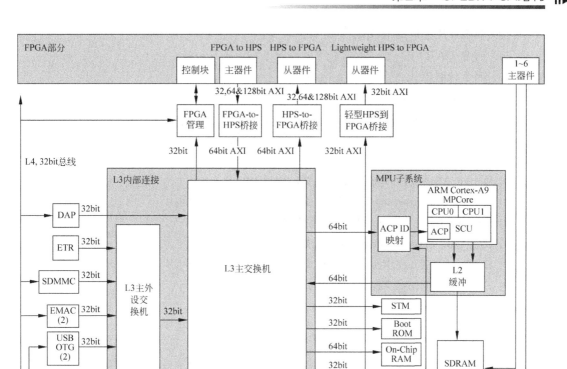

图 2.46 HPS 结构图(不含调试模块)

HPS 结构包括以下主要模块：

(1) 带有双 ARM Cortex-A9 MPCore 处理器的 MPU 子系统；

(2) SDRAM 控制器子系统；

(3) 一个通用的直接存储器访问(DMA)控制器；

(4) 两个 Ethernet 媒体访问控制器(EMAC)；

(5) 两个 USB 2.0 On-The-Go(OTG)控制器；

(6) 一个 NAND 闪存控制器；

(7) 一个四路 SPI 闪存控制器；

(8) 一个 Secure Digital(SD)/MultiMediaCard(MMC)控制器；

(9) 两个串行外设接口(SPI)主控制器；

(10) 两个 SPI 从控制器；

(11) 四个 Inter-Integrated Circuit(集成电路间，I²C)控制器；

(12) 64 KB 片上 RAM；

(13) 64 KB 片上启动 ROM；

(14) 两个 UART；

(15) 四个计时器；

(16) 两个看门狗定时器；

(17) 三个通用 I/O(GPIO)接口；

(18) 两个控制器区域网络(CAN) 控制器(只限某些器件类型)。

ARM CoreSight 调试组件包含以下组件：

(1) Debug Access Port(调试访问端口，DAP)；

(2) Trace Port Interface Unit(跟踪端口接口单元，TPIU)；

(3) System Trace Macrocell(系统跟踪宏单元，STM)；

(4) Program Trace Macrocell(编程跟踪宏单元，PTM)；

(5) Embedded Trace Router(嵌入式跟踪路由器，ETR)；

(6) Embedded Cross Trigger(嵌入式交叉触发，ECT)；

(7) 一个系统管理器；

(8) 一个时钟管理器；

(9) 一个复位管理器；

(10) 一个扫描管理器；

(11) 一个 FPGA 管理器；

(12) 一个 FPGA-to-HPS 桥接；

(13) 两个 HPS-to-FPGA 桥接。

HPS-FPGA 接口在 HPS 和 FPGA 架构之间提供各种通信通道。HPS-FPGA 接口包含：

(1) FPGA-to-HPS 桥接：一个高性能 AXI 总线，具有 32bit、64bit 和 128bit 的可配置数据宽度，使得 FPGA 架构可以控制 HPS 与器件的传输。这个接口使得 FPGA 架构可以全面了解 HPS 地址空间。该接口也提供对相干存储器接口(Coherent Memory Interface)的访问。

(2) HPS-to-FPGA 桥接：一个高性能 AXI 总线，具有 32bit、64bit 和 128bit 的可配置数据宽度，使得 HPS 可以控制 FPGA 架构从器件的传输。

(3) 轻型 HPS-to-FPGA 桥接：32bit 固定数据宽度的 AXI 总线，使得 HPS 可以控制 FPGA 架构从器件的传输。

(4) FPGA-to-HPS SDRAM 接口：SDRAM 控制器的 MPFE 的可配置接口。可以配置以下参数：AXI-3 或 Avalon 存储器映射(Avalon-MM)协议；高达 6 个端口；每个端口具有 32bit、64bit、128bit 或 256bit 的数据宽度。

(5) FPGA 时钟和复位：提供到和来自 HPS 的灵活时钟。

(6) HPS-to-FPGA JTAG：使得 HPS 可以控制 FPGA JTAG 链。

(7) TPIU 跟踪：将 HPS 中创建的跟踪数据发送到 FPGA 架构。

(8) FPGA System Trace Macrocell(系统走线宏单元，STM)事件：通过使用 STM 支持 FPGA 架构发送存储在 HPS 走线中的硬件事件的接口。

(9) FPGA cross-trigger：支持到和来自 CoreSight 触发系统的触发的接口。

（10）DMA 外设接口：多个外设请求通道。

（11）FPGA 管理器接口：与 FPGA 架构通信以便进行启动和配置的信号。

（12）中断：使软核 IP 可以直接提供中断到 MPU 中断控制器。

（13）MPU 备用和事件（standby and events）：提示 FPGA 架构 MPU 处于备用模式以及从等待事件（WFE）状态唤醒 Cortex-A9 处理器的信号。

2.5　Intel 公司 CPLD/FPGA 编程和配置

针对 FPGA 器件不同的内部结构，Intel 公司提供了不同的器件配置方式。Intel 公司的 FPGA 可以通过下载电缆和通用编程器直接下载。Intel 公司的 FPGA 产品的配置可以通过编程器、JTAG 接口及 Intel 在线配置等方式进行。

Intel 器件编程下载电缆有 Byte-Blaster 并行下载电缆、Byte-BlasterMV 并行下载电缆、Master-Blaster 串行电缆、USB-Blaster 下载电缆、Bit-Blaster 串行下载电缆等类型。目前许多笔记本电脑，甚至台式机都不再配备并口，此时 Byte-Blaster Ⅱ 将无法使用。只要有 USB 口的计算机都能使用 USB-Blaster 下载电缆。现在主流使用的是 USB-Blaster 下载电缆。

2.5.1　Intel 公司的 USB-Blaster 下载电缆

Intel 公司的 USB-Blaster 下载电缆提供对以下器件下载支持：

（1）Intel 的 CPLD 和 FPGA 器件以及配置器件下载支持。

（2）增强型配置器件（Advanced Configuration Device），包括 EPC2，EPC4，EPC8，EPC16，EPC1441。

（3）串行配置器件（Serial Configuration Device），包括 EPCS1、EPCS4、EPC16、EPCS64、EPCS128 等。

Intel 公司的 USB Blaster 下载电缆支持如下下载方式：

（1）JTAG 方式：支持所有 Intel 器件，FLEX6000 和 EPCS 系列器件除外。

（2）PS 方式（Passive Serial Programming）：支持所有 Intel 器件，MAX3000、MAX7000、MAX Ⅱ、MAX Ⅴ、EPC 和 EPCS 系列器件除外。

（3）AS 方式（Active Serial Programming）：适用于 EPCS1、EPCS4、EPC16、EPCS64、EPCS128 等串行配置器件。

Intel 公司的 USB-Blaster 下载电缆特性：

（1）支持 1.8V、2.5V、3.3V、5.0V 应用系统。

（2）支持 SignalTap Ⅱ 嵌入式逻辑分析仪功能。

（3）支持 Intel 公司的全系列器件。包括 CPLD：MAX 3000、MAX 7000、MAX 9000 和 MAX Ⅱ、MAX Ⅴ 等；FPGA：Stratix、Stratix Ⅱ、Stratix Ⅲ、Stratix Ⅳ、Stratix Ⅴ、Cyclone、Cyclone Ⅱ、Cyclone Ⅲ、Cyclone Ⅳ、Cyclone Ⅴ、ACEX 1K、APEX 20K 和 FLEX 10K 等；主动串行配置器件：EPCS1、EPCS4、EPCS16 等；增强配置器件：EPC1、EPC4、EPC16 等。

（4）支持三种下载模式。JTAG 下载模式：Stratix Ⅱ、Cyclone、Cyclone Ⅱ、ACEX 1K、

FLEX 10K、MAX7000 和 MAX3000 测试时采用；主动串行（AS）模式：EPCS1、EPCS4、EPCS16；被动串行（PS）模式：Stratix 和 Stratix GX 测试时采用。

（5）支持与 NIOS Ⅱ嵌入式软核处理器的通信和在系统调试。

（6）速度快：下载 FPGA 配置程序的速度是 Byte-Blaster Ⅱ的 6 倍。

注意事项：

USB-Blaster 和目标板上的 CPLD 或 FPGA 使用 JTAG 协议通信，而 JTAG 自身不带有任何容错、纠错机制，因此这种通信是十分脆弱的，稍微受到干扰，就会出错。请注意以下几点：

（1）目标板 JTAG 接口至芯片的 PCB 布线请按照高频信号的布线要求进行，尽量减少过孔的走线长度。

（2）由于 USB-Blaster 从计算机的 USB 取电，请保证 USB 口供电的充足和稳定。计算机本身不要和大电感、强干扰的用电器（如电扇等）共用同一插座，也不要在通信时插拔计算机上的其他 USB 设备。

（3）尽量控制工作场所的电磁干扰，远离手机等辐射源，尽量减少 USB-Blaster 同目标板之间连接电缆的长度，如通信出错，请重新连接 USB-Blaster 和计算机并重启软件。

USB-Blaster 与 FPGA 板使用 10 芯电缆连接，在 FPGA 板上有 2.54mm 间距 5×2 的插针/座接口。USB-Blaster 支持多种接口，不同编程模式信号不一致，详细说明如表 2.13 所示。

表 2.13　USB-Blaster 母头信号名称和编程模式

Pin	AS 模式		PS 模式		JTAG 模式	
	信 号 名 称	描　　述	信 号 名 称	描　　述	信 号 名 称	描　　述
1	DCLK	时钟	DCLK	时钟	TCK	时钟
2	GND	信号地	GND	信号地	GND	信号地
3	CONF_DONE	配置结束	CONF_DONE	配置结束	TDO	数据输出
4	VCC(TRGT)	目标板供电	VCC(TRGT)	目标板供电	VCC(TRGT)	目标板供电
5	nCONFIG	配置控制	nCONFIG	配置控制	TMS	JTAG 状态
6	nCE	Cyclone 器件使能	—	不连接	—	不连接
7	DATAOUT	串行数据输出	nSTATUS	配置状态	—	不连接
8	nCS	串行配置器件片选	—	不连接	—	不连接
9	ASDI	串行数据输入	DATA0	数据输入	TDI	数据输入
10	GND	信号地	GND	信号地	GND	信号地

使用 USB-Blaster 下载电缆和 Quartus Prime 编程器，对一个或多个器件进行编程或配置的步骤如下：

（1）对项目进行编译：Quartus Prime 编译器对目标器件的配置自动产生 .sof 文件，为了对 EPCS 配置芯片进行编程，就要用到 .pof 文件。

（2）连接 USB-Blaster 电缆到计算机的 USB 口，将 I/O 针插座插到包含目标器件的电路板中。在使用 USB-Blaster 电缆前必须安装驱动程序。

（3）打开 Quartus Prime 编程器,在 Processing 菜单中选择 Open Programmer,然后单击 Hardware Setup 命令,在编程器硬件部分指定 USB-Blaster 电缆。

（4）根据用户电路板上的器件连接方式,在模式项中选择 Active Serial、PS 或 JTAG 模式,然后单击 Add File 或 Add Device 按钮,增加将要编程或配置的文件或器件,并建立一个器件链(chain)描述文件(.cdf)。

（5）在 Quartus Prime 软件的编程器中单击 Start 按钮开始编程或配置器件。USB-Blaster 电缆从 .sof、.pof 文件中下载数据到目标器件。

2.5.2　使用 USB-Blaster 电缆时的三种配置模式

Intel 公司的 FPGA 系列经历了多年发展,已经形成了一条比较齐全的 FPGA 产品线。随着新器件的出现,Intel 公司在保持传统配置方式的同时,又增加了很多配置方式,如配置速度的提高、容量的增大以及远程升级等。总的来说,根据 FPGA 在配置电路中角色的不同,其配置数据可以使用 3 种模式载入到目标器件中: FPGA 主动(Active Serial,AS)模式、FPGA 被动(Passive Serial,PS)模式、JTAG 模式。

1. AS 模式

FPGA 器件每次上电时作为控制器,由 FPGA 器件引导配置操作过程,它控制着外部存储器和初始化过程,从配置器件 EPCS 主动发出读取数据信号,从而把 EPCS 的数据读入 FPGA 中,实现对 FPGA 的编程配置数据通过 DATA0 引脚送入 FPGA,配置数据被同步在 DCLK 输入上,1 个时钟周期传送 1 位数据。

在 AS(主动串行)配置方式中,FPGA 必须与 Intel 公司专用的 AS 串行配置器件一起使用。AS 配置器件是一种非易失性的存储器,它与 FPGA 的接口为以下 4 个信号: 串行时钟输入(DCLK)、AS 控制信号输入(ASDI)、片选信号(nCS)、串行数据输出(DATA)。AS 配置方式如图 2.47 所示。

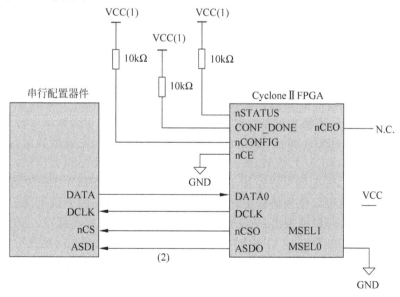

图 2.47　AS 配置方式

在系统上电后,FPGA 和配置器件都进入上电复位状态(POR)。这时 FPGA 驱动 nSTATUS 为低,指示其处于"忙"态。同时驱动 CONF_DONE 为低,表示器件未被配置。当 POR 过程完成以后,FPGA 随即释放 nSTATUS 信号,这个开漏(Open-Drain)信号被外部的上拉电阻拉为高电平后,FPGA 就进入了配置模式(Configuration Mode)。

在 AS 配置中,所有操作均由 FPGA 发起,它在配置过程中完全处于主动状态。

在该配置模式下,FPGA 输出有效配置时钟信号 DCLK,它是由 FPGA 内部的振荡器(oscillator)产生的。在配置完成后,该振荡器将被关掉。FPGA 将驱动 nCSO 信号为低,这就使能了串行配置器件。FPGA 使用 ASDO 到 ASDI 的信号控制配置芯片,配置数据由 DATA 引脚读出,配置到 FPGA 中。AS 配置过程时序如图 2.48 所示。

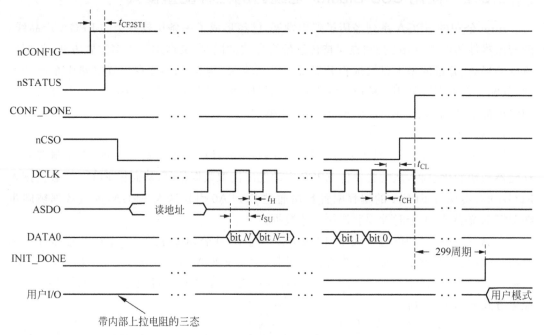

图 2.48　AS 配置过程时序

2. PS 模式

PS 模式下,由外部计算机或控制器控制配置过程。通过加强型配置器件(EPC16、EPC8、EPC4)等来完成,EPC 作为控制器件,把 FPGA 当作存储器,把数据写入 FPGA 中,实现对 FPGA 的编程。该模式可以实现对 FPGA 在线可编程。PS(被动串行)是使用最多的一种配置方式。从 FPGA 角度来看,它使用以下几个信号来完成配置过程:配置时钟(DCLK)、配置数据(DATA0)、配置命令(nCONFIG)、状态信号(nSTATUS)、配置完成指示(CONF_DONE)。PS 配置可以使用 Intel 公司的配置器件(EPC1、EPC4 等),可以使用系统中的微处理器,也可以使用单板上的 CPLD,或者 Intel 公司的下载电缆。不管配置的数据源从哪里来,只要可以模拟出 FPGA 需要的配置时序,将配置数据写入 FPGA 就可以。

在上电以后,FPGA 会在 nCONFIG 引脚上检测到一个从低到高的跳变沿,因此可以自动启动配置过程。使用 Intel 公司的配置芯片与 FPGA 相连的示意图如图 2.49 所示。

使用下载电缆通过 FPGA 的 PS 口配置连接示意图如图 2.50 所示。

使用微处理器配置 FPGA 的示意图如图 2.51 所示。

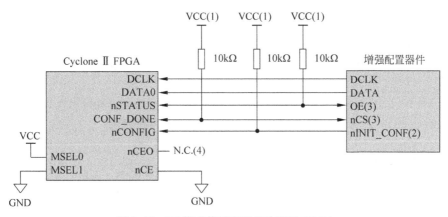

图 2.49　PS 模式使用配置芯片配置 FPGA

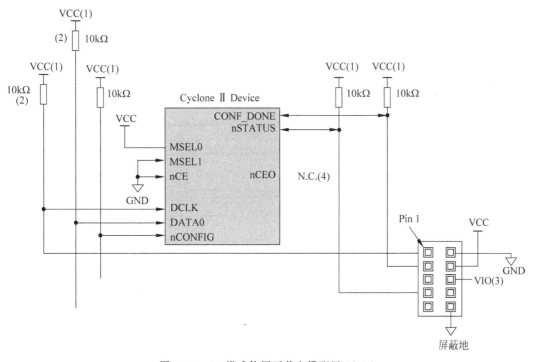

图 2.50　PS 模式使用下载电缆配置 FPGA

在 PS(被动串行)方式下,FPGA 完全处于被动的地位。FPGA 接收配置时钟、配置命令和配置数据,给出配置的状态信号以及配置完成指示信号等。PS 配置过程时序如图 2.52 所示。

在配置 FPGA 时,首先需要将 nCONFIG 拉低(至少 40μs),然后再拉高。当 nCONFIG 被拉高后,FPGA 的 nSTATUS 也将变高,表示这时已经可以开始配置,外部电路就可以用 DCLK 的时钟上升沿一位一位地将配置数据写入 FPGA 中。当最后一位数据写入以后,CONF_DONE 引脚被 FPGA 释放,被外部的上拉电阻拉高,FPGA 随即进入初始化状态。在完成初始化过程后,FPGA 才进入用户模式。

3. JTAG 模式

JTAG 接口是一个业界标准接口,主要用于芯片测试等功能。Intel FPGA 基本上都可

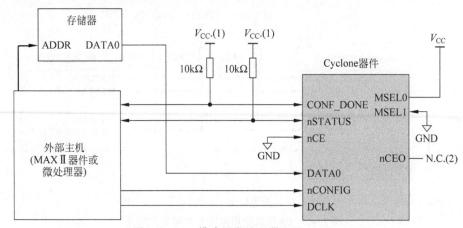

图 2.51　PS 模式用微处理器配置 FPGA

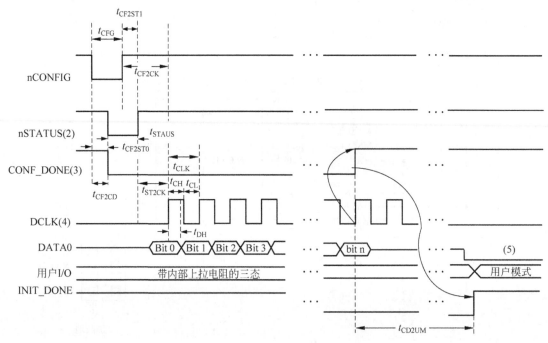

图 2.52　PS(被动串行)配置时序图

以支持由 JTAG 命令来配置 FPGA 的方式,而且 JTAG 配置方式比其他任何一种配置方式的优先级都高。

　　JTAG 接口由 4 个必需的信号 TDI、TDO、TMS 和 TCK 以及 1 个可选信号 TRST 构成,其中:TDI 用于测试数据的输入;TDO 用于测试数据的输出;TMS 为模式控制引脚,决定 JTAG 电路内部的 TAP 状态机的跳转;TCK 为测试时钟,其他信号线都必须与之同步;TRST 为可选信号,如果 JTAG 电路不用,可以将其连到 GND。

　　用户可以使用 Intel 公司的下载电缆,也可以使用微处理器等智能设备从 JTAG 接口配置 FPGA。用 Intel 公司的下载电缆配置 FPGA 的连线,如图 2.53 所示。

　　图 2.53 中,nCONFIG、MSEL 和 DCLK 信号都是用在其他配置方式下。如果只用 JTAG 配置,则需要将 nCONFIG 拉高,将 MSEL 拉成支持 JTAG 的任一方式,并将 DCLK

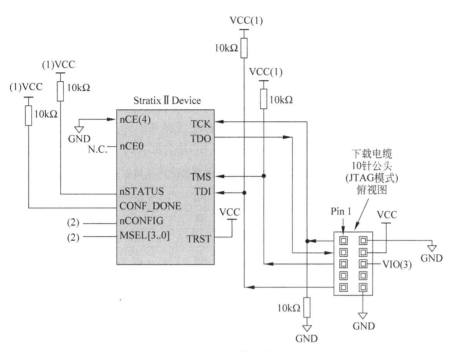

图 2.53 JTAG 电缆配置 FPGA

拉成"高"或"低"的固定电平。

JTAG 配置方式可以支持菊花链方式,级联多片 FPGA,如图 2.54 所示。

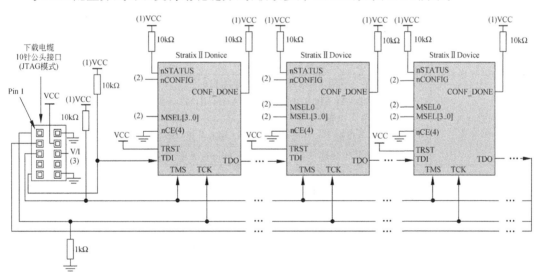

图 2.54 菊花链级联配置方式

2.5.3 采用 Intel 公司的芯片进行配置

Intel 公司配置器件用于支持特定的 FPGA 系列产品,提供一次性可编程配置器件和在系统可编程 (In-System Programming,ISP) 的重新编程配置器件。Intel 配置器件包含以下几类产品。

(1) EPC 标准配置器件:EPC2、EPC1 和 EPC1441 等。

(2) EPC 增强型配置器件：EPC16、EPC8、EPC4 等。

(3) EPCS 系列配置器件：EPCS64、EPCS16、EPCS4 和 EPCS1 等。

(4) EPCQ 系列配置器件：EPCQ128、EPCQ64 和 EPCQ32 等。

Intel 公司在 2018 年停止生产 EPC 标准(不包括 EPC2)、EPC 增强型、EPCS 和 EPCQ 配置器件。从 17.1 版开始的 Intel Quartus Prime 标准版软件支持 EPCQ-A 配置器件。建议用户使用 EPCQ-A 系列串行配置器件替代原有配置器件。

EPCQ-A 串行配置器件产品列表如表 2.14 所示，适合配置的 FPGA 芯片如表 2.15 所示。

表 2.14　EPCQ-A 串行配置器件产品列表

器件型号	内存(bits)	片上解压缩支持	ISP	级联支持	可重复编程	工作电压
EPCQ4A	4194304	否	是	否	是	3.3
EPCQ16A	16777216	否	是	否	是	3.3
EPCQ32A	33554432	否	是	否	是	3.3
EPCQ64A	67108864	否	是	否	是	3.3
EPCQ128A	134217728	否	是	否	是	3.3

表 2.15　适合配置的 FPGA 芯片

配置器件	配置 FPGA 型号	
EPCQ4A	Cyclone—全部	Cyclone Ⅱ—EP2C20
	Stratix Ⅱ—到 EP2S15	Cyclone Ⅱ—到 EP2C20
	Cyclone Ⅲ—到 EP3C25	Cyclone Ⅳ—到 4CGX15
EPCQ16A	Stratix Ⅱ—到 EP2S60	Stratix Ⅱ GX—到 EP2SGX60
	Stratix Ⅲ—到 EP3SL70	Cyclone—全部
	Cyclone Ⅱ—全部	Cyclone Ⅲ—全部
	Cyclone Ⅳ—到 4CGX30	
EPCQ64A	Stratix Ⅳ—到 EP4SE110 和 EP4SGX110	
	Stratix Ⅲ—到 EP3SE260	Arria Ⅱ GX—到 EP2AGX125
	Stratix Ⅱ—全部	Stratix Ⅱ GX—全部
	Cyclone—全部	Cyclone Ⅱ—全部
	Cyclone Ⅲ—全部	Cyclone Ⅳ—全部
EPCQ128A	Stratix Ⅴ—到 EP5SGX300	
	Stratix Ⅳ—到 EP4SE360 和 EP4SGX360	
	Stratix Ⅲ—全部	Stratix Ⅱ—全部
	Stratix Ⅱ GX—全部	Cyclone—全部
	Cyclone Ⅱ—全部	Cyclone Ⅲ—全部
	Cyclone Ⅳ—全部	Arria Ⅱ GX—全部

2.6　本章小结

本章从编程部位、编程工业、器件角度介绍了低密度可编程逻辑的基本结构；详细介绍了 Intel 公司 CPLD 器件和 FPGA 器件的基本结构和特点；重点介绍了 Intel 公司的 USB-Blaster 三种配置方式 AS、PS、JTAG，并介绍了 Intel 公司配置芯片的应用。

第3章

Quartus Prime 软件设计

Quartus Prime 是 Intel 公司的综合性 PLD 开发软件，支持原理图、VHDL、VerilogHDL 以及 AHDL(Altera Hardware Description Language)等多种设计输入形式，内嵌自有的综合器以及仿真器，可以完成从设计输入到硬件配置的完整 PLD 设计流程。

Quartus Prime 可以在 Windows 和 Linux 上使用，除了可以使用 Tcl 脚本完成设计流程外，还提供了完善的用户图形界面设计方式。具有运行速度快、界面统一、功能集中、易学易用等特点。

Quartus Prime 支持 Intel 公司的 IP 核，包含 LPM/MegaFunction 宏功能模块库，使用户可以充分利用成熟的模块，简化了设计的复杂性，加快了设计速度。对第三方 EDA 工具的良好支持也使用户可以在设计流程的各个阶段使用熟悉的第三方 EDA 工具。

此外，Quartus Prime 通过和 DSP Builder 工具与 Matlab/Simulink 相结合，可以方便地实现各种 DSP 应用系统；支持 Intel 公司的片上可编程系统(SOPC)开发，集系统级设计、嵌入式软件开发、可编程逻辑设计于一体，是一种综合性的开发平台。

Maxplus Ⅱ 作为 Intel 公司的上一代 PLD 设计软件，由于其出色的易用性而得到了广泛的应用。该软件可以支持 ACEX1K、FLEX10KE、FLEX10KB、FLEX10KA、FLEX10K、MAX 9000、FLEX 8000、MAX 7000、FLEX 6000、MAX 5000 及 Classic 等各种类型的可编程器件。可以采用图形输入、波形编辑输入、AHDL 语言输入、VHDL 语言输入、Verilog 语言输入，可以完成电路设计的功能分析、时序分析。目前 Intel 公司已经停止了对 Maxplus Ⅱ 的更新支持，Quartus Prime 与之相比不仅仅是支持器件类型的丰富和图形界面的改变。Intel 公司在 Quartus Prime 中包含许多诸如 SignalTap Ⅱ、Chip Editor 和 RTL Viewer 的设计辅助工具，集成了 Qsys 设计流程，并且继承了 Maxplus Ⅱ 友好的图形界面及简便的使用方法。

Quartus Prime 作为一种可编程逻辑的设计环境，由于其强大的设计能力和直观易用的接口，越来越受到数字系统设计者的欢迎。Intel 公司的 Quartus Prime 可编程逻辑软件属于第四代 PLD 开发平台。该平台支持一个工作组环境下的设计要求，其中包括支持基于 Internet 的协作设计。Quartus Prime 平台与 Cadence、ExemplarLogic、MentorGraphics、Synopsys 和 Synplicity 等 EDA 供应商的开发工具相兼容。改进了软件的 LogicLock 模块设计功能，增添了 FastFit 编译选项，推进了网络编辑性能，而且提升了调试能力。

Quartus Prime 目前各类版本可以在 Intel 公司官网上下载，版本号从 2.2 开始到 19.3 版本。各版本软件之间的差异如下。

(1) Quartus Prime 9.1 之前的软件自带仿真组件，而之后软件不再包含此组件，因此必须安装 ModelSim。

（2）Quartus Prime 9.1 之前的软件自带硬件库，不需要额外下载安装，而 10.0 开始需要额外下载硬件库，另行选择安装。

（3）Quartus Prime 11.0 之前的软件需要额外下载 Nios Ⅱ 组件，而 11.0 开始 Quartus Prime 软件自带 Nios Ⅱ 组件。

（4）Quartus Prime 9.1 之前的软件自带 SOPC 组件，而 Quartus Prime 10.0 自带 SOPC 和 Qsys 两个组件，但从 10.1 开始，Quartus Prime 只包含 Qsys 组件。

（5）Quartus Prime 10.1 之前软件，时序分析包含 TimeQuest Timing Analyzer 和 Classic Timing Analyzer 两种分析器，但 10.1 以后的版本只包含 TimeQuset Time Analyzer，因此需要 sdc 来约束时序。

（6）中文支持方面：Quartus Prime 8.0 以前的版本，可以输入中文也可以显示中文；8.0≤Quartus Prime 版本<9.1，可以显示中文，但是不能输入中文；9.1≤Quartus Prime 版本<11，不能输入中文，同时也不可以显示中文；Quartus Prime 19.3 是目前最新版本，可以显示中文字符，同时又能也能输入中文。

目前从官网上下载的开发软件有三种：精简版、标准版（收费）和专业版（收费），下面对三种版本简单进行对比，用户可根据情况自行选择。具体如表 3.1 所示。

表 3.1　Quartus Prime 开发软件精简版、标准版和专业版比较

Quartus Prime 关键特性			精简版	标准版	专业版
器件支持	Stratix 系列	Ⅱ～Ⅴ		√	
	Arria 系列	Ⅱ	仅支持 EP2AGX45		
		Ⅱ～Ⅴ		√	
		10		√	√
	Cyclone 系列	Ⅱ～Ⅴ	√	√	
		10LP	√	√	
		10GX			√
	MAX 系列		√	√	
设计输入	多处理器支持（编译速度更快）			√	√
	IP 基础套件		需要购买	√	√
	Intel Qsys 系统集成工具		√	√	
	Intel Qsys Pro 系统集成工具				√
	快速重新编译			适用于 Stratix Ⅴ、Arria Ⅴ 和 Cyclone Ⅴ 器件	√
	蓝图平台设计工具				√
功能模拟	ModelSim——Intel FPGA 初级版软件		√	√	√
	ModelSim——Intel FPGA 版软件		需要额外的许可证		
综合	支持设计可移植性的行业标准语				√
布局布线	Fitter（布局和布线）		√	√	√
	增量优化				√
	混合布局工具			适用于 Arria 10、Stratix Ⅴ、Arria Ⅴ 和 Cyclone Ⅴ 器件	√

续表

Quartus Prime 关键特性		精简版	标准版	专业版
设计流	局部重配置		仅适用于 Cyclone V 和 Stratix V 器件	√
时序和功耗验证	TimeQuest 静态时序分析工具	√	√	√
	功耗分析	√	√	√
系统内调试	SignalTap Ⅱ 逻辑分析工具	√	√	√
	收发器工具包		√	√
	JNEye 链接分析工具		√	√
操作系统支持	Windows/Linux 64 位支持	√	√	√
插件开发工具	面向 OpenCL 的 Intel FPGA SDK	需要额外的许可证		
	适用于 Intel FPGA 的 DSP Builder	需要额外的许可证		
	Nios Ⅱ 嵌入式设计套件	√	√	√
	Intel 系统芯片 FPGA 嵌入式设计套件	√	√	√

Quartus Prime 设计软件提供完整的多平台设计环境,能够直接满足特定设计需要,为可编程芯片系统(SOPC)提供全面的设计环境。Quartus Prime 软件含有 FPGA 和 CPLD 设计所有阶段的解决方案。有关 Quartus Prime 设计流程的图示说明,见图 3.1。

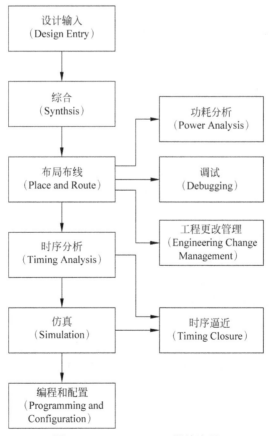

图 3.1 Quartus Prime 设计流程

此外，Quartus Prime 软件为设计流程的每个阶段提供 Quartus Prime 图形用户界面、EDA 工具界面以及命令行界面，可以在整个流程中只使用这些界面中的一个，也可以在设计流程的不同阶段使用不同界面。

3.1 使用 Quartus Prime 进行图形化设计

使用 Quartus Prime 图形用户界面的基本设计流程如下：

（1）使用 New Project Wizard(File 菜单）建立新工程并指定目标器件或器件系列。

（2）使用 Text Editor 建立 Verilog HDL、VHDL 或 Altera 硬件描述语言（AHDL）设计。根据需要，使用 Block Editor 建立表示其他设计文件的符号框图，也可以建立原理图。还可以使用 MegaWizard Plug-InManager(Tools 菜单）生成宏功能模块和 IP 功能的自定义变量，在设计中将它们例化。

（3）（可选）使用 Assignment Editor、Pin Planner、Settings 对话框（Assignments 菜单）、Floorplan Editor、Design Partitions 窗口、LogicLock 功能指定初始设计约束。

（4）（可选）进行 Early Timing Estimate，在完成 Fitter 之前生成时序结果的早期估算。

（5）（可选）使用 SOPC Builder 或 DSP Builder 建立系统级设计。

（6）（可选）使用 Software Builder 为 Excalibur 器件处理器或 Nios 嵌入式处理器建立软件和编程文件。

（7）使用 Analysis & Synthesis 对设计进行综合。

（8）（可选）如果设计含有分区，而没有进行完整编译，则需要采用 Partition Merge 合并分区。

（9）（可选）通过使用 Simulator 和 Generate Functional Simulation Netlist 命令在设计中执行功能仿真。

（10）使用 Fitter 对设计进行布局布线。

（11）使用 PowerPlay Power Analyzer 进行功耗估算和分析。

（12）使用 Timing Analyzer 对设计进行时序分析。

（13）使用 Simulator 对设计进行时序仿真。

（14）（可选）使用物理综合、Timing Closure 平面布局图、LogicLock 功能、Settings 对话框和 Assignment Editor 改进时序，达到时序逼近。

（15）使用 Assembler 为设计建立编程文件。

（16）使用编程文件、Programmer 和 Intel 硬件对器件进行编程；或将编程文件转换为其他文件格式以供嵌入式处理器等其他系统使用。

（17）（可选）使用 SignalTap Ⅱ Logic Analyzer、SignalProbe 功能或 Chip Editor 对设计进行调试。

（18）（可选）使用 Chip Editor、Resource Property Editor 和 Change Manager 管理工程更改。

下面根据以上步骤详细介绍利用 Block Editor 设计 4 位二进制计数器。

3.1.1 创建工作库

在完成一个设计(Project)之前,必须建立一个文件夹以便保存设计中的所有文件。需要注意的是文件夹名不能用中文,不能含有空格并且整个项目路径都不能有中文存在,建议以英文或英文结合数字方式命名。

建立好的文件夹称为工作库,一般情况下,不同的项目应放在不同的文件夹中,同一工程下的不同文件都应保存在同一文件夹中。

3.1.2 利用工程向导创建工程

打开 Quartus Prime 图形用户界面,如图 3.2 所示。

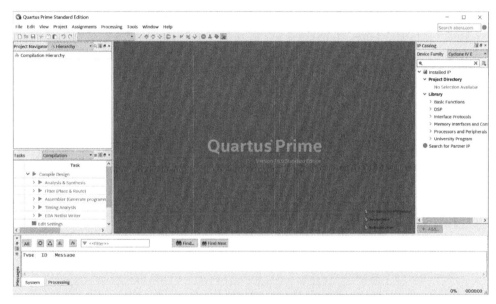

图 3.2　Quartus Prime 图形用户界面

选择 File→New Project Wizard 命令,利用向导来完成工程的建立,操作如图 3.3 所示,单击后出现如图 3.4 所示的对话框。对话框第一行为工作库路径,单击右侧 ⋯ 图标,选择为该项目新建立的文件夹,此处选择了 E 盘名为 count16_gdf 的文件夹作为项目工程的工作库。对话框第二行为新建工程命名,此处命名为 count16,当然工程名可以任取,只要符合命名规则即可。也可利用右侧按钮为当前项目添加已有工程。对话框第三行为当前工程顶层文件实体名,这里系统自动默认为当前的新建工程名 count16。

工作库和工程名称设置好之后,单击 Next 按钮进入下一设置环节,如图 3.5 所示。在该窗口可以选择创建空白工程或基于工程模板,本例选择基于空白工程,单击 Next 按钮。

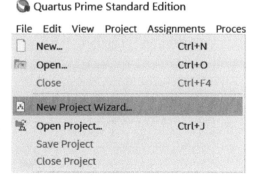

图 3.3　新工程建立向导

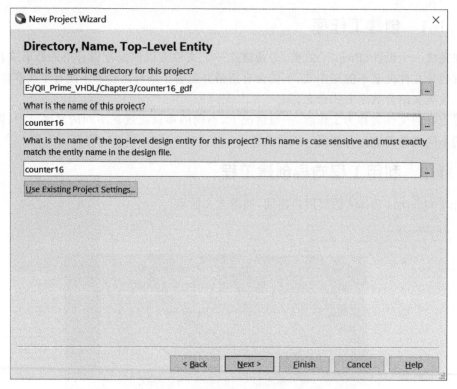

图 3.4　选择工作库和工程名称

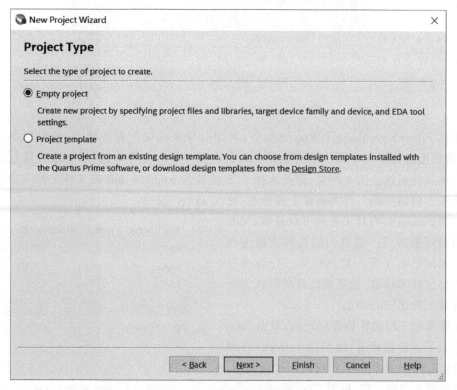

图 3.5　选择建立空白工程

在弹出的对话框中完成设计文件的添加。可以利用 Flie name 添加设计文件,也可以利用右侧 Add All 按钮添加文件夹中所有文件,如果没有已经设计好的文件,也可直接单击 Next 按钮略过此步,如图 3.6 所示。

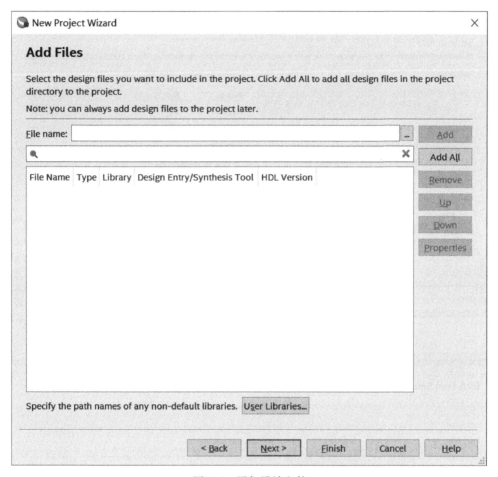

图 3.6　添加设计文件

进入第 4 页设置页面选择目标芯片,如图 3.7 所示。首先选择使用的目标芯片系列,本项目选择 Cyclone Ⅳ E 系列芯片,在下拉菜单中选择 EP4CE115F29C7 芯片,作为项目执行芯片,其中芯片的最后两个字符 C7 表示芯片的速度级别。当然也可以利用对话框右侧的过滤窗口选择目标芯片,Package 为芯片封装,Pin count 为芯片引脚数,Core speed grade 为速度级别。以上设置完成后单击 Next 按钮进入第 5 页设置。

第 5 页为 EDA 工具设置界面,如图 3.8 所示。该项设置主要用于输入设计、综合、仿真、校验等,如有第三方工具可以进行对应选择,此处主要选择工程所需要的综合与仿真工具,如果设计想使用第三方的工具,不使用系统集成的工具,需要在此处声明使用的是哪个工具,一般只能选择所支持的第三方工具,Synplify 就是一款性能优异的第三方综合工具,此处选择默认。仿真工具选用 ModelSim-Altera,语言选择 VHDL。EDA 工具设置完成后单击 Next 按钮结束设置,接下来弹出的窗口为项目总体概述,单击 Finish 按钮结束整个工程的建立。

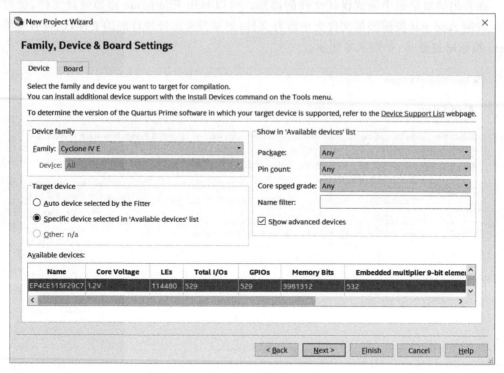

图 3.7　目标器件设置

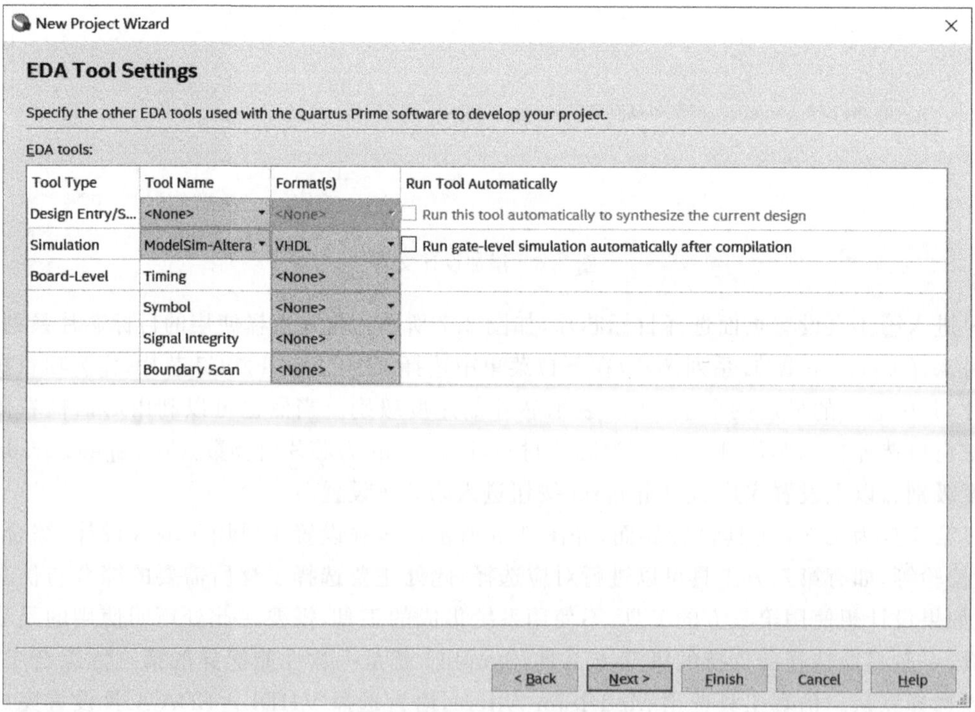

图 3.8　EDA 工具设置

3.1.3 图形设计输入

本节以 T 触发器设计 4 位二进制计数器为例讲述利用图形方式设计数字单元的方法。

（1）建立工程后选择 File→New 命令为工程建立设计文件，弹出如图 3.9 所示的窗口。该窗口选项可为当前工程设计包含 4 类文件：Design Files（设计文件）、Memory Files（内存文件）、Verification/Debugging Files（校验/调试文件）、Other Files（其他文件）。本设计采用图形方式进行设计，选择 Design Files→Block Diagram/Schematic File 命令建立图形设计文件。

（2）为图形设计文件添加所需元件。用鼠标左键双击图形工作区域的空白处或单击鼠标右键选择 Insert→Symble 命令，弹出 Symbol（元件符号）设置对话框，如图 3.10 所示，在此对话框下完成相应元件的添加。Quartus Prime 库中自带的元件均在其安装目录下的 libraries 文件夹中，在其文件夹下有 3 个子文件夹。

图 3.9 新建文件对话框

megafunctions 中为兆功能模块，主要包括参数可设置的 I/O、运算单元、逻辑门和存储单元；

others 中主要包含 Maxplus Ⅱ所自带的 74 系列标准单元；

primitives 中主要包含基本的 buffer（缓冲器）、logic（基本逻辑门）、other（包括逻辑高、低、常数等）、pin（输入、输出、双向端口）、storage（基本触发器等）。

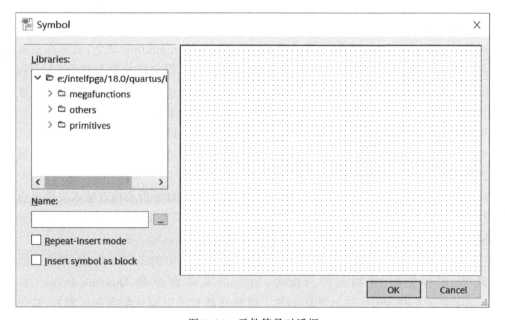

图 3.10 元件符号对话框

本设计中采用元件为 primitives 库中 logic 目录下的 and2，storage 目录下的 tff 触发器，other 目录下的 vcc，pin 目录下的 input、output。连接好后如图 3.11 所示。连接后在 input 和 output 的 pin_name 处双击修改引脚名称，修改名称原则符合 VHDL 命名规则，不能重名。如有总线类型的引脚命名中总线宽度 n 用中括号表示 $[n-1,\cdots,0]$。

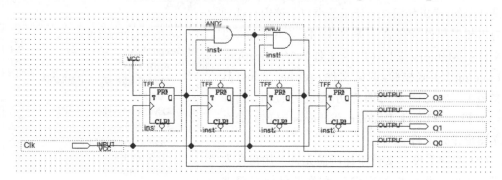

图 3.11　T 触发器设计的 4 位二进制计数器

（3）存盘。选择 File→Save 命令进行初次保存，命名为 counter16. bdf，保存至项目路径所在文件夹中。如遇到修改设计名称可选择 File→Save as 命令为设计文件进行重新命名。

3.1.4　项目编译

项目设计文件完成之后，要对设计文件进行检错、综合及时序分析等。同时产生多种用途的输出文件。编译之前要设置工程顶层实体。项目设计中如果存在多个设计文件需要编译，则需要为编译器指定当前准备编译的设计，选择 Project→Set as Top-level Entity 命令指定顶层实体。

Quartus Prime 编译器的主要任务是对设计项目进行检查并完成逻辑综合，同时将项目最终设计结果生成器件的下载文件。Quartus Prime 软件中的编译类型有全编译和分步编译两种。选择 Quartus Prime 主窗口 Process→Start Compilation 命令，或者在主窗口的工具栏上直接单击 ▶ 图标可以进行全编译。全编译的过程包括分析与综合（Analysis & Synthesis）、适配（Fitter）、编程（Assembler）、时序分析（Classical Timing Analysis）这 4 个环节，而这 4 个环节各自对应相应的菜单命令，可以单独分步执行，也就是分步编译。在设计的调试和优化过程中，可以使用 RTL 阅读器观察设计电路的综合结果。

分步编译就是使用对应命令分步执行对应的编译环节，每完成一个编译环节，生成一个对应的编译报告。分步编译与全编译一样分为 4 步：

（1）分析与综合（Analysis & Synthesis）：设计文件进行分析和检查输入文件是否有错误，对应的菜单命令是 Quartus Prime 主窗口 Processing 菜单下的 Start\Start Analysis & Synthesis，对应的快捷图标是主窗口的左侧工具栏上的 ▶ Analysis & Synthesis 。

（2）适配（Fitter）：在适配过程中，完成设计逻辑器件中的布局布线、选择适当的内部互连路径、引脚分配、逻辑元件分配等，对应的菜单命令是 Quartus Prime 主窗口 Processing 菜单下的 Start\Start Fitter（注：两种编译方式引脚分配有所区别）；对应的快捷图标是主窗口的左侧工具栏上的 ▶ Fitter (Place & Route) 。

（3）编程（Assembler）：产生多种形式的器件编程映像文件，通过软件下载到目标器件中，对应的菜单命令是 Quartus Prime 主窗口 Processing 菜单下的 Start\Start Assembler；对应的快捷图标是主窗口的左侧工具栏上的 ▶ Assembler (Generate programming files) 。

（4）时序分析（Classical Timing Analyzer）：计算给定设计与器件上的延时，完成设计分析的时序分析和所有逻辑的性能分析，菜单命令是 Quartus Prime 主窗口 Process 菜单下的 Start\Start Classical Timing Analyzer；对应的快捷图标是主窗口的左侧工具栏上的 ▶ Timing Analysis 。

编译完成以后，编译报告窗口 Compilation Report 会报告工程文件编译的相关信息，如编译的顶层文件名、目标芯片的信号、引脚的数目等，如图 3.12 所示。如果详细了解各部分编译报告可单击左侧 Task 栏中各个小三角符号，可展开了解详细编译报告。

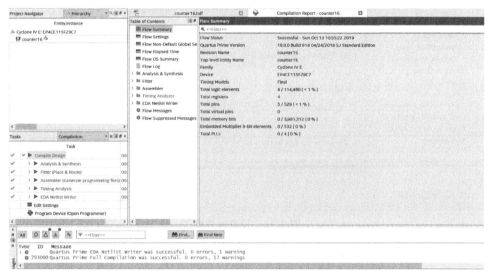

图 3.12　全编译运行结果信息

全编译操作简单，适合简单的设计。对于复杂的设计，选择分步编译可以及时发现问题，提高设计纠错的效率，从而提高设计效率。

在编译过程中，应随时注意界面下方 Message 信息栏中的 Processing 信息，此处显示当前编译器的处理进程，如遇到设计文件语句或原理图错误，将会暂停编译，用户可双击错误信息，软件会自动定位到出错文件的大概出错位置，根据错误提示信息及错误定位即可修改。注意，有时双击错误信息不会与原理图或设计文件对应，此时应考虑是否是软件设置所出现的问题，检查软件编译配置，重新编译。如果对某一文件进行编译时遇到大量错误信息，此时修改错误的原则应从第一条错误信息进行修改，修改完成之后可以保存进行再次编译，大多数情况下后面出现的错误信息往往是由前面的错误信息引起的连带错误报告。

（5）项目编译其他设置。在对项目进行编译之前，可以根据项目需求做一些相关配置或目标器件、配置芯片的更改。

选择菜单 Assignments→Settings 命令会弹出项目各个设置对话框，如图 3.13 所示。也可选择工具栏中 ✐ 图标打开设置对话框。设置对话框中左侧选项为设置分类（Category），右侧为相关分类的详细设置。

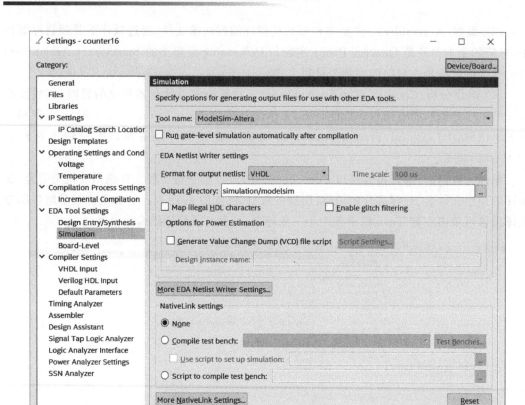

图 3.13　设置对话框

General：项目顶层设计实体；

Files：项目文件；

Libraries：项目库；

Operating Settings and Conditions：项目工作电压工作温度；

Compilation Process Settings：编译处理器设置，可以为项目编译设置多核并行处理器、早期时间估计、增量编译、物理综合选项等；

EDA Tools Settings：第三方 EDA 工具设置选项；

Assembler：汇编设置。

设置对话框右上角有 Device 配置按钮，单击后弹出目标器件配置信息，器件配置对话框如图 3.14 所示，由此可修改目标芯片。

在对话框中单击 Device and Pin Options…按钮会弹出器件和引脚的详细配置，如图 3.15 所示。设置框左侧为设置分类，右侧为具体设置参数。在设置过程中应参看右下角 Description 描述说明来进行具体设置。系统默认的 General 选项为 Auto-restart configuration after error，意为配置过程出现错误后重新启动配置进程。JTAG 用户编码可由用户编码指令通过 JTAG 接口获得。

Configuration 配置选项如图 3.16 所示。Configuration scheme 选项为当前项目配置芯片选择配置方式，包括 Active Serial（主动串行配置）、Passive Serial（被动串行配置），以上

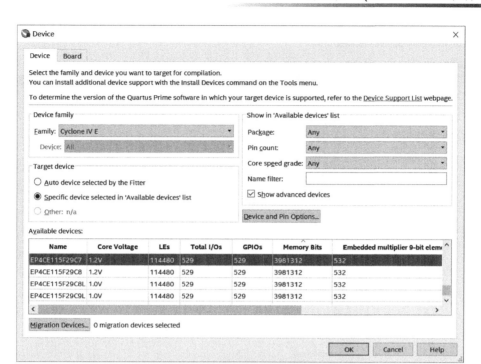

图 3.14 器件配置对话框

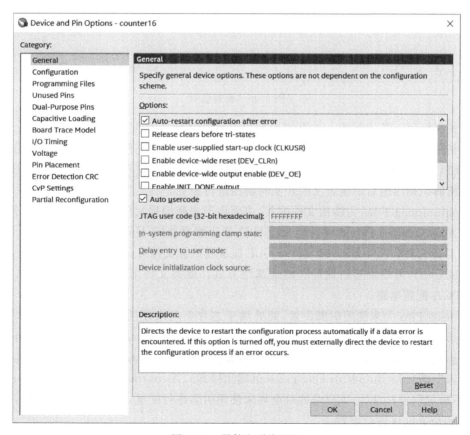

图 3.15 器件和引脚配置

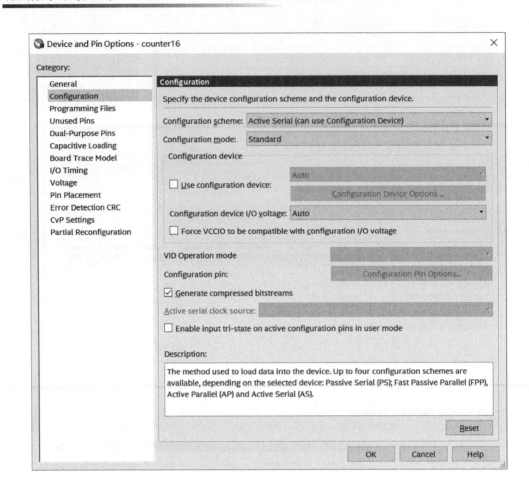

图 3.16　配置选项

两种方式都能用于芯片配置。如果使用配置芯片对目标芯片配置,选择 Use configuration device 中的具体型号,如 EPCS1、EPCS16 等,也可选择 Auto 进行自动选择,PS 方式仅用于 EPC1、EPC2 配置方式。Generate compressed bitstreams 选项可对配置文件进行压缩,目标芯片能够识别压缩后的配置文件并实时解压进行配置。

Programming Files 为输出文件配置,主要用于选择编程文件的产生格式。对于 PS 被动配置方式,Quartus Prime 软件会根据目标芯片型号指定不同的配置文件格式,如用于 SRAM 目标文件(.sof)、SRAM 文件(.psof)或编程目标文件(.pof)。也可产生二进制配置文件(.hexout),可设置起始地址和地址递增方式。此类文件可用于 EPROM 和单片机构成的 FPGA 配置电路。

Unused Pins 为未使用引脚设置,此处属于芯片全局未使用引脚配置。可对未使用引脚配置 5 种状态:As inputs tri-stated(输入三态)、As input tri-stated with bus-hold circuitry(具有总线保持电路的输入三态)、As input tri-stated with weak pull-up(具有弱上拉的输入三态)、As output driving ground(输出接地)、As output driving unspecified signal(输出不确定信号)。以上设置是针对全局未使用引脚进行配置,如需单一引脚配置,可使用 Assignment editor 进行配置。

Dual-Purpose Pins 为多功能引脚设置。在目标芯片配置完成后,某些配置引脚可进行第二功能设定,如 nCEO、nCSO、ASDO。不同芯片多功能引脚不同,对于多功能引脚可以配置成普通 I/O 引脚或输入三态等。

3.1.5　时序仿真

对项目编译通过后,要对设计的功能和时序进行仿真测试,确保设计文件符合设计上的功能和时序上的要求。

时序仿真在不同 Quartus Prime 软件版本中有不同的操作,差别较大。在 Quartus Prime 9.1 之前(包括 MAXPLUS Ⅱ)的软件自带仿真组件,而之后软件不再包含此组件。Quartus Prime 9.1 版本之前自带的仿真组件不支持 TestBench,只支持波形文件.vwf。vwf 文件全称是矢量波形文件(Vector Waveform File),是 Quartus Prime 中仿真输入、计算、输出数据的载体。一般设计者建立波形文件时,需要自行建立复位、时钟信号以及控制和输入数据、输出数据信号等。其中工作量最大的就是输入数据的波形录入。比如要仿真仅 1KB 的串行输入数据量,则手工输入信号的波形要画 8000 个周期,不仅费时费力而且容易出错。因此在 Quartus Prime9.1 版本之后仿真必须安装 ModelSim-Altera 或第三方仿真软件 ModelSim PE/SE。在仿真之前应设计相应的测试文件(TestBench),通过调用 Quartus Prime 的 ModelSim-Altera 或第三方仿真软件 ModelSim 进行相关仿真。

ModelSim 仿真软件本身支持设计 VHDL 和 Verilog HDL,由于本例程采用 Quartus Prime 原理图设计方法,故无法直接调用本身的 ModelSim-Altera 或第三方仿真软件 ModelSim PE/SE 直接进行仿真,所以只能选取 Quartus Prime 编译后产生的文件添加至 ModelSim PE/SE 软件中进行仿真测试。

1. 创建波形文件

依次选择 File→New→Verification/Debugging Files→University Program VWF 命令,如图 3.17 所示。

2. 设置仿真时间

仿真时间长度根据被仿真工程的需要决定,依次选择 File→Edit→Set End Time 命令,本项目设置为 $1.0\mu s$,如图 3.18 所示。

3. 添加仿真节点

在仿真之前需要在波形文件中添加需要的信号,选择 Edit→Insert→Insert Node or Bus 命令,弹出如图 3.19 所示的窗口。

单击窗口中 Node Finder 按钮,弹出如图 3.20 所示的过滤窗口。单击 List 按钮,在左侧会有相应的仿真信号列表,根据需要加以选择。再次单击 >> 按钮,将信号添加至右侧,单击 OK 按钮完成信号添加。添加后界面如图 3.21 所示。此时添加的输入信号默认都是 0 电平,输出信号呈网状,表示未知状态。

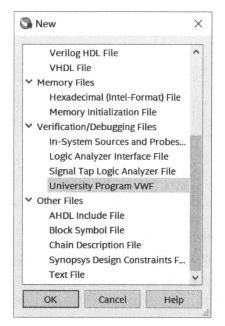

图 3.17　创建波形仿真文件

图 3.18　设置仿真结束时间

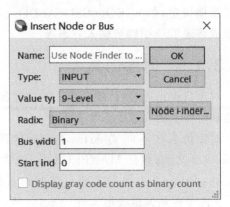

图 3.19　设置仿真时间

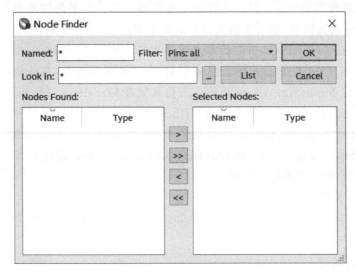

图 3.20　过滤窗口

图 3.21　添加后仿真节点

4. 添加激励信号

如果想要得到正确的仿真结果,需要根据设计工程的功能要求为输入信号按照一定逻辑添加激励信号。本工程输入信号只有 clock 故需要为该信号添加时钟信号。单击左键选中信号,选中信号后将会有工具栏被激活。其中,X 表示强未知,0 表示逻辑 0,1 表示逻辑 1,Z 表示高阻,L 表示弱 0,H 表示弱 1(表示电路中双向信号由电阻上拉或下拉),INV 表示取反,C 表示计数,秒表图标表示时钟,?表示设置信号表示方式,R 设置随机数,本工程选择时钟激励。添加后选择 File→Save 命令保存仿真文件。

5. 运行仿真

单击 Simulation→Option,选择 Run Functional Simulation(功能仿真)或 Run Timing Simulator(时间仿真),如图 3.22 所示。时间仿真可以显示出输出信号与输入信号的延时关系。功能仿真结果如图 3.23 所示。

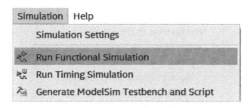

图 3.22　运行功能仿真

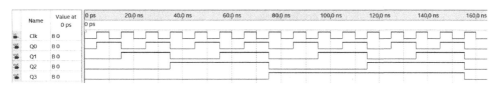

图 3.23　功能仿真结果

6. 信号分组

为了便于观察结果,可以将关联的信号分组形成多值波形观察。本例中 Q0~Q3 可以分组用二进制或十进制或十六进制观察结果,分组时注意信号方向,Q3 为高位,本例中采用十六进制观察计数器结果,结果显示为 0~F 循环变化。分组方法同时选中待分组信号,右击 Grouping→Group,弹出如图 3.24 所示的界面。Group name 自定义为 Q,Radix 选择为 Unsigned Decimal,单击 OK 按钮,仿真结果如图 3.25 所示。

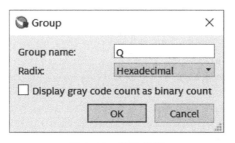

图 3.24　信号分组

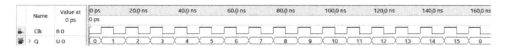

图 3.25　分组后仿真结果

3.2　使用 Quartus Prime 进行 VHDL 设计

Quartus Prime 支持多种设计输入形式,本书主要讲述利用 VHDL 进行数字系统设计开发的过程。

3.2.1 VHDL 文本输入

开发过程与图形方式设计过程一致,在新建文件时选择 VHDL File 即可,如图 3.26 所示。

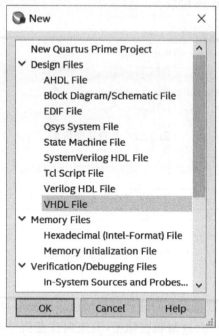

图 3.26 选择 VHDL 设计

下面以十进制计数器为例,介绍 VHDL 设计过程。在 VHDL 文件中编写如例 3.1 所示代码。

【例 3.1】 VHDL 文件中的代码。

```vhdl
library ieee;
use ieee. std_logic_1164. all;
use ieee. std_logic_unsigned. all;               -- 库
entity cnt10 is                                  -- 实体
port (clk:    in std_logic;
     rst_n: in std_logic;
    counter: out std_logic_vector (3 downto 0));
end cnt10;
architecture art of cnt10 is                     -- 结构体
    signal temp: std_logic_vector(3 downto 0);
    begin
      process(clk, rst_n , temp)
         begin
         if rst_n = '0' then temp <= "0000";       -- 复位清零
         elsif clk'event and clk = '1' then
             if temp = "1001" then temp <= "0000";  -- 计数器小于 9 时自加
             else temp <= temp + '1';
             end if;
         end if;
```

```
                    counter < = temp;
            end process;
        end art;
```

工程通过编译后,将要进行工程仿真,本节将介绍另外一种仿真方式,即 Quartus Prime 和 ModelSim-Altera 联合仿真,该方法也是业界目前较为普遍的仿真方式。

3.2.2　ModelSim-Altera 介绍

Mentor 公司的 ModelSim 是业界最优秀的 HDL 语言仿真软件,它能提供友好的仿真环境,是业界唯一的单内核支持 VHDL 和 Verilog 混合仿真的仿真器。它采用直接优化的编译技术、Tcl/Tk 技术和单一内核仿真技术,编译仿真速度快,编译的代码与平台无关,便于保护 IP 核,个性化的图形界面和用户接口为用户加快调错提供强有力的手段,是 FPGA/ASIC 设计的首选仿真软件。

ModelSim 分几种不同的版本:SE、PE、LE 和 OEM,其中 SE 是最高级的版本。而集成在 Actel、Atmel、Intel、Xilinx 以及 Lattice 等 FPGA 厂商设计工具中的均是其 OEM 版本。ModelSim SE 是主要版本号,也是功能最强大的版本,支持对 Verilog 和 VHDL 语言的混合仿真。除了主要版本外,Mentor 公司还为各大 FPGA 厂商提供 OEM 版本:XE 是为 Xilinx 公司提供的 OEM 版,包括 Xilinx 公司的库文件;AE 是为 Intel 公司提供的 OEM 版,包含 Altera 公司的库文件;在用特定公司的 OEM 版进行仿真时不需要编译该公司的库文件,但是仿真速度等性能指标都要落后于 SE 版本。

3.2.3　TestBench 编写

如果采用 ModelSim-Altera 进行仿真,需要为被仿真文件编写 TestBench,本节只给出利用 Quartus Prime 模板编写 TestBench 文件并完成仿真过程及结果。详细使用和 TestBench 写法将在后续章节中详细介绍。

Quartus Prime 软件根据设计文件可产生一个 TestBench 设计模板,该模板已经给出被测文件的元件声明与例化,并完成了相关信号的定义,用户可在现有模板的基础上完成相关激励信号的产生。

选择 Quartus Prime 菜单中 Processing→Start→ Start Test Bench Template Writer 命令,启动 TestBench 模板,如图 3.27 所示。Quartus Prime 利用网表编写器完成 TestBench 的编写操作,并会将文件自动保存至文件夹中,根据软件下方的信息提示可见测试文件被保存在 Info(201002):Generated VHDL Test Bench File E:/QII_Prime_VHDL/Chapter3/counter16 _ gdf/simulation/mod--elsim/cnt10. vht for simulation 中,测试文件后缀为 * vht,具体信息如图 3.28 所示。

单击工具栏中的打开 按钮,根据 TestBench 模板创建信息提示,打开软件创建的 TestBench 模板文件,该文件保存在工程所在文件夹下:simulation/modelsim/cnt10_vhd_ tst. vht。软件自动创建的 TestBench 模板文件如例 3.2 所示。

【例 3.2】　TestBench 模板文件。

```
LIBRARY ieee;
USE ieee.std_logic_1164.all;
```

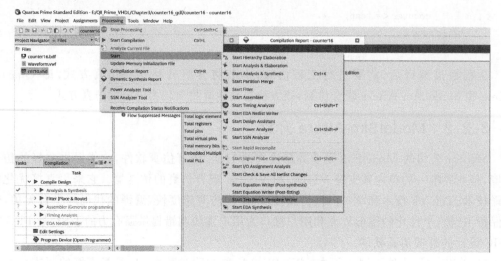

图 3.27 启动 TestBench 模板

Type ID Message
● 201002 Generated VHDL Test Bench File E:/QII_Prime_VHDL/Chapter3/counter16_gdf/simulation/modelsim/cnt10.vht for simulation

图 3.28 模板自动保存位置信息

```
ENTITY cnt10_vhd_tst IS
END cnt10_vhd_tst;
ARCHITECTURE cnt10_arch OF cnt10_vhd_tst IS
-- constants
-- signals
SIGNAL clk : STD_LOGIC;
SIGNAL counter : STD_LOGIC_VECTOR(3 DOWNTO 0);
SIGNAL rst_n : STD_LOGIC;
COMPONENT cnt10
    PORT (
    clk : IN STD_LOGIC;
    counter : OUT STD_LOGIC_VECTOR(3 DOWNTO 0);
    rst_n : IN STD_LOGIC
    );
END COMPONENT;
BEGIN
    i1 : cnt10
    PORT MAP (
-- list connections between master ports and signals
    clk => clk,
    counter => counter,
    rst_n => rst_n
    );
init : PROCESS
-- variable declarations
BEGIN
        -- code that executes only once
WAIT;
END PROCESS init;
```

```
always : PROCESS
-- optional sensitivity list
-- (          )
-- variable declarations
BEGIN
            -- code executes for every event on sensitivity list
WAIT;
END PROCESS always;
END cnt10_arch;
```

从 TestBench 模板来看,测试文件中实体为空,实际上测试文件主要是产生内部的激励源,通过内部信号与被测文件实体端口进行连接进行测试。测试文件的结构体说明语句中包含两部分:一部分为与被测实体端口连接的内部信号定义;另一部分为被测文件的元件声明。被测端口为定义信号,与被测实体端口一致,为 clk、counter、rst_n。结构体描述语句中给出两类进程的模板:初始化进程,该进程内部信号仅执行一次就进入无限等待;循环执行进程,多次执行用于时钟类信号的产生。本例程为具有异步复位功能的十进制计数器,输入激励信号为时钟信号和复位信号,因此在一次执行信号中加入复位信号,复位时间为100ns,100ns 后复位信号拉高;在循环进程中添加时钟产生语句,添加前在结构体内部定义了时钟周期为 20ns 的常数 clock_period,及仿真 50MHz 时钟信号。在循环进程中利用WAIT 语句生成时钟信号。修改后的测试文件如例 3.3 所示。

【例 3.3】 修改后的测试文件。

```
LIBRARY ieee;
USE ieee.std_logic_1164.all;
use ieee.std_logic_unsigned.all;
use ieee.std_logic_arith.all;
ENTITY cnt10_vhd_tst IS
END cnt10_vhd_tst;
ARCHITECTURE cnt10_arch OF cnt10_vhd_tst IS
constant clock_period:TIME:= 20ns;
SIGNAL clk : STD_LOGIC;
SIGNAL counter : STD_LOGIC_VECTOR(3 DOWNTO 0);
SIGNAL rst_n : STD_LOGIC;
COMPONENT cnt10
    PORT (
    clk : IN STD_LOGIC;
    counter : OUT STD_LOGIC_VECTOR(3 DOWNTO 0);
    rst_n : IN STD_LOGIC
    );
END COMPONENT;
BEGIN
    i1 : cnt10
    PORT MAP (
    clk => clk,
    counter => counter,
    rst_n => rst_n
    );
init : PROCESS
BEGIN
    rst_n <= '0';
```

```
                wait for 100ns;
                rst_n <= '1'; -- code that executes only once
        WAIT;
        END PROCESS init;
        always : PROCESS
        BEGIN
                clk <= '1';
                wait for  clock_period/2;
                clk <= '0';
                wait for  clock_period/2;
        END PROCESS always;
        END cnt10_arch;
```

3.2.4　调用 ModelSim-Altera RTL 仿真

RTL 行为级仿真也叫功能仿真,这个阶段的仿真可以用来检查代码中的语法错误及代码行为的正确性,其中不包括延时信息。如果没有实例化一些与器件相关的特殊底层元件,这个阶段的仿真也可以做到与器件无关。需要的文件为编写的 VHDL 源文件以及 TB 文件。如果用到 PLL 等 IP 核,需要挂载器件库文件。

(1) 设置测试文件。单击 Quartus Prime 主窗体中 Assigments→Settings 下的 Simulation,弹出如图 3.29 所示选项卡。在 NativeLink settings 下单击 Test Benches 按钮,弹出如图 3.30 所示窗体,单击 New 按钮,弹出如图 3.31 所示的窗体,单击窗体 ... 按钮,选择之前编辑好的测试文件路径,一般在…simulation/modelsim/cnt10.vht,单击 Add 按钮完成测试文件的添

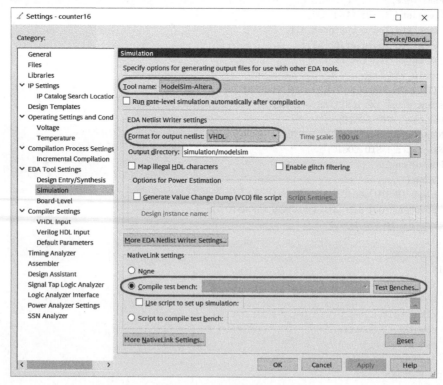

图 3.29　设置测试文件

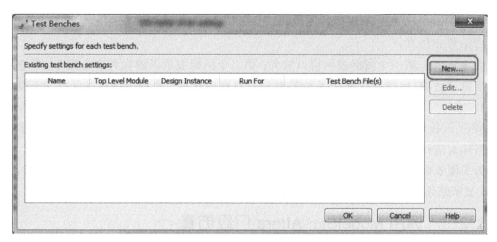

图 3.30　新建测试文件

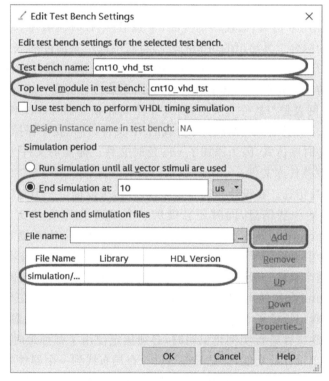

图 3.31　测试文件设置

加。在 Test bench name 和 Top level module in test bench 中填入测试文件名称,本例中名称为 cnt10_tst。

（2）RTL 仿真。单击 Tools→RTL simulation,Quartus Prime 会自动调用 ModelSim-Altera 仿真器弹出如图 3.32 所示的仿真结果。

图 3.32　RTL 仿真结果

（3）ModelSim-Altera 快捷按钮说明：

⊛ ：停止仿真；

🔍 🔍 🔍 🔍 ：第一个图标表示窗口放大；第二个图标表示以游标为中心缩小；第三个图标表示窗口适配，将当前全部仿真结果在一个界面中显示；第四个图标表示以游标为中心放大；

▤ [10 us] ▤ ：第一个图标为复位，所有仿真信号复位；第二个窗体为仿真时间；第三个图标为运行一次仿真。

为了便于观察仿真结果，可以选择图 3.32 中左侧的信号名称，单击鼠标右键，选择 Radix 显示结果，本例中可以选择 unsigned 作为结果显示。

3.2.5 调用 ModelSim-Altera 门级仿真

门级仿真也叫综合后仿真。绝大多数的综合工具除了可以输出一个标准网表文件以外，还可以输出 Verilog 或者 VHDL 网表，其中标准网表文件是用来在各个工具之间传递设计数据的，并不能用来仿真，而输出的 Verilog 或者 VHDL 网表可以用来仿真。之所以叫门级仿真，是因为综合工具给出的仿真网表已经与生产厂家器件的底层元件模型对应起来了。所以为了进行综合后仿真，必须在仿真过程中加入厂家的器件库，对仿真器进行一些必要的配置，否则仿真器并不认识其中的底层元件，无法进行仿真。综合后生成的网表文件（.vo）加 TB 仿真；网表是与器件有关的，所以要挂载好相关器件库文件。可以看到，门级仿真引入了中间态。对于 Quartus Prime 生成的 vo 文件，首先要注释掉其中的挂载 sdo 文件语句，否则仿真是时序仿真，因为添加了 sdo 延时文件。需要的文件为 vo 网表文件以及 TB 文件。需要挂载器件库文件。

时序仿真也叫后仿真。在设计布局布线完成以后，可以提供一个时序仿真模型，这种模型中也包括了器件的一些信息，同时还会提供一个 SDF 时序标注文件（Standard Delay Format Timing Anotation）。SDF 时序标注最初使用在 Verilog 语言的设计中，现在 VHDL 语言的设计中也引用了这个概念。对于一般的设计者来说，并不需知道 SDF 文件的详细细节，因为这个文件一般由器件厂家提供给设计者，Xilinx 公司使用 SDF 作为时序标注文件扩展名，Intel 公司使用 SDO 作为时序标注文件的扩展名。在 SDF 时序标注文件中对每一个底层逻辑门提供了 3 种不同的延时值，分别是典型延时值、最小延时值和最大延时值，在对 SDF 标注文件进行实例化说明时，必须指定使用了哪种延时。虽然在设计的最初阶段就已经定义了设计的功能，但是只有当设计布局布线到一个器件中之后，才会得到精确的延时信息，在这个阶段才可以模拟到比较接近实际电路的行为。网表文件加延时，仿真中会包含延时信息。需要的文件为 vo 网表文件以及 TB 文件以及延时文件 sdo（采用脚本挂载）。需要挂载器件库文件。

具体步骤参考 3.2.4 节。在弹出如图 3.31 所示界面时需要进行修改，修改结果如图 3.33 所示。

在进行门级仿真之前，VHDL 设计文件需进行 EDA Netlist Writer 操作，获得底层网表文件。设置完成后单击 Tools→GATE level Simulation，Quartus Prime 会自动调用 ModelSim-Altera 仿真器，弹出如图 3.34 所示的仿真结果。从图中可以看出，当时钟上升沿到来后，输出需要经过一段延时才发生变化。

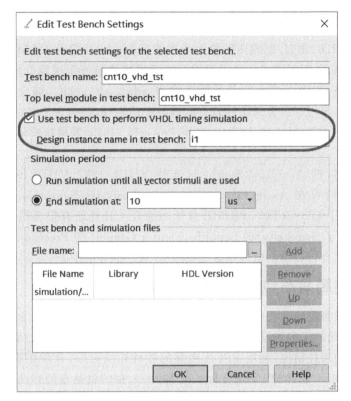

图 3.33 门级仿真设置

图 3.34 门级仿真结果

3.2.6 引脚分配

仿真完成后,需要给设计分配引脚。分配引脚的目的是将设计中的输入输出信号指定到器件中的某个引脚,并设置此引脚的电平标准和电流强度等。分配引脚的原则是根据器件的外围电路决定的。在本例中输入信号1个为时钟1个复位,输出信号4个,根据外设的实际情况,将输入引脚分配至按钮开关实现时钟输入和复位输入,输出引脚分配至4个发光二极管,通过发光二极管的状态判断当前的设计是否实现预定功能。

单击 Assignment→Pin Planner 弹出如图 3.35 所示的窗口。在 Location 列根据信号名称双击该区域分配引脚。按照图 3.35 按顺序给工程中输入输出引脚进行分配。完成引脚分配后直接关闭该窗体。

Node Name	Direction	Location	I/O Bank	VREF Group	itter Location	I/O Standard	Reserved	urrent Streng	Slew Rate	ifferential Pai	ict Preservati
clk	Input	PIN_M23	6	B6_N2	PIN_J1	2.5 V ...fault)		8mA (default)			
counter[3]	Output	PIN_F21	7	B7_N0	PIN_R6	2.5 V ...fault)		8mA (default)	2 (default)		
counter[2]	Output	PIN_E19	7	B7_N0	PIN_R3	2.5 V ...fault)		8mA (default)	2 (default)		
counter[1]	Output	PIN_F19	7	B7_N0	PIN_U4	2.5 V ...fault)		8mA (default)	2 (default)		
counter[0]	Output	PIN_G19	7	B7_N2	PIN_U3	2.5 V ...fault)		8mA (default)	2 (default)		
rst_n	Input	PIN_M21	6	B6_N1	PIN_Y2	2.5 V ...fault)		8mA (default)			
<<new node>>											

图 3.35 Pin Planner 分配窗口

3.2.7　分析与综合

综合就是把 HDL 语言/原理图转换为最基本的与、或、非门及 RAM、触发器等基本逻辑单元的链接关系,并根据要求优化形成的门级逻辑连接最终生成综合网表的过程。综合网表的业界标准是 EDIF 格式。文件后缀通常为. edn、. edf、. edif。综合网表中,除了包含 HDL 语言中与门、非门等组合逻辑和寄存器等时序逻辑外,还包含 FPGA 特有的各种原语 (Primitive),比如 LUT、BRAM、DSP48,甚至 PowerPC、PCIe 等硬核模块,以及这些模块的属性和约束信息。

Quartus Prime 的 Analysis&Synthesis 支持 VHDL 1987、VHDL1993 和 VHDL2008 标准。这些标准均可在 Assignment→ Setting→ Analysis&Synthesis settings→ VHDL Input 中设置。除了 QUARTUS PRIME 自带的综合工具外还有很多第三方的综合工具,如 Synopsys(收购了 Synplicity)的 Synplify,Mentor Graphic 的 Precision。

进行分析与综合可以单击软件快捷工具中 ▶ 或左侧导航中 ▶ Analysis & Synthesis 进行。

3.2.8　布局与布线

所谓布局是指将逻辑网表中的硬件原语或者低层单元合理地适配到 FPGA 内部的固有硬件结构上,布局的优劣对设计的最终结果(在速度和面积两个方面)影响很大。所谓布线是指根据布局的拓扑结构,利用 FPCA 内部的各种连线资源,合理正确连接各个元件的过程。Quartus Prime 软件的 Fitter(Place & Route),指的就是布局布线,它将每一个逻辑函数放在最好的逻辑单元位置以满足布线和时序,它也自动分配恰当互连路径和引脚。如果用户在设计中有设计约束,布局布线会在目标器件上尽力满足设置的约束,并优化整体设计。如没有设置的约束,布局布线也会自动进行优化。详细设置可在 Assignment→Setting→ Fitter Settings 选项中进行设置。

3.2.9　器件编程

当工程编译通过后,接下来要进行器件编程或配置用于板级验证。单击快捷工具中 ▶ 或左侧导航中 ▶ Assembler (Generate programming files) 生成编程文件。Quartus Prime 编程器允许编程和配置 Intel 公司的 CPLD、FPGA 和配置器件。编程或配置文件格式如表 3.2 所示。

表 3.2　编程文件格式

文 件 格 式	FPGA	CPLD	配置器件	串行配置器件
SRAM Object File(. sof)	YES	—	—	—
Program Object File(. pof)	—	YES	YES	YES
JEDEC JESD71 STAPL Format File(. jam)	YES	YES	YES	—
JAM Byte Code File(. jbc)	YES	YES	YES	—

单击快捷按钮 ▶ 或双击左侧任务栏 ▶ Program Device (Open Programmer) 打开 Quartus Prime Programmer 界面,如图 3.36 所示。

单击界面左上角 Hardware Setup…进行编程器设置,如果编程器正常,则在弹出界面中选择 USB-Blaster[USB_D]选项,如图 3.37 所示。

图 3.36 Quartus Prime Programmer 界面

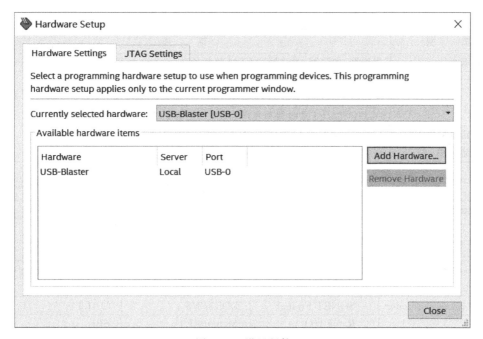

图 3.37 设置硬件

硬件设置完成后需要设置编程模式,编程模式设置在图 3.36 右上方下拉列表中选择,本例中选择 JTAG 模式。Intel 可编程逻辑器件中支持 4 种编程模式,如表 3.3 所示。

表 3.3 编程模式

Quartus Prime Programmer 支持的编程模式	FPGA	CPLD	配置器件	串行配置器件
JTAG	YES	YES	YES	—
Passive Serial(PS)	YES	—	—	—
Active Serial(AS)	—	—	—	YES
Configure via Protocol(CVP)	YES	—	—	—
In-socket Modes(ISM)	—	MAX Ⅱ 器件除外	YES	YES

编程模式选择后需要制定编程文件,单击图 3.36 中左侧 Add File 按钮,在弹出窗口中制定工程中的编程文件——即在工程所在文件夹 output_files 中以 sof 为后缀的配置文件。本例中选择 counter.sof 文件,同时勾选与文件对应的 Program/Configure。最后单击图 3.36

中 Start 按钮进行器件配置,当左上角进度条 100% 时表示已完成器件配置,用户可以进行板级硬件验证。

3.3 Quartus Prime 的 IP 使用

Intel 公司的 Quartus Prime 软件提供两类功能模块:免费的 LPM 宏功能模块(Megafunction/LPM)如表 3.4 所示,和需要授权使用的 IP 和 AMPP IP 核(MegaCore),如表 3.5 所示,两者在实现功能上有区别,使用方法相同。

表 3.4　Intel Quartus Prime 提供的基本宏功能

类　　型	描　　述
算术组件	累加器、加法器、乘法器和 LPM 算术函数
门	包括多路复用器和 LPM 门函数
I/O 组件	包括时钟数据恢复(CDR)、锁相环(PLL)、双数据速率(DDR)、千兆位收发器块(GXB)、LVDS 接收器和发送器、PLL 重新配置和远程更新宏功能模块
存储器编译器	FIFO partitioner、RAM 和 ROM 宏功能模块
存储组件	存储器、移位寄存器和 LPM 存储器函数

表 3.5　Intel Quartus Prime 提供的 MegaCore

数字信号处理类	通　信　类	接口和外设类	微处理器类
FIR	UTOPIA2	PCI MT32	Nios&Nios Ⅱ
FFT	POS-PHY2	PCI T32	SRAM Interface
Reed Solomon	POS-PHY3	PCI MT64	SDR DRAM Interface
Virterbi	SIP4.2	DisplayPort	FLASH Interface
Turbo Encode/Decoder	SONET Framer	DDR1/2/3	UART
NCO	Rapid I/O	Memory I/F	SPI
Color Space Converter	8B10B	HyperTransport	Programmable I/O
FIR Ⅱ		PCIE1/4/8	SMSC MAC/PHY I/F
		QDRII+MEM IF	HPS
		RLDRAM MEM IF	

本节在 3.1.3 节的 4 位二进制计数器基础上以为 clk 引脚添加宏功能模块 PLL 为例,对 Quartus Prime 中使用宏功能的方法加以说明。用户可以利用 Quartus Prime 软件中的 IP Catalog 管理器来建立或修改宏功能模块。要运行 IP Catalog 管理器需要在 Quartus Prime 界面下单击 Tools→IP Catalog 选项或单击快捷工具按钮 ▦ 在软件界面弹出如图 3.38 所示的窗体。从库中看出有几类 IP:基本功能、DSP、接口协议、内存接口和控制器、处理器和外围设备、大学计划 IP。由于是第一次添加选择第一个选项,单击 Next 按钮,弹出如图 3.39 所示的窗口。

在图 3.38 所示界面的左侧选择需要添加的宏功能模块。配置 PLL 时,在 Basic Functions→Clocks,PLL,Resets→PLL→ALTPLL,语言选择 VHDL,输出路径选择用户工程所在文件夹模块名称命名为 my_pll,如图 3.39 所示,单击 OK 按钮,弹出如图 3.40 所示设置窗体。

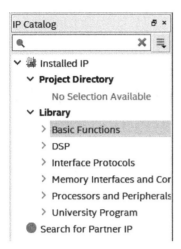

图 3.38 IP Catalog 添加界面

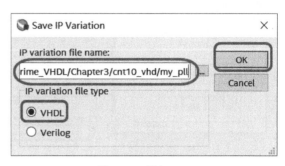

图 3.39 添加 PLL

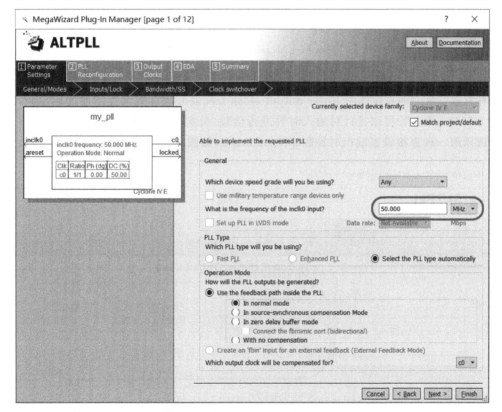

图 3.40 用 MegaWizard 设置 page1

配置 PLL 时,在图 3.40 窗口中 inclk0 频率根据硬件实际情况设置,本例设置为 50MHz,从图 3.40 可以看出,设置 PLL 共需要 12 步,以下配置将根据设计需求进行选择性 说明。单击 Next 按钮,弹出如图 3.41 所示的窗口。

取消勾选图 3.41 所示窗口中的选项,此处需根据实际情况设置。单击 Next 按钮,直到 设置 page6,如图 3.42 所示。

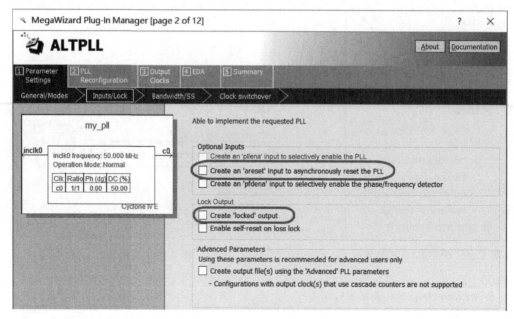

图 3.41　MegaWizard 设置 page2

在图 3.42 窗口中可以设置想要输出的时钟参数：相移、占空比、频率。设置输出频率有两种方式：第一种直接选中 Enter output clock frequency，直接设置想要的输出频率值，单位为 MHz，第二种可以是针对输入时钟进行倍频、分频系数设置等到输出时钟频率。本例中选择第一种直接设置输出时钟频率 0.002MHz，如图 3.42 所示。

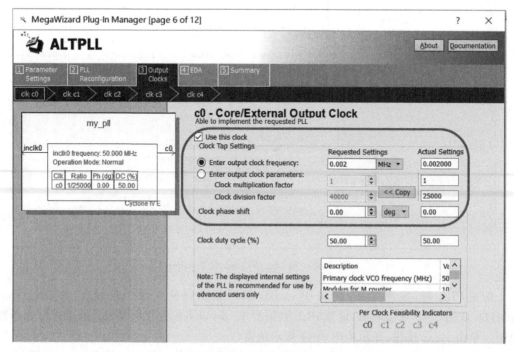

图 3.42　MegaWizard 设置 page6

在图 3.43 窗体中为 IP 生成的最后一步,用户可以根据需要对生成的文件进行勾选,文件类型说明如表 3.6 所示。本例中由于是原理图方式进行设计所以要勾选 * . bsf 文件,然后单击 Finish 按钮完成 IP 生成。

表 3.6　MegaWizard 输出文件类型

文 件 类 型	说　　明
* . bsf	原理图编辑器使用的符号文件
* . cmp	VHDL 设计中元件声明文件
* . vhd	VHDL 设计中实例化的封装文件
* . v	Verilog HDL 设计中实例化的封装文件
* _inst. vhd	VHDL 设计中实例化的模板
* _inst. v	Verilog HDL 设计中实例化的模板

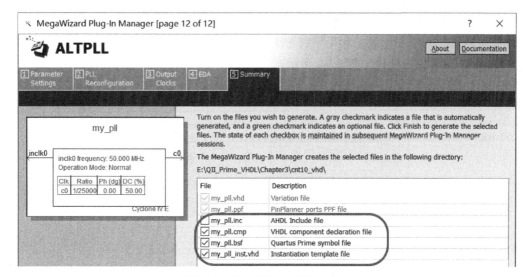

图 3.43　MegaWizard 设置 page12

打开 3.1.3 节工程文件,双击空白工作区域添加生成好的宏功能模块 my_pll 并加入到原理图中,加入后如图 3.44 所示。然后经过编译综合布局布线最终形成配置文件,下载到FPGA 中进行验证。如果使用 VHDL 进行设计时,需要用元件例化语句将生成的 IP 宏功能模块加入工程文件中。

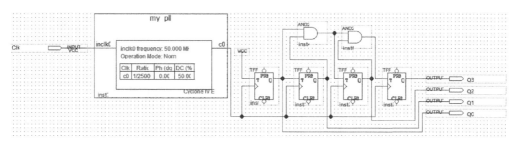

图 3.44　加入 my_pll 后的原理图

3.4 SignalTap Ⅱ逻辑分析仪的应用

　　SignalTap Ⅱ全称 SignalTap Ⅱ Logic Analyzer,是第二代系统级调试工具,可以捕获和显示实时信号,观察在系统设计中的硬件和软件之间的相互作用。Quartus Prime 软件可以选择要捕获的信号、开始捕获的时间,以及要捕获多少数据样本。还可以选择时间数据从器件的存储器块通过 JTAG 端口传送至 SignalTap Ⅱ Logic Analyzer,还是至 I/O 引脚以供外部逻辑分析仪或示波器使用。将实时数据提供给工程师帮助调试。

　　SignalTap Ⅱ获取实时数据的原理是在工程中引入 Megafunction 中的 ELA(Embedded Logic Analyzer),以预先设定的时钟采样实时数据,并存储于 FPGA 片上 RAM 资源中,然后通过 JTAG 传送回 Quartus Prime 分析。可见,SignalTap Ⅱ其实也是在工程额外加入了模块来采集信号,所以使用 SignalTap Ⅱ需要一定的代价,首先是逻辑单元(ELA),其次是RAM,如果工程中剩余的 RAM 资源比较充足,则 SignalTap Ⅱ 一次可以采集较多的数据,相应的如果 FPGA 资源已被工程耗尽则无法使用 SignalTap Ⅱ调试。

　　SignalTap Ⅱ任务流程如图 3.45 所示。

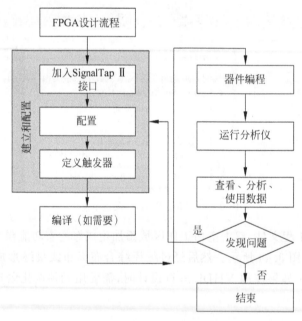

图 3.45　SignalTap Ⅱ任务流程

　　(1)至少准备一个完整的 FPGA 设计工程,以满足能够下载到 FPGA 器件中进行在线调试。

　　(2)使用.stp 文件在该工程中建立嵌入式逻辑分析仪,并进行相关设置,包括指定采集时钟、采样深度、触发条件、存储器模式、触发级别和添加采样信号等。

　　(3)根据需要对工程进行编译。当第一次将逻辑分析仪加入到工程中,或者对逻辑分析仪各项设置参数进行了较大改动,例如增加了要监测的新信号,那么需要进行编译或重新编译。对现有 SignalTap Ⅱ的某些基本改动是运行时可配置的,例如禁用某一触发条件,则不需要重新编译。

（4）将含有逻辑分析仪的设计下载至 FPGA 器件,通过 JTAG 链接来运行并控制它。

（5）出现触发事件时,逻辑分析仪停止,采集到的数据被传送到 SignalTap Ⅱ 文件窗口。用户在该窗口进行查看、分析、保存,找到设计中的问题。

（6）调试后判断是否发现并改正了问题,如果是,则将捆绑在工程中的逻辑分析仪去掉,整个调试流程结束;相反,则重新配置逻辑分析仪,调整触发条件,再次寻找其他问题或漏洞。

本节以文本方式设计的十进制计数器为例进行说明(计数器中例化了前面的 PLL 锁相环)。利用 SignalTap Ⅱ 在线调试步骤如下。

（1）在 Quartus Prime 软件中选择菜单栏 File→New,在弹出的 New 对话框中选择 SignalTap Logic Analyzer File,如图 3.46 所示。单击后弹出如图 3.47 所示的 SignalTap Ⅱ界面。用户需要将 SignalTap Ⅱ文件保存至工程目录中。

（2）在使用 SignalTap Ⅱ 逻辑分析仪进行数据采集之前,首先应该设置采样时钟,因为逻辑分析仪是在时钟上升沿采样,推荐使用同步系统全局时钟作为采样时钟。单击图 3.47 界面中参数设置区域 clock 栏对应的浏览按钮 ⧉,弹出如图 3.48 所示的节点查找器窗口。

选择图中 Filter 过滤选项中 Pins：all,单击图 3.48 中 List 按钮就会在节点查找区域列出所有可以观察的信号节点,选择工程中的时钟 clk 作为采样信号,选中后单击中间的"＞"按钮将时钟选中至右侧区域,单击 OK 按钮。接下来定义采样深度。

图 3.46　新建 SignalTap Ⅱ 文件

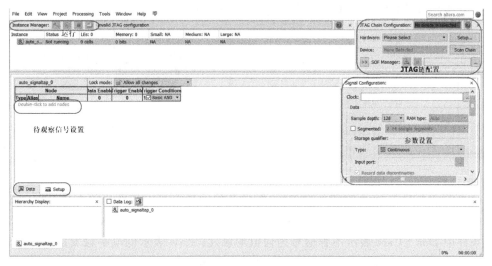

图 3.47　SignalTap Ⅱ 界面

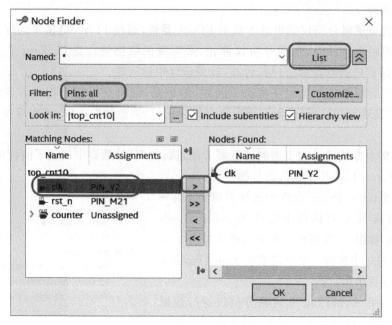

图 3.48　节点查找器窗口

采样深度决定了每个信号可存储的采样数目,设置范围在 0～128K。本界面中采样深度 (Sample depth)设置为 128K。在 Trigger 栏中,Trigger position(触发位置)可以选择触发 位置前后数据的比例,这里选择 Pre trigger position。

参数设置完成后需要添加被测信号。在图 3.47 左侧选择 Setup 标签页,在 Setup 标签 页中双击鼠标左键,弹出 Node Finder 对话框(该标签页内有一行灰色提示 Double-click to add nodes:双击添加节点信号)。在 Node Finder 对话框的 Filter 列表中选择 SignalTap Ⅱ:pre-synthesis 或 SignalTap Ⅱ:post-fitting,在 Look in 对话框中指定层次,单击 List 按 钮查找节点。在 Nodes Found 中选择要加入 STP 文件中的节点或总线。单击">"按钮将选 择的节点或总线复制到 Selected Nodes 中。加载后如图 3.49 所示。

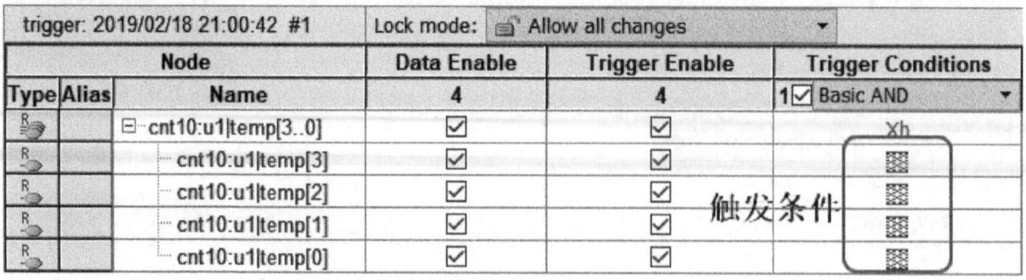

trigger: 2019/02/18 21:00:42 #1		Lock mode: 🔒 Allow all changes			▼
Node		**Data Enable**	**Trigger Enable**	**Trigger Conditions**	
Type	**Alias**	**Name**	**4**	**4**	1 ☑ Basic AND ▼
R 🖉		⊟ cnt10:u1|temp[3..0]	☑	☑	Xh
R 🖉		cnt10:u1|temp[3]	☑	☑	▨
R 🖉		cnt10:u1|temp[2]	☑	☑	▨
R 🖉		cnt10:u1|temp[1]	☑	☑	▨
R 🖉		cnt10:u1|temp[0]	☑	☑	▨

图 3.49　待观察节点设置

用户需要在图 3.49 中设置触发条件,触发条件的设置可以帮助用户有效地调试设计。 本节只介绍单个信号基本触发条件。触发条件设置分为 Basic 和 Advanced 两种。在 Basic 触发条件中 Don't Care 表示不管信号为何值均触发;Low 表示低电平触发;Falling Edge 表示下降沿触发;Rising Edge 表示上升沿触发;High 表示高电平触发;Insert Value 是给 总线信号赋值,表示总线信号为此值时触发。本例选择 Don't Care。

（3）一切设置完成后重新编译工程。

（4）在图 3.47 中 JTAG 链配置区域单击 SOF Manage 栏中浏览按钮 ⌷⌷⌷ ,加载工程配置文件,单击 Setup... 按钮配置下载器端口,单击 Scan Chain 按钮扫描 JTAG 链,查找链路上的器件,单击 ▣ 按钮进行配置,配置完成后自动运行分析。

（5）当满足触发条件时,逻辑分析仪停止,采集到的数据被传送到图 3.47 的 DATA 窗口,用户可以根据捕捉到的数据进行分析或调试。在线调试如图 3.50 所示。

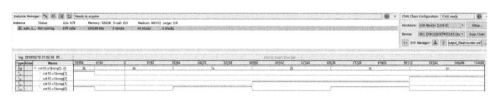

图 3.50　在线捕捉的数据

注意 SignalTap Ⅱ 逻辑分析仪是用工程设计中剩余的 RAM 块资源来存放数据的,因此用户不可能无限制地增加采样深度或采样信号。用户在调试完成后要将 SignalTap Ⅱ 的文件移除并重新编译一遍,这样才不会影响整个工程设计的性能。

3.5　本章小结

本章从图形化设计和 VHDL 文本设计两个角度介绍了 Quartus Prime 软件的设计流程。另外介绍了 Altera-ModelSim 软件的基本使用方法。同时对 Quartus Prime 自带的 IP 核的使用方法做了详细介绍,更详细的 IP 核应用读者需从各个 IP 带的用户手册中获取。为了便于在线调试 FPGA,本章还介绍了 SignalTap Ⅱ 逻辑分析仪的基本使用方法,读者可以根据介绍的方法完成基本的在线调试功能。

第 4 章
CHAPTER 4

VHDL 基础

4.1 VHDL 概述

VHDL 英文全称为 Very High Speed Integrated Circuit Hardware Description Language,即超高速集成电路硬件描述语言。今天,在电子工程领域,VHDL 已成为事实上的通用硬件描述语言之一。

4.1.1 VHDL 起源

VHDL 起源于 1983 年,1986 年 IEEE 标准化组织开始工作,讨论 VHDL 标准。1987年 12 月 IEEE 接受 VHDL 为标准 HDL,这就是 IEEE Std 1076—1987(LRM87)。1993 年IEEE 对 VHDL 重新修订,增加了一些功能,公布了新的标准版本 IEEE Std 1076—1993(LRM93)。严格地说,VHDL'93 和 VHDL'87 并不完全兼容(VHDL'93 从更高的抽象层次和系统描述能力上扩展 VHDL 的内容,例如,增加了一些保留字并删去了某些属性),但是,对VHDL'87 的源码只做少许简单的修改就可以成为合法的 VHDL'93 代码(BFMR93)。后续又公布了 VHDL'2002(已作废),目前版本为 VHDL'2008 版本,该版本是 IEEE Std 1076—2002 的修订版。这个修订包含了许多对现有语言和一些新增语言的增强(主要的和次要的)特性。此修订合并了 IEEE 属性规范语言(PSL)作为 VHDL 的一部分。这些变化的组合显著提高了 VHDL 作为一种语言的功能实现对复杂电子系统的规格、设计和验证的能力。

4.1.2 VHDL 的特点

VHDL 主要用于描述设计复杂的数字系统的结构、行为、功能和接口。在进行工程设计方面有很多优点。

(1) 与其他的硬加描述语言相比,VHDL 描述能力更强,从而决定了它成为系统设计领域最佳的硬件描述语言。

(2) VHDL 技术完备,具有丰富的仿真语句和库函数,而且还支持同步电路、异步电路和其他电路的设计。

(3) VHDL 设计方法灵活,对设计的描述具有相对独立性。设计者可以不懂硬件结构,可以不管最终设计实现的目标器件,而进行独立的设计。

(4) VHDL 支持广泛,目前大多数 EDA 工具几乎在不同的程度上都支持 VHDL。

4.2　VHDL 的基本结构

一个完整的 VHDL 程序包含库(LIBRARY)、程序包(PACKAGE)、实体(ENTITY)、结构体(ARCHITECTURE)和配置(CONFIGURATION)五个部分。下面以一个实际例子来说明。例 4.1 是一个 4 选 1 多路选择器的 VHDL 描述,通过这个程序可以归纳出 VHDL程序的基本模块的设计结构。本书中将 VHDL 文件称为 VHDL 程序,但它和传统的计算机程序是有区别的。

【例 4.1】　4 选 1 多路选择器。

```
LIBRARY   IEEE;                          -- 库使用说明
USE IEEE.STD_LOGIC_1164.ALL;             -- 程序包的引用说明
ENTITY mux41 IS                          -- 实体说明
  PORT(a,b,c,d: IN STD_LOGIC;            -- 输入端口说明
        sel: in STD_LOGIC_VECTOR(1 DOWNTO 0);
        q: OUT STD_LOGIC);               -- 输出端口说明
END ENTITY mux41;

ARCHITECTURE choice OF mux41 IS          -- 结构体说明
BEGIN
 PROCESS(sel)                            -- 进程描述语句
  BEGIN
   CASE sel IS
      WHEN "00" = > q < = a;
      WHEN "01" = > q < = b;
      WHEN "10" = > q < = c;
      WHEN "11" = > q < = d;
      WHEN OTHERS = > NULL;
    END CASE;
 END PROCESS;
END choice;
```

从例 4.1 描述可以看出,一个最基本的 VHDL 程序由三部分组成:库说明、实体说明和结构体说明,其他的结构层次可根据需要选用。一个程序只能有一个实体,但可以有多个结构体。

实际上,一个相对完整的 VHDL 程序有比较固定的结构,如图 4.1 所示。

首先是库和程序包说明;然后是实体描述,在实体中又包含一个或多个结构体,并且在每一个结构体中可以包含一个或一个以上的顺序语句或并行语句;最后是配置说明。下面将分别介绍这五大基本组成部分的设计规则。

4.2.1　库

VHDL 库是用来放置和存储可编译的设计单元的仓库,这些设计单元可以是预先定义好的数据类型、子程序等设计单元的集合体(程序包),或预先设计好的各种设计实体(元件库程序包)。

图 4.1　完整 VHDL
程序结构

如在 VHDL 设计中要用某一程序包,就必须在这项设计中先打开这个程序包,使设计能随时使用这一程序包中的内容,因此必须在这一设计实体前使用库语句和 USE 语句。在综合过程中,要调用的库必须以 VHDL 源文件的方式存在,并能使综合器随时读入使用。

库的语句格式如下:

```
LIBRARY  库名;
```

库名是一系列用顿号分隔的标识符,这一语句表示打开了以此库名命名的库,以便后面的设计实体可以利用其中的程序包。如例 4.1 中 LIBRARY IEEE,表示打开 IEEE 库。

1. 库的种类

VHDL 中的库分为设计库和资源库两类。设计库不需要使用 LIBRARY 和 USE 子句声明;资源库是标准模块和常规元件存放的库,使用之前要声明。程序设计中常用的库有以下几种。

1) IEEE 库

IEEE 库是 VHDL 设计中最常见的资源库,包含有 IEEE 标准的 STD_LOGIC_1164,NUMERIC_BIT 和 NUMERIC_STD 程序包以及其他一些支持工业标准的程序包。其中 STD_LOGIC_1164 是最重要和最常用的程序包,大部分基于数字系统设计的程序包都是以此程序包中设定的标准为基础。

在实际应用中,Synopsys 公司的 STD_LOGIC_ARITH、STD_LOGIC_SIGNED 和 STD_LOGIC_UNSIGNED 程序包最常用,也并入了 IEEE 库。目前,我国的大多数 EDA 工具都支持 Synopsys 公司的程序包。一般基于大规模可编程逻辑器件的数字系统设计,IEEE 库中的 4 个程序包 STD_LOGIC_1164、STD_LOGIC_ARITH、STD_LOGIC_SIGNED 和 STD_LOGIC_UNSIGNED 足够使用。

注意:在使用 IEEE 库中的每个设计单元的开头用 LIBRARY 子句显式说明。

2) VITAL 库

VITAL(VHDL Initiative Towards ASIC Libraries)是面向 ASIC 的 VHDL 模型基准,1992 年由 IEEE 开始研究,1993 年 12 月推出 VITAL2.1e 版本,1994 年 3 月推出 2.2b 版本,1995 年 6 月完成 VITAL 3.0 版本,或称为 VITAL'95。正式成为国际标准是 1995 年 9 月,称为 IEEE std 1076.4—1995。

VITAL 标准包括下面几个部分:时序程序包 VITAL-Timing;基本元件包 VITAL-Primitives;引进延时的机制;模型建立的规范文档,可提高 VHDL 门级时序模拟的精度,因而只在 VHDL 仿真器中使用。VITAL 程序包已经成为 IEEE 标准,在当前 VHDL 仿真器的库中,VITAL 库中的程序包都已经并到 IEEE 库中。但基于实用的观点,在 CPLD/FPGA 设计开发过程中,一般不需要 VITAL 库中的程序包。

3) STD 库

STD 库是设计库,包含 STANDARD 和 TEXTIO 标准程序包。在 VHDL 应用环境中,随时可调用这两个程序包中的所有内容。由于这两个程序包是 VHDL 编译工具的组成部分,故它们是必须的工具。STD 库在应用中不需显式说明,例如库使用语句 LIBRARY STD 是不必要的。

4) WORK 库

WORK 库是另一个常见的设计库。它接受用户分析和修改的设计单元,是 VHDL 的工作库,用于存放用户设计和定义的一些设计单元和程序包。在实际应用中也不需要显式表达。

此外,EDA 工具开发商为了便于 CPLD/FPGA 开发设计的方便,都有自己的扩展库和相应的程序包,如 DATAIO 公司的 GENERICS 库、DATAIO 库等,以及上面提到的 Synopsys 公司的一些库。

根据需要,用户可以自己定义库,把自己的设计内容或通过交流获得的程序包设计实体并入这些库中。

2. 库的用法

在 VHDL 设计中,库说明语句放在实体单元前面。LIBRARY 语句使列出名字的库中的所有资源可见。这样,在设计实体内的语句就可以使用库中的数据和文件。VHDL 允许在一个设计实体中同时打开多个不同的库,但库与库之间必须是相互独立的。

例 4.1 中最前面的两条语句:

```
LIBRARY IEEE;
USE IEEE.STD_LOGIC_1164.ALL;
```

表示先打开 IEEE 库,再打开此库中的 STD_LOGIC_1164 程序包的所有内容。由此可见,在实际使用中,库以程序包集合的方式存在,具体调用的是程序包中的内容。

关键词 LIBRARY 指明所使用的库名,USE 语句指明库中的程序包。VHDL 要求一项含有多个设计实体的更大的系统中,每一个设计实体都必须有自己完整的库说明语句和 USE 语句。说明了库和程序包,整个设计实体都可进入访问或调用。

USE 语句合法的使用方法是将 USE 语句说明中所要开放的设计实体对象紧跟在 USE 语句之后。使用 USE 语句有两种常见的格式:

(1) USE　库名.程序包名.项目名;

作用:向本设计实体开放指定库中的特定程序包内所选定的项目。

例如: USE IEEE.STD_LOGIC_1164.RISING_EDGE;

表明向当前设计实体开放了 STD_LOGIC_1164 程序包中的 RISING_EDGE 函数。

(2) USE　库名.程序包名.ALL;

作用:向本设计实体开放指定库中的特定程序包内所有的内容。

例如: USE IEEE.STD_LOGIC_1164.ALL;

表明打开 IEEE 库中的 STD_LOGIC_1164 程序包,并且程序包中所有的公共资源对后面的 VHDL 设计实体程序全部开放。关键词"ALL"代表程序包中所有资源。

4.2.2　程序包

程序包是一个设计单元,包含有可用于其他设计单元的一系列说明。在设计实体中定义的数据类型、常数说明、子程序或数据对象对于其他设计实体是不可见的,为了使已定义的数据类型、常数及子程序能被更多的 VHDL 设计实体方便地访问和共享,VHDL 提供了程序包机制。

一个程序包由程序包首和程序包体两部分组成。程序包的定义语句结构如下：

```
PACKAGE 程序包名  IS
    程序包首说明                        -- 程序包首
END  [PACKAGE] 程序包名;
PACKAGE BODY  程序包名  IS
    程序包体及包体内说明                -- 程序包体
  END  [PACKAGE BODY] 程序包名;
```

一个完整的程序包中，程序包首的程序包名与程序包体的程序包名是同一个名字。通常程序包中的内容应具有更大的适用面和良好的独立性，以供各种不同设计需求的调用，如STD_LOGIC_1164 程序包定义的数据类型 STD_LOGIC 和 STD_LOGIC_VECTOR。一旦定义了一个程序包，各种独立的设计就能方便地调用。

1. 程序包首

程序包首为程序包定义接口。程序包首说明部分可收集多个不同的 VHDL 设计所需的公共信息，包括数据类型说明、信号说明、子程序说明及元件说明等。所有这些信息说明定义放在程序包中可供随时调用，显然提高了设计效率和程序可读性。

在程序包结构中，程序包是主设计单元，可以独立编译和使用，程序包体不是必须的。例 4.2 就是一个简单的程序包，仅在包首声明了数据类型，没有程序包体部分。

【例 4.2】 程序包首示例。

```
LIBRARY ieee;
USE ieee.std_logic_1164.all;
PACKAGE my_package IS
    TYPE state IS (st1, st2, st3, st4);
    TYPE color IS (red, green, blue);
    CONSTANT vec: STD_LOGIC_VECTOR(7 DOWNTO 0) : = "11111111";
END my_package;
```

2. 程序包体

程序包体是次级设计单元，包括在程序包首中已定义的子程序。程序包体说明部分内容可以是 USE 语句、子程序定义、子程序体、常数说明、数据类型说明和子类型说明等。

在程序包中含有子程序说明时必须有对应的程序包体，且子程序体必须放在程序包体中。如例 4.3 所示。如果只是定义数据类型等内容，程序包首可以独立使用，程序包体不必要。

【例 4.3】 程序包体示例。

```
LIBRARY IEEE;                                  -- 库使用说明
USE IEEE.STD_LOGIC_1164.ALL;
PACKAGE bag IS                                 -- 程序包首开始
    CONSTANT num1: REAL: = 3.1415926;          -- 定义常数 num1
    CONSTANT num2: INTEGER;                     -- 定义常数 num2
    FUNCTION func(a, b, c: REAL) RETURN REAL;   -- 定义函数 func
END PACKAGE bag;                               -- 程序包首结束
PACKAGE BODY  bag  IS                          -- 程序包体开始
    CONSTANT num2: INTEGER: = 5;
    FUNCTION fun(a, b, c: REAL) RETURN REAL IS  -- 函数说明
```

```
        BEGIN
            RETURN (a + b + c)/3.0;
        END FUNCTION fun;
    END  PACKAGE BODY bag;                          -- 程序包体结束
```

在此例中程序包名是 bag,在其中定义了两个常数 num1 和 num2,接着定义了一个函数 fun。

程序包中说明的标识符不是自动对其他设计单元可见的,如果要使用程序包中的所有定义,可用 USE 语句。具体格式如下:

```
USE  程序包名.标识符名;
USE  程序包名.ALL;
```

要使用例 4.3 的程序包中的所有定义,如下所示:

```
LIBRARY  WORK;
USE  WORK.bag.ALL;
…
```

WORK 库是默认打开的,所以可省去 LIBRARY WORK 语句,只要加入相应的 USE 语句即可。

3. 常用预定义程序包

1) STD_LOGIC_1164 程序包

该程序包预先在 IEEE 库中编译,是 IEEE 库中最常用的标准程序包。STD_LOGIC_1164 程序包定义了一些数据类型、子类型和函数,这些定义将 VHDL 扩展为一个能描述多值逻辑的硬件描述语言,很好地满足了实际数字系统的设计需求。

访问 STD_LOGIC_1164 程序包中的项目需要使用以下语句:

```
LIBRARY  IEEE;
USE  IEEE.STD_LOGIC_1164.ALL;
```

该程序包中定义的数据类型包括 STD_ULOGIC、STD_ULOGIC_VECTOR、STD_LOGIC 和 STD_LOGIC_VECTOR,所有的标准运算符都对这些数据类型重载。其中用的最多、最广的是 STD_LOGIC 和 STD_LOGIC_VECTOR 数据类型,它们的定义满足工业标准,非常适合 CPLD/FPGA 器件中多值逻辑设计结构。

2) STD_LOGIC_ARITH 程序包

该程序包预先编译在 IEEE 库中,是 Synopsys 公司的程序包。它在 STD_LOGIC_1164 程序包的基础上扩展了 UNSIGNED、SIGNED 和 SMALL_ INT 三个数据类型,并定义了相关的算术运算符和转换函数。

3) STD_LOGIC_SIGNED 和 STD_LOGIC_UNSIGNED 程序包

这两个程序包都预先编译在 IEEE 库中,也是 Synopsys 公司的程序包。其中 STD_LOGIC_SIGNED 是有符号数的运算,而 STD_LOGIC_UNSIGNED 定义运算符时没有考虑符号。它们重载后可用于 INTEGER、STD_LOGIC 和 STD_ LOGIC_VECTOR 之间的混合运算,且定义了 STD_ LOGIC_VECTOR 到 INTEGER 的转换函数。

程序包 STD_LOGIC_ARITH、STD_LOGIC_UNSIGNED 和 STD LOGIC_SIGNED

已经成为工业标准,绝大多数的 VHDL 综合器和 VHDL 仿真器都支持它们。

4) STANDARD 程序包

该程序包是 STD 库中的预编译程序包,定义了一些基本的数据类型、子类型和函数。STANDARD 程序包是 VHDL 标准程序包,在所有设计单元的开头隐性地打开了下面的句子:

```
LIBRARY  WORK.STD;
USE   STD.STANDARD.ALL;
```

所以在实际应用中,不必再用 LIBRARY 和 USE 语句另作显式声明。

5) TEXTIO 程序包

该程序包也是 STD 库中的预编译程序包,定义了支持 ASCⅡ I/O 操作的许多类型和子程序。该程序包主要供仿真器使用,可以用文本编辑器建立一个数据文件,文件中包含仿真时需要的数据,然后仿真时用 TEXTIO 程序包中的子程序存取这些数据。在使用本程序包之前,语句 USE STD.TEXTIO.ALL 必须加上。

4.2.3　实体

实体是 VHDL 程序的一个基本设计单元,它可以单独编译并且可以并入设计库。其功能是对这个设计实体与外部电路进行接口描述。例如它可以对一个门电路、一个芯片、一块电路板乃至整个系统进行接口描述。

1. 实体结构

根据 IEEE 标准,一个基本单元实体结构定义如下:

```
ENTITY  实体名  IS
[GENERIC(类属表); ]
[PORT(端口表); ]
实体说明部分;
[BEGIN 实体语句部分; ]
END [ENTITY] 实体名;
```

实体说明单元从"ENTITY 实体名 IS"开始,到"END [ENTITY] 实体名;"结束,如例 4.1 以"ENTITY mux41 IS"开始,以"END ENTITY mux41;"结束。其中的实体名可以由自己添加。一个设计实体无论多大和多复杂,在实体中定义的实体名即为这个设计实体的名称。例 4.1 中实体名为 mux41。

这里实体说明的框架用大写字母表示,它是不可缺少和省略的部分;而在方括号内的语句描述不是必需的。对于 VHDL,不区分文字的大小写,有时仅仅为了习惯和方便。

2. 类属说明

类属参量常以一种说明的形式放在实体或块结构体前的说明部分。类属为实体和外部环境通信提供一种静态信息通道,尤其是用来规定实体端口的大小、设计实体的物理特性和结构体中的总线宽度等。类属与常数不同,常数只能从设计实体内部得到赋值,并且不能再改变,而类属的值可以由设计实体外部提供。

类属说明的一般格式如下:

```
GENERIC([constant]常数名: 数据类型[: =设定值];
```

```
          [constant]常数名：数据类型[：=设定值]；
          …)；
```

例如：GENERIC(delay：TIME ：＝20μs)；　　--说明参数 delay 的值为20μs

在一个实体中定义的来自外部赋入类属的值可以在实体内部或与之相应的结构体中读到。对于同一个设计实体，可以通过 GENERIC 参数类属的说明，为它创建多个行为不同的逻辑结构如例4.4所示。

【例4.4】 实体示例。

```
LIBRARY   IEEE;
USE   IEEE.std_logic_1164.ALL;
ENTITY generic_date IS
    GENERIC (n : INTEGER := 7);
     PORT (input: IN BIT_VECTOR (n DOWNTO 0);
            output: OUT BIT);
END generic_date;
```

3. 端口说明

端口说明语句是对一个设计实体界面的说明。其端口表部分对设计实体与外部电路的接口通道进行了说明，其中包括对每一接口的输入输出模式(MODE)和数据类型(TYPE)进行了定义。

实体端口说明的一般书写格式如下：

```
PORT([SIGNAL]端口名：模式　数据类型；
     [SIGNAL]端口名：模式　数据类型；
     …)；
```

端口名为端口的对外通道的名字；模式是指这些通道上的数据流动方向，如输入或输出等；数据类型说明端口上流动数据的表达格式。在实际中，端口描述中的数据类型主要有两类：位(BIT)和位矢量(BIT_VECTOR)。

例4.5中，x、y、z为端口名，模式分别为 IN、IN、OUT，数据类型都为 STD_LOGIC。在电路图上，端口对应于器件符号的外部引脚。端口名作为外部引脚的名称，端口模式用来定义外部引脚的信号流向。如例4.5子模块是一个2输入与门的实体描述，设计实体是 or1，它的外部接口界面由输入信号端口 x、y 和输出信号端口 z 构成，内部逻辑功能是一个2输入或门。

【例4.5】 2输入或门。

```
LIBRARY   IEEE;                      -- 库使用说明
USE IEEE.STD_LOGIC_1164.ALL;         -- 程序包的引用说明
ENTITY or1 IS                        -- 实体说明
  PORT(x, y: IN STD_LOGIC;           -- 输入端口说明
       z  : OUT STD_LOGIC);          -- 输出端口说明
END ENTITY or1;
ARCHITECTURE arch OF and1 IS         -- 结构体说明
BEGIN
   z <= x or y;
```

```
END arch;
```

端口模式用来说明数据、信号通过该端口的方向,VHDL 提供了以下 4 种端口模式。

(1) IN:输入,只读模式。该模式主要用于输入控制信号、地址、数据和时钟等。

(2) OUT:输出,单向赋值模式。该模式主要用于输出控制信号、地址和数据等。

(3) INOUT:双向模式,可以读或写,便于识别信号的用途、来源和去向。

(4) BUFFER:缓冲模式,实际上是带有反馈的输出端口。可以读或写,也可以用于反馈,只能有一个驱动源。

VHDL 对端口的读写总规则:只有在端口为 IN、INOUT 或 BUFFER 时,才能从该端口读数据;只有在端口为 OUT、INOUT 或 BUFFER 时,才能向该端口写数据。

4.2.4 结构体

结构体是设计实体中的一个组成单元,用于描述设计实体的内部结构和实体端口间的逻辑关系。结构体对基本设计单元的输入输出关系可以用行为(behavior)描述、数据流(dataflow)描述、结构(structure)描述和混合(mixture)描述 4 种方式进行描述。

结构体是对一个实体进行具体描述。每个实体可以有多个结构体,分别对应实体不同的结构和算法实现方案,各个结构体的地位是相同的。结构体不能单独存在,它必须有一个实体说明。对于具有多个结构体的实体,必须用配置语句指明用于综合的结构体和用于仿真的结构体。即在综合后的可映射于硬件电路的设计实体中,一个实体只对应一个结构体。在电路中,如果实体代表一个器件符号,则结构体描述了这个符号的内部行为。

1. 结构体语句格式

根据 IEEE 标准,结构体的语句格式如下:

```
ARCHITECTURE 结构体名 OF 实体名 IS
     [说明语句]
BEGIN
     [功能描述语句]
END [ARCHITECTURE] 结构体名;
```

结构体以"ARCHITECTURE 结构体名 OF 实体名 IS"开始,以"END [ARCHITECTURE] 结构体名;"结束。实体名必须是设计实体的名字,结构体名可以自由选择,但一般把结构体的名字取为行为、数据流和结构。例 4.1 中的实体名是 mux41,结构体名是 choice。

注意:如果一个实体有多个结构体时,结构体名不能重复。

结构体内部构造的描述层次和描述内容如图 4.2 所示。通常一个完整的结构体由说明语句和功能描述语句两个基本部分组成,并不是所有的结构体同时具有图 4.2 的全部的说明语句结构。

2. 结构体说明语句

结构体说明语句必须放在关键词 ARCHITECTURE 和 BEGIN 之间,用于对结构体内部的功能描述语句中将使用的信号、数据类型、常数、元件、函数和过程等进行说明。

注意:在一个结构体中说明和定义的信号、数据类型、常数、元件、函数和过程只能用于该结构体中。如果这些定义想用于其他实体或结构体中,要将其作为程序包来处理。

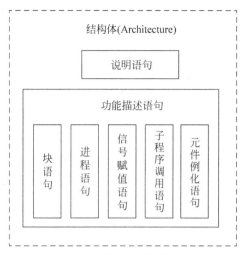

图 4.2　结构体内部构造图

3. 功能描述语句

功能描述语句位于 BEGIN 和 END 之间,其构造包含 5 种以并行方式工作不同类型的语句结构,它们可以看成结构体的 5 个子模块,如图 4.2 所示。它们分别为:

(1) 块语句。

(2) 进程语句。

(3) 信号赋值语句。

(4) 子程序调用语句。

(5) 元件例化语句。

这些模块之间的关系虽然是并行的,但内部所含的语句不一定是并行的,如进程内的语句是顺序语句。对于这 5 种功能描述语句将在后面相关的内容里分别作详细的阐述。

例 4.1 中实体 mux41 对应的一个结构体,它的结构体名是 choice,结构体内有一个进程语句子结构,在此结构用 CASE 顺序语句描述了选择器的片选信号 sel、输入信号 a、b、c、d 和输出信号 q 之间的逻辑关系。

4. 结构体子模块设计方法

对于一个层次复杂、功能丰富的结构体而言,用一个模块描述很不方便,故采用子模块来进行设计。结构体的子模块有上述 5 种形式,所以针对它们可以采用 5 种结构方式:

(1) 采用多个块的子模块方式。

(2) 采用多个进程的子模块方式。

(3) 采用多个信号赋值的子模块方式。

(4) 采用多个子程序的子模块方式。

(5) 采用多个元件例化的子模块方式。

块和进程语句是常见的并行语句,将在 4.6 节中介绍;信号赋值语句既可以是顺序语句也可以是并行语句,在 4.5 节和 4.6 节中都有涉及;元件例化语句应用很广,在 4.6 节中将作详细阐述。子程序调用语句是我们平常最熟悉、应用最多的一种方式,也将在 4.6 节中说明。

4.2.5　配置

配置是 VHDL 设计实体中的一个最基本的单元,用于描述层与层之间的连接关系和实体与结构体之间的连接关系。配置语句用来为比较大的系统设计提供管理和工程组织。通常在大且复杂的 VHDL 工程设计中,它可以为一个确定的实体选择不同的结构体。例如,利用配置使仿真器为同一实体配置不同的结构体,使设计者比较不同结构体的仿真差别。

在综合或仿真中,利用 VHDL 的配置功能可以选择不同的结构体进行仿真和对比性能,从而得到最佳的设计目标。配置语句还能用于对元件的端口连接进行重新安排等。

VHDL 综合器允许将配置规定为一个设计实体中的最高层设计单元,但只支持对最顶层的实体进行配置。

配置语句的一般格式如下:

```
CONFIGURATION 配置名 OF 实体名 IS
    FOR 配置说明
    END FOR;
END 配置名;
```

配置主要为顶层设计实体指定结构体,或为参与例化的元件实体指定所希望的结构体,用层次方式来对元件例化作结构配置。由于每个实体可以拥有多个不同的结构体,每个结构体的地位是相同的,这时必须利用配置说明语句为这个实体指定一个结构体。例 4.6 给出两个结构体实现同一逻辑功能的例子,此时就需要使用配置语句明确指定哪个结构体为实体综合。

【例 4.6】　配置语句示例。

```
LIBRARY IEEE;
USE IEEE.STD_LOGIC_1164.ALL;
ENTITY and1 IS
PORT(x: IN STD_LOGIC:
    y: IN STD_LOGIC;
    z: OUT STD_LOGIC);
END ENTITY and1;
ARCHITECTURE one OF and1 IS
 BEGIN
  z <= x AND y;
END ARCHITECTURE one:

ARCHITECTURE two OF and1 IS
  BEGIN
    z <= '0' WHEN  (x = '0')AND(y = '0') ELSE
         '0' WHEN  (x = '0')AND(y = '1') ELSE
         '0' WHEN  (x = '1')AND(y = '0') ELSE
         '1' WHEN  (x = '1')AND(y = '1') ELSE
         '0';
END ARCHITECTURE two;

CONFIGURATION and_II OF and1 IS
    FOR two
```

```
   END FOR;
END and_II;
CONFIGURATION and_I OF and1 IS
   FOR one
   END FOR;
END and_I;
```

例 4.6 是一个配置的简单方式应用,在一个与门 and 的设计实体中会有两个以不同的逻辑描述方式构成的结构体,用配置语句来为特定的结构体需求作配置指定。即当指定配置名为 and_II 时,实体 and1 配置的结构体为 two;当指定配置名为 and_I 时,实体 and1 配置的结构体为 one。这两种结构的描述方式是不同的,但具有相同的逻辑功能。

4.3 VHDL 的数据及文字规则

VHDL 和其他高级语言相似,具有多种数据类型,其定义也与其他高级语言是一致的。语言要素是编程语句的基本单元,VHDL 要素主要是数据对象,其中包括变量、信号、常数、数据类型、各类操作数及运算操作符。

4.3.1 VHDL 文字规则

VHDL 有固定的文字规则,有些方面类似于其他计算机高级语言,另外还有自己特有的文字规则和表达方式。VHDL 文字主要包括数值和标识符。

1. 数字型文字

1) 整数文字

整数文字都是十进制数。

例如:2,108,13_254_297(= 13254297),256E2(= 25600)

2) 实数文字

实数文字都是十进制数,但必须带有小数点。

例如:18.93,34.97E−1(= 3.497),6.35,
　　　18_670_21.453_9(= 1867021.4539)

3) 以数制基数表示的文字

用这种方式表示的数由 5 部分组成。①用十进制数标明数制进位的基数;②数制隔离符号"♯";③表达的文字;④指数隔离符号"♯";⑤用十进制表示的指数部分,这一部分的数如为 0 可省去不写。例如:

```
2♯1110♯              −− (二进制表示,等于 16)
10♯150♯              −− (十进制表示,等于 150)
16♯FE♯               −− (十六进制表示,等于 254)
16♯F.03♯E + 2        −− (十六进制表示,等于 3843.00)
```

4) 物理量文字

VHDL 综合器不接受此类文字。

例如:57A, 30s, 10m, 2kΩ

2. 字符串型文字

字符是用单引号引起来的 ASCⅡ字符,可以是数值,也可以是符号或字母。例如:'B',

'＊','2','－',…。字符串则是双引号引起来一维的字符数组,有以下两种类型的字符串:

1) 文字字符串

文字字符串是用双引号引起来的一串文字,如:"ERROR","X"。

2) 数位字符串

数位字符串也叫位矢量,是预定义的数据类型 Bit 的一位数组。数位字符串所代表的位矢量的长度即为等值的二进制数的位数。与文字字符串表示不同,数位字符串的表示先要有计算基数,后将该基数表示的值放在双引号中,基数符放在字符串的前面,用"B""O"和"X"表示。

例如:

```
B"1_1010"          -- 二进制数数组,位矢数组长度是 5
O"17"              -- 八进制数数组,位矢数组长度是 6
X"AD0"             -- 十六进制数数组,位矢数组长度是 12
```

3. 标识符

标识符的用法规定了 VHDL 书写符号的一般规则。标识符可以是常数、变量、信号、端口、子程序或参数的名字。

1) 短标识符

VHDL 短标识符的书写遵守如下规则:

(1) 有效字符:英文字母(a~z,A~Z)、数字(0~9)和下划线(_)。

(2) 标识符必须以英文字母开头。

(3) 必须是单一下划线"_",且其前后都必须有英文字母或数字。

(4) 标识符中的英语字母不分大小写。

2) 扩展标识符

VHDL'93 版支持扩展标识符,它具有以下特点。

(1) 扩展标识符以反斜杠界定,数字打头是合法的标识符。

例如:\8\、\74LS00\、\invalid\都是合法的扩展标识符。

(2) 允许包含图形符号、空格符,但没有格式的作用。

例如:回车符、换行符、\C/FE\、\A or D\等都是合法的标识符。

(3) 两个反斜杠之前允许有多个下画线相邻,扩展标识符要分大小写。

例如:\code_ _entity\是合法的标识符,\gate\和\GATE\是不同的。

(4) 扩展标识符与短标识符永远不同。

例如:\FFT\和 FFT 是不同的标识符。

(5) 扩展标识符如果含有一个反斜杠,则用两个反斜杠表示。

例如:\STA\\TE\表示该扩展标识符的名字为 STA\TE。

支持扩展标识符的目的是不受 1987 版标准中的短标识符的限制,描述起来更为直观和方便。但是目前仍有许多 VHDL 工具不支持扩展标识符。

4. 下标名

下标名用于指示数组变量或信号的某一元素。下标段名则用于指示数组型变量或信号的某一段元素。下标名的语句格式为:

标识符(表达式)

标识符必须是数组型变量或信号的名字,表达式代表的值必须是数组下标范围中的一个值,这个值将对应数组中的一个元素。如果这个表达式是一个可计算的值,则此操作数可以很容易地进行综合。如果是不可计算的,则只能在特定的情况下综合,且耗费资源较大。例4.7给出了不同下标使用的范例。

【例4.7】 下标名赋值示例。

```
SIGNAL a,b: BIT_VECTOR(0 TO 4);
SIGNAL n: INTEGER RANGE 0 TO 4;
SIGNAL x,y: BIT;
x <= a(n);                    -- 不可计算型下标表示
y <= b(4);                    -- 可计算型下标表示
```

上例的两个下标名中一个是n,属不可计算;另一个是4,属可计算的。

5. 段名

段名对应数组中某一段的元素,是多个下标名的组合。其表达形式是:

标识符(表达式　方向　表达式)

标识符必须是数组类型的信号名或变量名,每个表达式的数值必须在数组元素下标号范围以内,并且必须是可计算的立即数。方向用TO或者DOWNTO表示,TO表示数组下标序列由低到高(如1 TO 6);DOWNTO表示数组下标序列由高到低(如5 DOWNTO 2),注意段中两表达式值的方向必须与原数组一致。例4.8给出段名的使用范例。

【例4.8】 段名赋值示例。

```
Signal a,b: BIT_VECTOR(0 TO 5);
a(0 TO 2) <= b(3 TO 5);
a(3 TO 5) <= b(0 TO 2);
```

上面定义了2个6位信号位矢量(位数组),它们以段的方式进行赋值。

4.3.2　VHDL 数据对象

在VHDL中,数据对象是一种存放值的容器,共有4类基本数据对象:常量、变量、信号和文件。前3种数据对象一直都存在,只有文件类型是在VHDL'93标准中通过的。信号和变量都可以连续赋值;常量只能在说明的时候赋值且只能被赋值一次。从硬件电路系统看,变量和信号相当于组合电路系统中门与门间的连线及其连线上的信号值;常量相当于电路中的恒定电平,在整个电路工作期间值保持不变,如GND或VCC接口。文件类型的数据对象不能通过赋值来更新文件的内容,文件参数没有模式。文件可以作为参数向子程序传递,通过子程序对文件进行读写操作。

在实际应用中应注意,VHDL仿真器虽然允许变量和信号设置初始值,但这些信息VHDL综合器不会综合进去。实际的CPLD/FPGA芯片在上电后,并不能确保其初始状态的取向。所以对于时序仿真,设置的初始值在综合时并没有实际意义。

1. 常量

常量是一个恒定不变的值,如果作了数据类型和赋值定义,在程序中就不能再改变。常量的设置是为了使设计实体中的常数更容易阅读和修改。例如，将 π 的大小定义为一个常量，只要修改这个常量就能改变模块，从而改变硬件结构。因而常量具有全局性意义。

常量说明的一般格式如下：

CONSTANT 常量名：数据类型：＝表达式；

常量的使用规则如下：

（1）常量必须在程序包、实体、结构体、块、进程和子程序等设计单元中对有关项目进行指定。

（2）常量的使用范围取决于被定义的位置。定义在程序包中的常量可由所在的任何实体和结构体调用；定义在实体或进程内的常量只能在实体或进程中使用。

（3）定义的常量数据类型必须与表达式的数据类型一致。其数据类型可以是标量类型或复合类型，但不能是文件类型或存取类型。

例如：CONSTANT Vcc: REAL: ＝5.0;   -- 定义某一个恒定电源
　　　CONSTANT delay: TIME: ＝25ns; -- 定义某个模块延迟时间

2. 变量

变量是一个局部量，用于在进程和函数结构中作局部的数据存储。变量的赋值立即发生，不存在任何延时。变量的定义形式与常量十分相似，其格式如下：

VARIABLE 变量名：数据类型 约束条件：＝表达式；

变量的使用规则如下：

（1）变量赋值和初始化赋值都用"：＝"表示。

（2）变量赋的初值不是预设的，某一时刻只能有一个值。

（3）变量不能用于在进程间传递数据。

（4）变量不能用于硬件连线和存储元件。

（5）仿真时，变量用于建模。

（6）综合时，变量充当数据的暂存。

例如：VARIABLE a: INTEGER RANGE 0 to 100;   -- 定义 a 为整数型变量，范围 0～100
　　　VARIABLE b: BIT_VECTOR(0 TO 5);   -- 定义 b 为数组型变量

3. 信号

信号是描述硬件系统的基本数据对象，是实体间动态数据交换的手段。在 VHDL 中，信号及其相关的信号赋值语句、决断函数、延时语句等很好地描述了硬件系统的许多基本特征。如硬件系统运行的并行性；信号传输过程中的惯性延迟特性；多驱动源的总线行为等。信号通常在包集合、结构体和实体说明中使用。

信号的定义格式：

SIGNAL 信号名：　数据类型 约束条件：＝表达式；

信号的使用规则如下：

（1）"：＝"表示对信号直接赋值，信号获得初始值不产生延时。

（2）"＜＝"表示对信号代入赋值，这种方式允许产生延时。

（3）仿真时，要保证信号在初始时能设定在指定值上。

（4）综合时，信号应在实体和结构中被清楚地描述。

【例 4.9】 信号声明示例。

```
SIGNAL  a: STD_LOGIC: = '0';
SIGNAL  b: STD_LOGIC_VECTOR(15 DOWNTO 0);
```

此例中第一组定义了一个单值信号 a，数据类型是标准位 STD_LOGIC，信号初始值为低电平；第二组定义了一个位矢量信号或总线信号或数组信号 b，数据类型是标准位矢 STD_LOGIOC_VECTOR，共有 16 个信号元素。

信号和变量在某些地方相似，但也有许多不同之处。它们的主要区别如下：

（1）信号的代入过程与代入语句分开处理，执行代入语句不会使信号立即代入；而变量的赋值语句一旦执行，其值立即被赋予变量。

（2）在进程中，信号可以列入敏感表，而变量不能列入敏感表。

（3）仿真过程中，变量使用很少的存储器；而为了调度安排和处理信号属性，信号需要存储更多的信息。

（4）信号可能需要使用 WAIT 语句来为执行相同迭代做信号赋值的同步处理；而变量不存在这个问题。

注意：在进程中允许同一信号有多个赋值源，其结果只有最后的赋值语句被启动，并进行赋值操作。

【例 4.10】 信号多驱动源示例。

```
...
SIGNAL   a,b,c,x,y: INTEGER;
...
PROCESS(a,b,c)
  BEGIN
    x <= a * b;
    y <= c - x;
    x <= b;
END PROCESS;
```

此例的进程中，a、b、c 被列入进程敏感表，当进程被激活后，信号赋值将自上而下顺序执行，但第一项赋值操作并不会发生，这是因为 x 的最后一次赋值源是 b，因此 x 被赋值 b。

4. 文件

文件是传输大量数据的对象，可以包含一些专门数据类型的数值。在系统仿真测试时，为方便控制及观察，测试的输入激励数据和仿真结果的输出都要用文件来进行。

IEEE STD1076—1987 中定义了 TEXTIO 程序包，它定义了几种文件 I/O 传输的方式：

（1）procedure Readline(F：inText；L：out Line)；

（2）procedure Writeline(F：outText；L：inLine)；

（3）procedure Read(L：inoutLine；Value：out Std_Logic；Good：outBoolean)；

（4）procedure Read(L：inoutLine；Value：outStd_Logic)；

（5）procedure Read(L：inoutLine；Value：outStd_Logic_Vector；Good：outBoolean)；

（6）procedure Read(L：inoutLine；Value：outStd_Logic_Vector)；

(7) procedure Write(L：inoutLine；Value：in Std_Logic；

　　　　　Justified：inSide：＝Right；Field：in width：＝0)；

(8) procedure Write(L：inoutLine；Value：in Std_Logic_Vector；

　　　　　Justified：inSide：＝Right；Field：inwidth：＝0)；

上面列出的第一种方式读入测试矢量文件的一行,第二种方式向测试文件中写一行测试矢量。这些文件 I/O 传输方式实际上是对一些过程的定义,调用这些过程就能完成数据的传递。

4.3.3　VHDL 数据类型

VHDL 是一种强数据类型语言,对运算关系与赋值关系中操作数的数据类型有严格要求。在数据对象的定义中,必不可少的就是为定义的数据对象设定数据类型,并且每一个数据对象只能有一个数据类型的值,该对象的赋值源是相同的数据类型。

VHDL 提供了许多预定义的数据类型,各种预定义数据类型大多数体现了硬件电路的不同特性,因此被其他许多硬件描述语言所采纳。

VHDL 按照不同的方法可以有不同的分类,下面按照数据类型分类的角度介绍数据类型。

(1) 标量类型(Scalar Type)：标量类型是最基本的数据类型,它通常用于描述一个单值数据对象。标量类型包括整数类型、实数类型、枚举类型和物理类型。

(2) 复合类型(Complex Type)：复合类型可由细小的数据类型复合而成,如由标量型复合而成。复合类型主要有数组类型和记录类型,数组类型对线性结构的建模很有效,而记录类型对数据包和指令等的建模很有效。

(3) 存取类型(Access Type)：存取类型实质上是指针类型,为给定的数据类型的数据对象提供存取方式。存取类型仅变量要说明,根据存取类型的性质,它只能用于顺序进程。目前存取类型只能用于仿真。

(4) 文件类型(File Type)：文件类型用于提供多值存取类型。文件类型允许对象有一个文件类型的说明,文件对象类型实际上是一个变量对象类型的子集,变量对象能用变量赋值语句赋值,而文件对象不能被赋值。

上述四大数据类型根据产生的来源又可以分成预定义数据类型和用户自定义数据类型两大类别。这些数据类型都已在 VHDL 的标准程序包 STANDARD 和 STD_LOGIC. 1164 及其他标准程序包中作了定义,在设计中可以随时调用。

1. VHDL 的预定义数据类型

预定义数据类型是 VHDL 中最常用、最基本的数据类型。在使用中它自动包含进 VHDL 的源文件,不必通过 USE 语句显式调用。

1) 布尔类型

在程序包 STANDARD 中定义的源代码是：TYPE BOOLE IS(FALSE,TRUE)；

布尔数据类型实质是一个枚举数据类型。如定义所示,其取值只能为 FALSE(伪)和 TRUE(真)两者之一。综合器用一个二进制位表示 BOOLEAN 型变量或信号。布尔量只能通过关系运算符获得,它不属于数值因而不能用于运算。

例如,x 小于 y 时,在 IF 语句中的关系运算表达式(x＜y)的结果是布尔量 TRUE,反之为 FALSE。综合器将其变为 1 或 0 信号值,对应于硬件系统中的一根线。

2) 位类型

在程序包 STANDARD 中定义的源代码是:TYPE BIT IS('0','1');

位数据类型取值只能是 1 或 0,通常用来表示信号的不同状态。位数据类型的数据对象可以参与逻辑运算,运算结果仍是位数据类型。VHDL 综合器用一个二进制位表示 BIT。

位数据类型与布尔数据用转换函数可以相互转换。

3) 位矢量类型

在程序包 STANDARD 中定义的源代码是:

```
TYPE BIT_VECTOR IS ARRAY(Natural Range<>)OF BIT;
```

位矢量是基于位数据类型的数组,使用位矢量必须注明位宽。

例如:SIGNAL b: BIT_VECTOR(0 TO 6);

信号 b 被定义为一个具有 7 位位宽的矢量,它的最左位是 b(6),最右位是 b(0)。

4) 字符类型

字符类型要用单引号引起来表示,包括英文字母('a~z'、'A~Z')、数字('0'~'9')、空格及一些特殊字符。字符类型区分大小写,如'A'不同于'a'。注意:在 VHDL 程序设计中,标识符一般不分大小写,但用了单引号的字符则区分大小。

5) 整数类型

整数类型的数包括负整数、零和正整数。整数类型与算术整数相似,可以使用预定义的运算操作符,如加、减、乘、除等进行算术运算,但不能用于逻辑运算。在程序包中指定了整数的取值范围是 $-(2^{31}+1) \sim (2^{31}-1)$。在实际应用中,VHDL 仿真器通常将 INTEGER 类型作为有符号数处理,而综合器则将它作为无符号数处理。在使用整数时,VHDL 综合器要求用 RANGE 子句为所定义的数限定范围,然后根据所限定的范围决定表示此信号或变量的二进制数的位数。

例如:SIGNAL A: INTEGER RANGE 0 TO 7;

规定整数 A 的取值范围是 0~7 共 8 个值,可用 3 位二进制数表示,因此 A 将被综合成由 3 条信号线构成的信号。

6) 自然数和正整数类型

自然数和正整数都是整数的子集,但它们的范围不同。自然数是零和正整数;而正整数包括大于零的整数,是自然数的子集。

例如:12　　　　　　　　　　-- 十进制整数
　　　16#D2#　　　　　　　　-- 十六进制整数
　　　2#11010010#　　　　　-- 二进制整数

7) 实数类型

实数类型也称为浮点类型,类似于数学上的实数。其取值范围为:$-1.0E+38 \sim +1.0E+38$。有些数可用实数表示,也可以用整数表示,但两者是不同的类型。

例如:3.0　　　　　　　　　-- 十进制浮点数
　　　8#43.6#e+4　　　　　-- 八进制浮点数

8) 字符串类型

字符串数据类型是用双引号引起来的字符串数组,一般用于程序的提示和结果说明。

例如：string_yin: = "cd EFG";

9）时间类型

在 VHDL 中，时间数据类型是唯一的预定义物理类型。完整的时间类型包括整数和物理量单位，整数和单位之间至少留一个空格，如 33ms、10ns。

10）错误等级

其定义为：TYPE severity_level IS(Note,Warning,Error,Failure);

错误等级又叫错误类型。在 VHDL 仿真器中，常用来指示设计系统的工作状态。共有 4 种等级：NOTE（注意）、WARNING（警告）、ERROR（出错）和 FAILURE（失败）。在仿真过程中，输出这 4 种值可向开发者提示系统当前的工作情况。

11）综合器不支持类型

（1）物理类型：综合器不支持物理类型的数据，如具有量纲型的数据，包括时间类型。这些类型只能用于仿真过程。

（2）浮点类型：如 REAL 型。

（3）存取类型：综合器不支持存取型结构，因为不存在对应的硬件结构。

（4）文件类型：综合器不支持磁盘文件型，硬件对应的文件仅为 RAM 和 ROM。

2. IEEE 标准数据类型

1）IEEE 预定义标准逻辑位与矢量

在 IEEE 库程序包 STD_LOGIC_1164 中，定义了两个非常重要的数据类型，即标准逻辑位和标准逻辑矢量。使用这两个类型时，在程序中必须写出说明语句和使用程序包集合说明语句。

（1）标准逻辑位类型（STD_LOGIC）：在程序中使用此数据类型前，需加入语句：

```
LIBRARY IEEE;
USE IEEE.STD_LOIGC_1164.ALL;
```

数据类型 STD_LOGIC 共定义了 8 种值，具体如下：

```
'U',        -- 未初始化(在 STD_ULOGIC 定义)
'X',        -- 强未知
'0',        -- 强 0
'1',        -- 强 1
'Z',        -- 高阻态
'W',        -- 弱未知
'L',        -- 弱 0
'H',        -- 弱 1
'-'         -- 忽略
```

在仿真和综合中，STD_LOGIC 值非常重要，它可以使设计者精确地模拟一些未知和高阻态的线路情况。对于综合器，高阻态和忽略态可用于三态的描述。但就综合而言，STD_LOGIC 型数据能够在数字器件中实现的只有 4 种值，即 0、1、X 和 Z。当然，这并不表明其余的 5 种值不存在。这 9 种值对于 VHDL 的行为仿真都有重要意义。

（2）标准逻辑矢量类型（STD_LOGIC_VECTOR）：STD_LOGIC_VECTOR 是定义在 STD_LOGIC_1164 程序包中的标准一维数组，数组中的每一个元素的数据类型都是上述定义的标准逻辑位 STD_LOGIC。其数据类型定义如下：

```
TYPE STD_ LOGIC_ VECTOR IS ARRAY(Natural Range < >)OF STD_ LOGIC;
```

在使用中,向标准逻辑矢量 STD_LOGIC_VECTOR 数据类型的数据对象赋值的方式与普通的一维数组 ARRAY 是一样的,即必须严格考虑位矢的宽度。同位宽和数据类型的矢量间才能进行赋值。

描述总线信号,使用 STD_LOGIC_VECTOR 是最方便的,但需要注意总线中的每一根信号线都必须定义为相同的数据类型 STD_LOGIC。

2) 其他预定义标准数据类型

VHDL 综合工具配带的扩展程序包中,定义了一些有用的类型。如 Synopsys 公司在 IEEE 库中加入的程序包 STD_LOGIC_ARITH 中定义了 3 种数据类型:有符号型、无符号型和小整型(SMALL_INT)。

如果将信号或变量定义为这几种数据类型,在使用之前必须加入下面的语句:

```
LIBRARY IEEE;
USE   IEEE.STD_LOIGC_ARITH.ALL;
```

(1) 有符号数据类型(SIGNEDTYPE):在程序包 STD_LOGIC_ARITH 中定义如下:

```
type SIGNED is array(NATURAL range < >) OF STD_LOGIC;
```

有符号数据类型表示一个有符号的数值,综合器将其解释为补码,数的最高位是符号位。

例如: SIGNED'("0101")   -- 代表 + 5
      SIGNED'("1101")   -- 代表 - 3

(2) 无符号数据类型(UNSIGNED TYPE):在程序包 STD_LOGIC_ARITH 中定义如下:

```
type UNSIGNED is array(NATURAL range < >) OF STD_LOGIC;
```

无符号数据类型表示一个无符号数,但不能定义负数。在综合器中,这个数值被解释为一个二进制数,最左位是二进制数的最高位。如果要定义一个变量或信号的数据类型为 UNSIGNED,则其位矢长度越长,代表的数值就越大。

【例 4.11】 Unsigned 类型示例。

```
VARIABLE  a: UNSIGNED( 0 TO 8);
SIGNAL   b: UNSIGNED(0 TO 4);
```

该例中变量 a 有 9 位数值,最高位是 a(0),而非 a(8);信号 b 有 5 位数值,最高位是 b(4)。

3. 用户自定义数据类型方式

1) 自定义数据类型方式

VHDL 允许用户自己定义新的数据类型,其定义数据类型是用 TYPE 类型和 SUBTYPE 子类型定义语句实现的,下面简单介绍这两种语句使用方法。

(1) TYPE 语句语法结构如下:

```
    TYPE  数据类型名  IS  数据类型定义  OF 基本数据类型;
或  TYPE  数据类型名  IS  数据类型定义;
```

这两种不同的定义格式的方式是相同的。数据类型名由设计者自取；数据类型定义部分描述所定义的数据类型的表达方式和表达内容；关键词 OF 后的基本数据类型是指数据类型定义中元素的基本数据类型，一般都是取预定义数据类型，如 BIT 等。

【例 4.12】 自定义数据类型方式示例。

```
TYPE byte IS ARRAY(0 TO 7)OF STD_LOGIC;
TYPE colour IS (Red,Green,Yellow,Blue,Violet);
```

上面列出了两种不同的定义方式，第一句定义的数据类型 byte 是一个具有 8 个元素的数组型数据类型，数组中的每一个元素的数据类型都是 STD_LOGIC 型；第二句将一组表示颜色的文字组合起来定义一个新的数据类型 colour，而其中的每一文字都代表一个具体的数值。

需要注意，在 VHDL 中不同数据类型的值只有通过类型转换才能相互作用，即使两种数据类型非常接近也必须进行转换。

（2）SUBTYPE 语句用法。SUBTYPE 子类型是 TYPE 所定义的原数据类型的一个子集，它满足基本数据类型所有约束条件。SUBTYPE 语句格式如下：

```
SUBTYPE  子类型名 IS 基本数据类型 RANGE 约束范围;
```

子类型定义中的基本数据类型必须是前面已通过 TYPE 定义的类型。

例如：`SUBTYPE A IS INTEGER RANGE 0 to 7;`

上句中，子类型 A 把 INTEGER 约束到只含 8 个值的数据类型。

由于子类型与基本数据类型属同一数据类型，子类型数据和基本数据类型数据之间的赋值和被赋值可以直接进行，不必进行数据类型的转换。

利用子类型定义数据对象，可以使程序提高可读性和易处理，其实质是有利于提高综合的优化效率。

2）用户自定义数据类型

用户自定义数据类型有很多种，如枚举类型、整数和实数类型、数组类型和记录类型等。下面将分别介绍这些数据类型。

（1）枚举类型（Enumeration Type）：是一种特殊的数据类型，即把类型中的各个元素都列举出来。这种数据类型非常直观方便，提高了程序的可读性。其书写格式为：

```
TYPE 数据类型名 IS(元素 … );
```

在 VHDL 中，位、布尔量及字符等许多常用的数据类型都是在程序包中已定义的枚举型数据类型。如 BIT 的取值 0 和 1 是一种文字，不能进行常规的数学运算，因而与普通的 0 和 1 不同。在综合过程中，对于此类枚举数据，都将转化成二进制代码。

【例 4.13】 自定义类型使用示例。

```
TYPE  PCstate IS (idle,busy,write,read,backoff);
SIGNAL a,b: PCstate;
TYPE  logic IS  ('1','Z','X','0');
SIGNAL s: logic;
```

在这里，信号 a 和 b 的数据类型定义为 PCstate，它们的取值范围可枚举，即 idle、busy、

write、read 和 backoff 共 5 种,而这些状态代表 5 组唯一的二进制数值。此外,枚举类型也可以直接用数值来定义,但必须使用单引号,如例 4.13 中信号 s 的数据类型 logic 的定义。

综合过程中,通常枚举类型文字元素的编码是自动默认的。一般将最左边的枚举量编码为 0,后面的依次加 1。综合器在编码过程中自动将每一个枚举元素转成位矢量,位矢的长度取所需表达的所有枚举元素的最小值。例如,用于表达 5 个状态的位矢长度应该为 3,编码默认值如下:

idle: = "000"; busy: = "001"; write: = "010"; read: = "011"; backoff: = "100";

一般而言,编码方法因综合器不同而不同。为了某些特殊需要,编码顺序可以人为设置。

(2) 整数类型和实数类型(Interger and Real Types):它们在标准的程序包中已经定义。由于它们的取值定义范围太大,综合器无法进行综合。因此,定义成这两种数据类型的数据对象必须由用户根据实际需要重新定义,并限定其取值范围,从而提高芯片资源的利用率。

实际应用中,VHDL 仿真器通常将整数或实数类型作为有符号数处理,VHDL 综合器对整数或实数的编码方法是:对用户已定义的数据类型和子类型中的正数编码为二进制原码;对用户已定义的数据类型和子类型中的负数编码为二进制补码。

编码的位数只取决于用户定义的数值的最大值。在综合中,以浮点数表示的实数先转换成相应大小的整数。因此在使用整数时,VHDL 综合器要求使用数值限定关键词RANGE 对整数的使用范围作明确的限制。

【例 4.14】 整数自定义类型声明示例。

```
TYPE num1 IS range 0 to 100;              -- 7 位二进制原码
TYPE num2 IS RANGE - 100 TO 100;          -- 8 位二进制补码
```

num1 和 num2 都是隐含的整数类型,仿真中,num1 用 7 位位矢量表示(其中 1 位符号位,6 位数据位);num2 用 8 位位矢量表示(其中 1 位符号位,7 位数据位)。

(3) 数组类型(Array Type):数组类型属复合类型,是把一组具有相同数据类型的元素集合在一起作为单一对象。它的元素可以是任何一种数据类型,数组可以是一维或多维。虽然 VHDL 仿真器支持多维数组,但综合器只支持一维数组。

VHDL 允许定义限定性和非限定性两种不同类型的数组,它们的区别是:限定性数组下标的取值范围在数组定义时就确定了,而非限定性数组下标的取值范围需在后面确定。

限定性数组定义格式为:

TYPE 数组名 IS ARRAY(数组范围)OF 数据类型;

非限制性数组的定义格式为:

TYPE 数组名 IS ARRAY (数组下标名 RANGE <>) OF 数据类型;

其中数组名是定义的数组类型的名称;数组范围指出数组元素的定义数量和排序方式;数组下标名是以整数类型设定的一个数组下标名,其中符号"< >"是下标范围待定符号,用时再填入具体的数值范围;数据类型是数组中各元素的数据类型。

【例 4.15】 自定义数组类型示例。

```
TYPE x IS ARRAY(2 DOWNTO 0) of  STD_LOGIC;
TYPE y IS(1ow,high);
TYPE databus IS ARRAY(0 To 7,y)of BIT;
TYPE a IS Array (Natural Range<>) OF BIT;
VARIABLE c1: a(1 to 4);                        -- 将数组取值范围定在 1～4
TYPE b is ARRAY (POSITIVE RANGE<>) OF REAL;
VARIABLE  c2: b (0 To 5);                       -- 将数组取值范围定在 0～5
```

该例中 x、y 是两个限定性数组。数组 x 有 3 个元素，下标 2、1、0 对应各元素的排序是 x(2)、x(1)和 x(0)。y 为两元素的枚举数据类型，databus 定义为 y 数组类型，其中每一元素的数据类型是 BIT。而 a 和 b 是两个非限制性数组类型的用法。

（4）记录类型（Record Type）：记录类型把不同数据类型的对象构成数组，记录的元素由它的字段名访问。记录元素包括任何类型的元素，它们可以属于相同或不同的类型。显然，具有记录类型的数据对象是一个复合值，这些复合值由这个记录类型的元素决定。

记录类型定义格式如下：

```
TYPE 记录类型名 IS  RECORD
元素名: 元素数据类型;
元素名: 元素数据类型;
   …
END  RECORD [记录类型名];
```

记录类型可用于仿真，不能用于综合。在描述通信协议或总线时，使用记录很方便。

【例 4.16】 记录类型示例。

```
TYPE rec IS RECORD                      -- 将 rec 定义为记录类型
a1: TIME;                               -- 将元素 a1 定义为时间类型
a2: REAL;                               -- 将元素 a3 定义为实数类型
a3: INTEGER;                            -- 将元素 a3 定义为整数类型
END RECORD;
```

对于复合记录类型的数据赋值时，可以整体赋值或单个元素分别赋值。整体赋值时，有位置关联和名字关联两种方式。位置关联方式默认元素赋值的顺序与记录类型声明的顺序相同；名字关联方式与元素出现的前后顺序没有关系。

【例 4.17】 记录类型的变量赋值示例。

```
com: = (2 ms,1,3);                      -- 整体赋值位置关联方式
com: = (a2=>1,a1=>2 ms,a3=>3);          -- 整体赋值名字关联方式
com.a1: = 2ms;                          -- 等价单个元素赋值方式
com.a2: = 1;
com.a3: = 3;
```

对于只包含单个元素的集合，则必须使用名字关联的方法进行赋值，其目的是把它和被括号括起来的表达式区别开。

4.3.4 VHDL 类型转换

VHDL 对于某一数据类型的变量、信号和常量赋值时，类型一定要一致。在相互操作

时,如果不一致,则需要使用显式类型转换。

1. 数据类型转换函数方式

在 VHDL 程序设计中,可以用函数来实现数据类型转换,VHDL 提供了数据类型转换函数来完成数据类型转换。

【例4.18】 VHDL 转换函数应用示例。

```
LIBRARY IEEE;
USE IEEE.STD_LOGIC_1164.ALL;
  ENTITY cnt IS
    PORT(clk: IN STD_LOGIC;
         output: INOUT STD_LOGIC_VECTOR(3 DOWNTO 0));
    END   cnt;
LIBRARY dataio;
USE dataio.STD_LOGIC_ops.ALL
  ARCHITECTURE zh OF cnt IS
    BEGIN
  PROCESS(clk)
    BEGIN
      IF clk = '1' AND clk'EVENT   THEN
      output < = TO_VECTOR (2, TO_INTEGER(output) + 1);
    END IF;
  END PROCESS;
END zh;
```

该例中利用了 dataio 库中的程序包 STD_LOGIC_ops 中的两个数据类型转换函数:TO_VECTOR(将 INTEGER 转换成 STD_LOGIC_VECTOR)和 TO_INTEGER(将 STD_LOGIC_VECTOR 转成 INTEGER)。通过这两个转换函数,就可以使用"+"算符进行直接加 1 操作了,同时又能保证最后的加法结果是 STD_LOGIC_VECTOR 数据类型。利用类型转换函数来进行类型转换需定义一个函数,使其参数类型为被转换的类型,返回值为转换后的类型,这样就可以自由地进行类型转换。VHDL 有 3 个标准程序包:STD_LOGIC_1164、NUMERIC_BIT 和 NUMERIC_STD,每种程序包提供的常用类型转换函数都不同,如表 4.1 所示。

表 4.1　VHDL 程序包中常用类型转换函数

程序包名称	转换函数名	功　　能
STD_LOGIC_1164	TO_STDLOGICVECTOR(A)	把位矢量 BIT_VECTOR 转换为标准逻辑矢量 STD_LOGIC_VECTOR
	TO_BITVECTOR(A)	把标准逻辑矢量 STD_LOGIC_VECTOR 转换为位矢量 BIT_VECTOR
	TO_STDLOGIC(A)	把 BIT 转换为 STD_LOGIC
	TO_BIT(A)	把 STD_LOGIC 转换为 BIT_VECTOR
STD_LOGIC_ ARITH	CONV_STD_LOGIC_VECTOR (A)	把 INTEGER、SIGNED、UNSIGNED 转换为 STD_LOGIC_VECTOR
	CONV_INTEGER(A)	把 SIGNED、UNSIGNED 转换为 INTEGER
STD_LOGIC_ UNSIGNED	CONV_INTEGER(A)	把 STD_LOGIC_VECTOR 转换为 INTEGER

下面是转换函数 To_bitvector 的函数体。

```
FUNCTION To_bitvector(s: std_logic_vector;
                      xmap: BIT: = '0');
                  RETURN BIT_VECTOR IS
    ALIAS sv: std_logic_vector(s'LENGTH - 1 DOWNTO 0)IS s;
  VARIABLE result: BIT_VECTOR(s'LENGTH - 1 DOWNTO 0);
BEGIN
  FOR i IN result'RANGE LOOP
    CASE sv(i) IS
        WHEN '0' | 'L' = > result(i): = '0';
        WHEN '1' | 'H' = > result(i): = '1';
        WHEN OTHERS = > result(i): = xmap;
    END CASE;
  END LOOP;
RETURN result;
END;
```

可以看出,转换函数 TO_BITVECTOR 的功能就是将 STD_LOGIC_VECTOR 的数据类型转换成 BIT_VECTOR 的数据类型。

2. 数据类型标记转换方式

VHDL 可以用类型标记转换方式实现数据类型转换。类型标记就是类型的名字,例如 REAL 就是把整数转换为实数的类型标记。通常,类型标记转换方式也称为直接类型转换方式。类型标记转换方式一般格式是:

数据类型标识符(表达式)

【例 4.19】 类型转换函数应用示例。

```
VARIABLE   a: INTEGER;
VARIABLE   b: REAL;
a: = INTEGER(b);
b: = REAL(a);
```

该例中的赋值语句可以正常赋值,需要注意的是,实数转换成整数时会发生舍入误差。如果某实数的值正好处于两个整数的正中间,转换的结果可能向任意方向靠拢。

一般情况下,类型标记转换方式必须遵循以下规则:

(1) 此方法仅限于非常关联的数据类型之间的类型转换,如整数和实数的类型转换。

(2) 两个数组的维数相同且元素属同一类型,并在各自的下标范围内索引是同一类型或非常接近的类型,那么这两个数组是非常关联类型。

(3) 枚举类型不能使用类型标记的方法进行类型转换。

(4) 在类型与其子类型之间不需要进行类型转换。

如果类型标识符所指的是非限定数组,则结果会将被转换数组的下标范围去掉,成为非限定数组。如果类型标识符所指的是限定性数组,则转换后的数组的下标范围与类型标识符所指的下标范围相同。转换结束后,数组中元素的值等价于原数组中的元素值。

4.4 VHDL 操作符

VHDL 表达式(Expression)与其他高级程序设计语言相似,都是由不同类型的运算符(称为操作符)将基本元素(称为操作数 Operands)连接而成。其中操作数是各种运算的对象,而操作符规定运算的方式。操作数和操作符相结合就构成了 VHDL 一个算术或逻辑运算表达式。

4.4.1 操作符种类

VHDL 有 4 类操作符,如表 4.2 所示,即逻辑操作符、关系操作符、算术操作符和符号操作符。在 VHDL 设计中,不同类型的数据对象对应不同类型的运算符,运算符和变量类型必须匹配。

表 4.2 VHDL 操作符列表

类 型	操 作 符	功 能	操作数数据类型
逻辑操作符	AND	与	BIT,BOOLEAN,STD_LOGIC
	OR	或	BIT,BOOLEAN,STD_LOGIC
	NAND	与非	BIT,BOOLEAN,STD_LOGIC
	NOR	或非	BIT,BOOLEAN,STD_LOGIC
	XOR	异或	BIT,BOOLEAN,STD_LOGIC
	XNOR	异或非	BIT,BOOLEAN,STD_LOGIC
	NOT	非	BIT,BOOLEAN,STD_LOGIC
关系操作符	=	等于	任何数据类型
	/=	不等于	任何数据类型
	<	小于	枚举与整数类型,及对应的一维数组
	>	大于	枚举与整数类型,及对应的一维数组
	<=	小于等于	枚举与整数类型,及对应的一维数组
	>=	大于等于	枚举与整数类型,及对应的一维数组
算术操作符	ABS	取绝对值	整数
	**	乘方	整数
	*	乘	整数和实数(包括浮点数)
	/	除	整数和实数(包括浮点数)
	MOD	取模	整数
	REM	取余	整数
	SLL	逻辑左移	BIT 或布尔型一维数组
	SLA	算术左移	BIT 或布尔型一维数组
	SRL	逻辑右移	BIT 或布尔型一维数组
	SRA	算术右移	BIT 或布尔型一维数组
	ROL	逻辑循环左移	BIT 或布尔型一维数组
算术操作符	ROR	逻辑循环右移	BIT 或布尔型一维数组
	+	加	整数
	—	减	整数
	&	并置	一维数组
符号操作符	+	正	整数
	—	负	整数

4.4.2 操作符的优先级

在 VHDL 中,各种操作符的优先级是不同的,其优先级别顺序参见表 4.3。

表 4.3　VHDL 操作符优先级

操作符类型	操 作 符	优先级顺序
逻辑操作符	AND、OR、NAND、NOR、XOR、XNOR	低 ↓ 高
关系操作符	=、/=、<、<=、>、>=	
算术操作符	SLL、SLA、SRL、SRA、ROL、ROR	
	+(加)、-(减)、&(并置)	
符号操作符	+(正号)、-(负号)	
算术操作符	*、/、MOD、REM	
	**、ABS	
逻辑操作符	NOT	

4.4.3 逻辑操作符

VHDL 共有 7 种逻辑操作符(Logical Operator),参见表 4.2。信号或变量在这些操作符的直接作用下可构成组合电路。

逻辑操作符要求操作数的数据类型有 3 种,即 BIT、BOOLEAN 和 STD_LOGIC。操作数的数据类型也可以是一维数组,但数据类型必须为 BIT_VECTOR 或 STD_LOGIC_VECTOR。

【例 4.20】 逻辑操作符使用示例。

```
SIGNAL a,b,c: STD_LOGIC_VECTOR(0 TO 4);
SIGNAL d,e,f,g: STD_LOGIC_VECTOR(1 DOWNTO 0);
SIGNAL m,n,i,p,k: BOOLEAN;
c<= a OR b;                    --a,b相或后赋值给 c
d<= e AND f AND g;             -- 两个操作符 AND 相同,不需括号
k<= (i XOR n)AND(m OR p);      -- 操作符不同,必须加括号
m<= n AND p OR k;             -- 表达错误,两个操作符不同,未加括号
b<= a XOR f;                   -- 表达错误,操作数 a 与 f 的位矢长度不一致
n<= i AND g;                   -- 表达错误,i 和 n 的数据类型不同,不能相互作用
```

上面是一组逻辑运算例子,注意先做括号里的运算。

4.4.4 关系操作符

VHDL 共有 6 种关系操作符(Relational Operator),参见表 4.2。关系操作符的作用是将相同数据类型的数据对象进行数值比较或关系排序判断,并将结果用布尔类型(BOOLEAN)的数据表示出来,即 TRUE 或 FALSE。

VHDL 规定,"="和"/="操作符的操作对象可以是 VHDL 中的任何数据类型构成的操作数。余下的关系操作符"<""<="">"和">="称为排序操作符,它们的操作对象的数据类型有一定限制,包括整数、实数、位等枚举型以及位矢量等数组类型元素。不同长度的数组也可进行排序。VHDL 的排序规则是,整数的大小排序是从正无限到负无限,枚举型数

据的排序方式与它们定义方式一致,如:

'1'>'0' ;　　TRUE > FALSE ;　　a > b(若 a = 1, b = 0)

为了能使位矢量进行关系运算,在 STD_LOGIC_UNSIGNED 程序包中对 STD_LOGIC_VECTOR 关系运算重新做了定义。需要注意的是,在使用之前必须说明调用该程序包。

4.4.5　算术操作符

在表 4.2 中所列的 15 种操作符可以分成如表 4.4 所示的 5 类算术操作符(Arithmetic Operator)。

表 4.4　算术操作符分类表

操作符类别	操作符分类
移位操作符(Shiftoperators)	SLL,SRL,SLA,SRA,ROL,ROR
求和操作符(Addingoperators)	+(加),-(减),&(并置)
符号操作符(Symbolicoperators)	"+"(正)和"-"(负)
求积操作符(Multiplyingoperators)	*,/,MOD,REM
混合操作符(Miscellaneousoperators)	**,ABS

下面分别介绍这 5 类算术操作符的具体功能和使用规则。

1. 移位操作符

6 种移位操作符是 VHDL'93 标准新增的运算符。标准规定移位操作符作用的操作数的数据类型是一维数组,并要求数组中的元素必须是 BIT 或 BOOLEAN 类型,移位的位数是整数。

其中 SLL 是将位矢向左移,右边进位补零;SRL 的功能恰好与 SLL 相反;ROL 和 ROR 移出的位将用于依次填补移空的位,执行的是自循环式移位方式;SLA 和 SRA 移空位用最初的首位来填补。

【例 4.21】　移位操作符使用示例。

```
VARIABLE shift: BIT_VECTOR (3 DOWNTO 0):= ('1','0','1','1');        -- 设初始值
                    ...
shift SLL 1;          -- ('0','1','1','0')            -- 逻辑左移位数是1
shift SRL 3;          -- ('0','0','0','1')            -- 逻辑右移位数是3
shift SLA 3;          -- ('1','1','1','1')            -- 算术左移位数是3
shift SRA 1;          -- ('1','1','0','1')            -- 算术右移位数是1
shift ROL 1;          -- ('0','1','1','1')            -- 逻辑循环左移位数是1
shift ROR 3;          -- ('0','1','1','1')            -- 逻辑循环右移位数是3
```

2. 求和操作符

求和操作符包括加、减和并置操作符。加减操作符的运算与常规的加减法一致,VHDL 规定它们操作数的数据类型是整数。对于大于位宽为 4 的加法器和减法器,VHDL 综合器将调用库元件进行综合。

并置操作符(&)的操作数的数据类型是一维数组,可以利用并置操作符将普通操作数

或数组组合起来形成各种新的数组。例如'a'&'b'的结果为"ab",连接操作常用于字符串。在运算过程中,要注意并置操作的前后数组长度一致。

【例4.22】 并置操作符示例。

```
SIGNAL      a: STD_LOGIC_VECTOR(3 DOWNTO 0);
SIGNAL      b,c: STD_LOGIC_VECTOR(1 DOWNTO 0);
...
a<= NOT b & NOT c:          -- 数组与数组并置,并置后的数组长度为4
```

3. 符号操作符

符号操作符"+"(正)和"−"(负)的操作数只有一个,数据类型是整数。"+"对操作数不作任何改变,"−"是对原操作数取负,在实际使用中,取负操作数注意加括号。

例如:x: = (−y);

4. 求积操作符

求积操作符包括4种操作符 ＊、/、MOD 和 RED。乘和除的数据类型是整数和实数(包括浮点数)。操作符 MOD 和 RED 的本质与除法操作符是一样的,可综合的取模和取余的操作数必须是以2为底数的幂。MOD 和 RED 的操作数数据类型只能是整数,运算操作结果也是整数。

【例4.23】 求积操作符使用示例。

```
SIGNAL a,b,c,d,e,f,g: INTEGER RANGE 0 TO 7;
c<= a * 4;                 --c不能大于7
a<= d/4;                   --a必须是0~7之间的值
e<= g MOD2;
f<= c REM 3;
```

"＊""+""−"可以构成逻辑电路,对于算术运算符"/""MOD"和"RED"要分母的操作数是2的乘方的常数时,才可能构成逻辑电路。

5. 混合操作符

混合操作符包括"＊＊"(乘方)和"ABS"(取绝对值)两种。它们的操作数类型一般为整数类型。"＊＊"运算的左边可以是整数或浮点数,但右边必须为整数,而且只有在左边为浮点时,其右边才可以为负数。

一般地,VHDL综合器要求"＊＊"作用的操作数的底数必须是2。

4.5 VHDL 顺序语句

VHDL 提供了大量的描述语言,其中顺序语句(Sequential Statements)和并行语句是两大基本描述语句。在逻辑系统的设计中,这些语句从多侧面完整地描述了数字系统的功能。本章主要介绍顺序描述语句的基本用法。

VHDL 大部分是顺序语句,顺序语句是相对于并行语句而言的。顺序语句的特点是每一条语句的执行顺序与它们的书写顺序基本一致。顺序语句只能出现在进程、块、函数和过程中。

顺序语句可以分为两类:一类是真正的顺序语句;另一类既是顺序语句,又是并发语句。VHDL 基本顺序语句包括:

（1）赋值语句；

（2）流程控制语句；

（3）等待语句；

（4）子程序调用语句；

（5）返回语句；

（6）空操作语句。

4.5.1　赋值语句

赋值语句的功能是将一个值或一个表达式的运算结果传递给某一数据对象,如信号或变量,或由此组成的数组。VHDL 设计实体内的数据传递以及对端口界面外部数据的读写都必须通过赋值语句的运行来实现。

赋值语句有两种,即信号赋值语句和变量赋值语句。每种赋值语句都由 3 个基本部分组成,即赋值目标、赋值符号和赋值源。赋值目标与赋值源的数据类型必须严格一致。

1. 赋值目标

赋值语句中有 4 种类型的赋值目标。

1) 标识符赋值目标

用简单的标识符作为信号或变量名,这类名字可作为标识符赋值目标。在例 4.23 中 a 和 b 都属标识符赋值目标。

2) 数组单元素赋值目标

数组单元素赋值目标表达式为:

标识符(下标名)

标识符是数组类信号或变量的名字。下标名可以是一个具体的数字,也可以是一个用文字表示的数字名,其取值范围在该数组元素个数范围内。下标名若是未明确标明取值的文字(不可计算值),则在综合时,将耗用较多的硬件资源,且一般情况下不能被综合。

【例 4.24】　标识符赋值示例。

```
SIGNAL a,b: STD_LOGIC_VECTOR(0 TO 2);
SIGNAL i: INTEGER RANGE 0 TO 3;
SIGNAL x,y: STD_LOGIC;              -- 有关的定义和进程语句以下相同
...
a(i)<= x;                          -- 对文字下标信号元素赋值
b(2)<= y;                          -- 对数值下标信号元素赋值
...
```

3) 段下标元素赋值目标

段下标元素赋值目标表达式为:

标识符(下标指数 1　TO(或 DOWNTO) 下标指数 2)

标识符含义同上。括号中的两个下标指数必须用具体数值表示,并且数值范围必须在所定义的数组下标范围内,两个下标数的排序方向要符合方向关键词 TO 或 DOWNTO,用法如下所示。

【例 4.25】 段赋值示例。

```
VARIABLE x,y: STD_LOGIC_VECTOR(1 TO 3);
x(1 TO 2): = "10";                    -- 等效于 x(1): = '1',x(2): = '0'
y(1 TO 4): = "1010";                  -- 等效于 y(1): = '1',y(2): = '0',y(3): = '1',y(4): = '0'
```

4）集合块赋值目标

首先看例 4.17 中变量 com 的赋值情况：

```
com: = (2 ms,1,3);                    -- 整体赋值位置关联方式
com: = (a2 = >1,a1 = >2ms,a3 = >3);   -- 整体赋值名字关联方式
com.a1: = 2ms;                        -- 等价单个元素赋值方式
com.a2: = 1;
com.a3: = 3;
```

以上是两种比较典型的集合块赋值方式，即位置关联赋值和名字关联赋值。其赋值目标是以一个集合的方式来赋值。

2. 信号赋值语句

信号赋值语句书写格式为：

信号赋值目标< = 赋值源；

"<="是信号赋值符号，信号具有全局性特征，不但可作为一个设计实体内部各单元之间数据传送的载体，而且可通过信号与其他的实体进行通信。需要注意的是信号的赋值不是立即发生的，而是发生在一个进程结束时。

【例 4.26】 信号赋值示例。

```
SIGNAL   a,b: STD_LOGIC;
PROCESS(a,b)
BEGIN
    a< = '1';          --a 被赋值为 1
    b< = '1';          -- 这里的 b 不是最后一个赋值语句,故不作任何赋值操作
    b< = '0';          -- 由于这是 b 最后一次赋值,赋值有效,'0'把上面准备赋入的'1'覆盖
END PROCESS;
```

3. 变量赋值语句

变量赋值语句书写格式为：

变量赋值目标: = 赋值源；

": ="是变量赋值符号，变量具有局部特征，只能局限在所定义的进程、过程和子程序中。它是一个局部的、暂时性数据对象，它的赋值是立刻发生的，即赋值延迟时间为零。

【例 4.27】 变量赋值示例。

```
VARIABLE   a,b: STD_LOGIC;
a: = '1';              -- 立即将 a 置为 1
b: = '0';              -- 立即将 b 置为 0
a: = '0';              -- 将 a 置入新值 0
b: = '1';              -- 将 b 置入新值 1
...
```

4.5.2　流程控制语句

流程控制语句通过条件控制决定是否执行顺序语句。通常有 5 种：IF 语句、CASE 语句、LOOP 语句、NEXT 语句和 EXIT 语句。

1. IF 语句

IF 语句是根据指定的条件来执行指定的顺序语句。IF 语句可用于选择器、比较器、编码器、译码器和状态机的设计。IF 语句结构有 4 种：

1) 无分支 IF

```
[标号: ] IF 条件句 Then
             顺序语句;
        END IF [标号];
```

当程序执行到 IF 语句时,首先检测 IF 后的条件表达式的布尔值是否为 TRUE,如果条件为真,THEN 将顺序执行条件句中的各条语句,直到 END IF。如果条件检测为 FALSE,则跳过下面的顺序语句不执行。该 IF 语句主要用于门控,如例 4.28 所示。

【例 4.28】　无分支 IF 使用示例。

```
bh1: IF(a > b) THEN
     output < = '0';
END IF bh1;
```

2) IF…ELSE 结构

```
[标号: ] IF   条件句 Then
                顺序语句 1;
         ELSE
                顺序语句 2;
         END IF [标号];
```

这种 IF 语句具有条件分支的功能,通过测定条件的真伪决定执行哪一组顺序语句,在执行完一组语句后,再结束 IF 语句的执行。注意：当检测条件为 FALSE 时,转向执行 ELSE 下的顺序语句 2。该 IF 语句主要用于二选一控制,如例 4.29 所示。

【例 4.29】　IF ELSE 分支使用示例。

```
bh2: IF   a = '1' OR b = '1' THEN   c < = '0';
     ELSE   c < = '1';
     END IF;
```

3) IF…ELSIF…

```
[标号: ] IF   条件句 Then
                顺序语句 1;
         ELSIF   条件句 Then
                顺序语句 2;
                ...
         ELSE
                顺序语句 n;
         END IF [标号];
```

这种 IF 语句通过 ELSIF 设定多个检测条件,使顺序语句的执行分支可以超过两个。需要注意的是:任意一个分支顺序语句的执行条件是上面各分支确定条件的"相与"。该 IF 语句常用于多选控制。

下面看一个用 IF 语句描述的 4 选 1 多路选择器的 VHDL 程序。

【例 4.30】 IF…ELSIF…使用示例。

```
LIBRARY IEEE;
USE IEEE.STD_LOGIC_1164.ALL;
ENTITY mux41 IS
PORT(a,b,c,d: IN STD_LOGIC;
    ena: IN STD_LOGIC_VECTOR(1 DOWNTO 0);
    p: OUT STD_LOGIC);
END mux41;
ARCHITECTURE choice OF mux41 IS
BEGIN
 PROCESS(ena)
  BEGIN
    IF(ena = "00") THEN
        p <= a;
    ELSIF(ena = "01") THEN
        p <= b;
    ELSIF(ena = "10") THEN
        p <= c;
    ELSE
        p <= d;
    END IF;
  END PROCESS;
END choice;
```

4) IF…IF…嵌套

```
[标号: ] IF   条件句 Then
                IF   条件句 Then
                    顺序语句1;
                    …
                END IF;
        END IF [标号];
```

这种 IF 语句通过嵌套 IF 设定多个检测条件,只有当全部条件满足时才能执行相应动作。该类语句适合描述一些具有同步操作要求的电路模块。

【例 4.31】 采用嵌套结构的 IF 语句描述具有同步复位功能的 D 触发器。

```
LIBRARY IEEE;
USE IEEE.STD_LOGIC_1164.ALL;
ENTITY dff IS
PORT(clk,rst_n,d: IN STD_LOGIC;
            q: OUT STD_LOGIC);
END dff;
ARCHITECTURE arc OF dff IS
BEGIN
```

```
PROCESS(clk,rst_n,d)
  BEGIN
    IF clk'event and clk = '1' THEN
      IF rst_n = '0'  THEN  q < = '0';
      ELSE
        q < = d;
      END IF;
    END IF;
  END PROCESS;
END arc;
```

2. CASE 语句

CASE 语句至少包含一个条件句,条件句中的选择值必须在表达式的取值范围内。CASE 语句中条件表达式的值必须列举穷尽,但不能重复。

注意:如果无法穷举表达式的值,则要用 OTHERS 来表达。其结构如下:

```
CASE 表达式 IS
WHEN   选择值 = >顺序语句;
WHEN   选择值 = >顺序语句;
      …
WHEN   OTHERS = > NULL;
END CASE;
```

执行 CASE 语句时,先计算表达式的值,然后对应条件句中与之相同的选择值,执行相应的顺序语句,最后结束 CASE 语句。表达式可以是一个确定的值,也可以是一个范围。

下面先看例 4.1,它是一个用 CASE 语句描述的 4 选 1 多路选择器的 VHDL 程序,同例 4.30 的 IF 语句相比,CASE 语句的程序可读性较好。CASE 语句中条件句的顺序并不重要,其执行过程接近并行方式。对相同的逻辑功能,CASE 语句比 IF 语句的描述耗用更多的硬件资源,而且对于有的逻辑,CASE 语句无法描述,只能用 IF 语句来描述。

3. LOOP 语句

LOOP 语句是循环语句,可以使程序能够有规则地循环,其执行次数由算法设定的循环参数决定。LOOP 语句的表达方式有两种,后面分别介绍。其一般书写格式如下:

```
[LOOP 标号: ] [重复模式] LOOP
   顺序语句;
END LOOP [LOOP 标号];
```

1) FOR 模式

FOR 模式语法格式如下:

```
[LOOP 标号: ] FOR 循环变量 IN 循环次数范围   LOOP
            顺序语句;
END LOOP   [LOOP 标号];
```

循环变量是一个临时变量,这个变量只能作为赋值源,由 LOOP 语句自动定义。循环次数范围限定 LOOP 语句中的顺序语句执行的次数,只要循环变量的值还在循环次数范围中,循环就会继续下去,使用方法见例 4.32。使用时应当注意,在 LOOP 语句范围内不要再使用其他与该循环变量同名的标识符。

【例 4.32】 FOR 模式循环示例。

```
SIGNAL x,y,z: STD_LOGIC_VECTOR(1 TO 5);
…
FOR n IN 1 TO 5 LOOP
  x(n)<= y(n) AND z(n);
END LOOP;
```

2) WHILE 模式

WHILE 模式语法格式如下：

```
[LOOP 标号:] WHILE 循环控制条件 LOOP
    顺序语句;
END LOOP[LOOP 标号];
```

WHILE 模式没有给出循环次数范围，而是给出了循环执行顺序语句的条件。循环控制条件可以是任何布尔表达式，如 $a>b$。当条件为 TRUE 时继续循环；为 FALSE 时结束循环。

【例 4.33】 WHILE 循环模式示例。

```
BH: WHILE   n<= 8   LOOP
  x(n)<= y (n+8);
  n: = n+1;
END LOOP BH;
```

在例 4.33 循环执行中，当 n 的值等于 9 时将跳出循环。

注意：循环的范围最好用常数表示，否则在 LOOP 体内的逻辑可以重复任何可能的范围；当 LOOP 结构中没有重复模式时，循环会永远不停地执行下去。这样将耗费过大的硬件资源，综合器不支持没有约束条件的循环。

4. NEXT 语句

NEXT 语句主要用在 LOOP 语句内，执行内部循环控制。它的语句格式如下：

```
NEXT [LOOP 标号]   [WHEN 条件表达式];
```

"LOOP 标号"标明下一次循环的开始位置，如"LOOP 标号"缺省，则 NEXT 语句作用于当前的最内层循环，否则转到指定的循环中。分句"WHEN 条件表达式"是 NEXT 语句的执行条件。如缺省 WHEN 条件表达式，则 NEXT 语句无条件跳出循环；如果 WHEN 条件表达式值为"TRUE"，则执行 NEXT 语句，进入跳转操作；否则继续向下执行，使用方法见例 4.34。

【例 4.34】 NEXT 语句应用示例。

```
SIGNAL a,b: STD_LOGIC_VECTOR(3 DOWNTO 0);
SIGNAL c: Boolean;
    …
c<= FALSE;                    -- 设初始值
BH1: c<= TRUE ;              -- a>b
BH2: c<= FALSE;             -- a<b
BH: FOR i IN 4 DOWNTO 1 LOOP
    NEXT BH1 WHEN(a(i)>b(i));
```

```
    NEXT BH2 WHEN(a(i)<b(i));
    i: = i + 1;
END LOOP BH;
    …
```

当 a(i)>b(i)时,执行语句 NEXT BH1,跳转到 BH1,使 c<=TRUE；当 a(i)<b(i)时,执行语句 NEXT BH2,使 c<=FALSE；当高位相等时,继续比较低位,这里假设 a 不等于 b。

注意:在多重循环中,NEXT 语句必须加跳转标号。

5. EXIT 语句

EXIT 语句跳转功能,是 LOOP 语句的内部循环控制语句。语句格式如下:

```
EXIT  [LOOP 标号]  [WHEN 条件表达式];
```

EXIT 语句的格式与 NEXT 语句的格式和操作功能非常相似。需要注意的是:NEXT 语句是跳向 LOOP 语句的起始点,而 EXIT 语句则是跳向 LOOP 语句的终点。

【例 4.35】 EXIT 语句应用示例。

```
SIGNAL a,b: STD_LOGIC_VECTOR(3 DOWNTO 0);
SIGNAL c: Boolean;
    …
c <= FALSE;                    -- 设初始值
    FOR i IN 4 DOWNTO 1 LOOP
    IF(a(i)>b(i)) THEN
      c <= TRUE;               -- a > b
EXIT;
    ELSIF (a(i)<b(i)) THEN
      c <= FALSE ;             -- a < b
EXIT;
    ELSE
      NULL;
    END IF;
END LOOP;
```

例 4.35 与例 4.34 的结果相同,其中 LOOP 语句与 EXIT 语句的作用是等价的。例中 NULL 为空操作语句,是为了满足 ELSE 的转换。

4.5.3　WAIT 等待语句

WAIT 的执行会暂停进程的执行,直到满足语句设置的挂起条件结束后,重新开始执行进程中的程序。

对于不同的挂起条件结束的设置,WAIT 语句有以下 4 种格式。

(1) WAIT;

没有设置停止挂起条件的表达式,表示无限挂起。在电路设计中,这种语句通常要避免使用,该语句经常用于仿真。

(2) WAIT ON 信号表;

这种语句格式称为敏感信号等待语句,即这种形式的 WAIT 语句处于等待状态,直到敏感信号表中的某个信号发生变化,结束挂起,再次启动进程。

在例 4.36(b)中,执行了此例中所有的语句后,进程将在 WAIT 语句处被挂起,一直到 en 信号发生改变,进程才重新开始。注意已列出敏感量的进程中不能使用任何形式的 WAIT 语句。

(3) WAIT UNTIL 条件表达式;

这种语句格式称为条件等待语句,即这种形式的 WAIT 语句使进程暂停,直到条件表达式为真。被此语句挂起的进程须顺序满足两个条件才能脱离挂起状态。这两个条件不但缺一不可,而且必须按照如下顺序来完成:条件表达式中所含的信号发生了改变并且此信号改变后,满足 WAIT 语句所设的条件。

当满足所有结束挂起所需满足的条件后 en 为 0,可推知 en 一定是由 1 变化来的。所以,在例 4.36(a)中进程的启动条件是 en 出现一个下跳信号沿。

WAIT_UNTIL 语句有以下 3 种表达方式:

(1) WAIT UNTIL　信号=Value;

(2) WAIT UNTIL　信号'EVENT AND 信号=Value;

(3) WAIT UNTIL　NOT 信号'STABLE AND 信号=Value;

【例 4.36】　WAIT UNITIL 与 WAIT ON 比较

```
(a) WAIT_UNTIL 结构          (b) WAIT_ON 结构
  PROCESS                      PROCESS
    BEGIN                        BEGIN
     …                            …
    LOOP
    WAIT UNTIL en = '0';         WAIT ON en;
      …                           …
    END LOOP;                    EXIT WHEN en = '0';
```

如果设 clock 为时钟信号输入端,以下 4 条 WAIT 语句所设的进程启动条件都是时钟上跳沿,所以它们对应的硬件结构是一样的。

```
WAIT UNTIL clock = '1';
WAIT UNTIL rising_edge(clock) ;
WAIT UNTIL NOT clock'STABLE AND clock = '1';
WAIT UNTIL clock = '1'AND clock'EVENT;
```

(4) WAIT FOR 时间表达式;

这种格式称为超时等待语句,在语句中定义了一个时间段,使进程暂停一段由时间表达式指定的时间。该语句只可用于仿真,不可综合。

在程序设计中应该注意 WAIT FOR 0 ns,如果在进程中只包含一个这样的 WAIT FOR 语句,则相当于无限循环,电路仿真时表现为"死机"。在电路设计中,这种语句要避免使用。

4.5.4　子程序调用语句

VHDL 提供了形式为过程和函数的子程序,可以在结构体或程序包中的任何位置对子程序进行调用。对子程序的调用语句是顺序语句的一部分。

从硬件角度讲,一个子程序的调用类似于一个元件模块的例化,即 VHDL 综合器为子程序的每一次调用都生成一个电路逻辑块。不同的是,元件的例化将产生一个新的设计层次,而子程序调用只对应于当前层次的一个部分。

1. 过程调用

过程调用就是执行一个给定名字和参数的过程。调用过程的语句格式如下:

```
过程名[([形参名 = >]实参表达式,
    [形参名 = >]实参表达式,
    …)];
```

括号中的实参表达式称为实参,它可以是一个具体的数值,也可以是一个标识符。形参名为当前要调用的过程中已说明的参数名,即与实参表达式相联系的形参名。

例 4.37 中的过程的调用将完成以下 3 个步骤:

① 首先将 IN 和 INOUT 模式的实参值赋给欲调用的过程中与它们对应的形参;

② 然后执行这个过程;

③ 最后将过程中 IN 和 INOUT 模式的形参值赋还给对应的实参。

【例 4.37】 过程调用示例。

```
PACKAGE types IS                                    -- 定义程序包
TYPE elements IS INTEGER RANGE 0 TO 3;              -- 定义数据类型
TYPE arrays IS ARRAY(1 TO 3) OF elements;
END types;
USE WORK.types.ALL;                                 -- 打开以上建立在当前工作库的程序 types
ENTITY sort IS
PORT(input: IN arrays;
    output: OUT arrays);
END sort;
ARCHITECTURE change OF sort IS
BEGIN
PROCESS(input)                                      -- 进程开始,设 input 为敏感信号
  PROCEDURE swap (data: INOUT arrays;
                                                    -- swap 的形参名为 data、low、high
                    low,high: IN INTEGER) IS
    VARIABLE midst: elements;
    BEGIN                                           -- 开始描述本过程的逻辑功能
      IF(data(low)> data(high)) THEN                -- 检测数据
            midst: = data(low);
            data(1ow): = data(high);
            data(high): = midst;
      END IF;
    END swap ;                                      -- 过程 swap 定义结束
  VARIABLE temp: arrays;                            -- 在本进程中定义变量 temp
  BEGIN                                             -- 进程开始
      temp: = input;                                -- 将输入值读入变量
      swap   (temp,1,2);
                                                    -- temp、1、2 是对应于 data、low、high 的实参
      swap   (temp,2,3);                            -- 位置关联法调用,第 2、第 3 元素交换
      swap   (temp,l,2);                            -- 位置关联法调用,第 1、第 2 元素再次交换
```

```
      output < = temp;
    END PROCESS;
  END change;
```

上例中定义了一个 swap 的局部过程,其功能是对一个数组中的两个元素比较大小,如不符合要求就进行换序,使得左边的数值总大于右边的数值,连续调用 3 次 swap 后,就将一个三元素的数组从左到右按序排好,最大值在左边。

2. 函数调用

函数调用与过程调用是十分相似的,不同之处是,调用函数将返还一个指定数据类型的值,函数的参量只能是输入值。

4.5.5　返回语句

返回语句(RETURN)是一段子程序结束后,返回主程序的控制语句。它只能用于函数与过程体内,并用来结束当前最内层函数或过程体的执行。

返回语句格式如下:

```
RETURN  [表达式];
```

1. 过程体内 RETURN 语句

过程体内返回语句没有表达式,是无条件的。它只是结束过程,并不返回任何值。

2. 函数体内 RETURN 语句

函数体内返回语句必须有一个表达式,表达式提供函数返回值,是结束函数体执行的唯一条件。执行返回语句将结束子程序的执行,无条件地跳转到子程序的 END 处。每一个函数必须至少包含一个返回语句,并可以拥有多个返回语句,但是在函数调用时,只有其中一个返回语句可以将值带出。

【例 4.38】 返回语句示例。

```
FUNCTION fun(a,b,sel,output: STD_LOGIC) RETURN STD_LOGIC IS
  BEGIN
    IF(sel = '1')THEN
        Output < = a;
    RETURN;
  ELSE
    RETURN(b);
  END IF;
END FUNCTION fun;
```

该例中定义的函数 fun 的返回值由输入参量 sel 决定,当 sel 为高电平时返回值 a;当 sel 为低电平时返回值 b。

4.5.6　空操作语句

空语句(NULL)是空操作,表示无任何动作。唯一的功能就是使逻辑运行流程进入下一步语句的执行。其语句格式如下:

```
NULL;
```

NULL 常用于 CASE 语句中,为满足所有的可能条件,用 NULL 来表示剩余的不用条件下的操作行为。

【例 4.39】 NULL 语句使用示例。

```
CASE register IS
    WHEN "000" = > temp: = reg1;
    WHEN "001" = > temp: = reg1 AND reg2;
    WHEN "010" = > temp: = reg1 OR reg2;
    WHEN "011" = > temp: = NOT reg1;
    WHEN OTHERS = > NULL;
END CASE;
```

例 4.39 的 CASE 语句中,NULL 用于排除一些不用的条件。类似于一个 CPU 内部的指令译码器功能,CPU 只对"000""001""010"和"011"这 4 种指令操作码作出反应,当出现其他码时,没有任何操作。

需要指出的是,与其他 EDA 工具不同,Quartus Prime 对 NULL 语句的执行会出现加入锁存器的情况,对此应避免使用 NULL 语句,改用确定操作。

4.5.7 其他顺序语句

1. 断言语句

断言语句(ASSERT)只能在 VHDL 仿真器中使用。它可以给出一个文字串作为警告和错误信息。其语句格式是:

```
ASSERT  条件表达式
[REPORT  字符串]
[SEVERITY  错误等级(SEVERITY LEVEL)];
```

当执行断言语句时,对条件表达式进行判别。如果条件为 TRUE,则向下执行其他语句;如果为 FALSE,则输出错误信息和错误级别。在 REPORT 后的字符串,一般是说明错误的原因,字符串要用双引号引起来。SEVERITY 子句后是错误级别,共有以下 4 个级别:

(1) NOTE:用在仿真时传递信息。

(2) WARNING:用在非平常的情形,此时仿真过程仍可继续,但结果可能是不可预知的。

(3) ERROR:用在仿真过程继续执行下去已经不可行的情况。

(4) FAILURE:用在发生了致命错误仿真过程必须立即停止的情况。

【例 4.40】 断言语句示例。

```
ASSERT  read = '1' AND write = '1'
REPORT "read and write data!"
SEVERITY FAILURE;
```

ASSERT 语句包括顺序断言语句和并行断言语句。作为并行语句时,ASSERT 语句可用于进程、函数和过程仿真等。

2. REPORT 语句

REPORT 语句是 VHDL'93 标准中新增的一个顺序语句,在仿真时使用它可以提高程序的可读性。其语句格式如下:

[标号：]REPORT 字符串 [SEVERITY 错误等级(SEVERITY LEVEL)]；

REPORT 语句可由与之等价的顺序断言语句来解释，错误级别默认值为 NOTE。下例中的语句是等价的。

【例 4.41】 REPORT 语句示例。

```
REPORT "the counter is over 10!";
等价于
ASSERT FALSE
REPORT "the counter is over 10!" SEVERITY NOTE;
```

3. 决断函数

决断函数（RESOLUTION）用于声明一个决断信号。它定义了当一个信号有多个驱动源时，以什么样的方式将这些驱动源的值决断为一个单一的值。决断函数通常只在 VHDL 仿真时使用，但许多综合器支持预定义的几种决断信号。

【例 4.42】 决断函数使用示例。

```
PACKAGE res_pack IS
  FUNCTION res_func(data: IN BIT_VECTOR) RETURN BIT;
  SUBTYPE RESOLVED_BIT IS res_func BIT;
END res_pack;
PACKAGE BODY res_pack IS
  FUNCTION res_func (data: IN BIT_VECTOR) RETURN BIT IS
BEGIN
  FOR i IN data 'range LOOP
    IF data(i) = '0' THEN
        RETURN'0';
    END IF;
  END LOOP;
    RETURN '1';
  END;
END;
USE WORK.res_pack.ALL;
ENTITY wand IS
  PORT(x,y: IN BIT;
        z: OUT RESOLVED_BIT);
  END wand;
ARCHITECTURE  wands OF wand IS
    BEGIN
    z < = x;
    z < = y;
    END wands;
```

4.6 VHDL 并行语句

由于实际系统许多操作是并发的，所以对系统进行仿真时，定义系统中的元件应该是并发工作的。在 VHDL 中并行语句（Concurrent Statements）是并行运行的，也就是说，并行语句在结构体中的执行是同步的，其执行方式与书写的顺序无关。每一并行语句内部的语句运行方式有两种,即并行执行方式和顺序执行方式。显然,VHDL并行语句勾画出了一幅充分表达硬件电路的真实的运行图景。

并行语句在结构体中的使用格式如下:

```
ARCHITECTURE  结构体名  OF  实体名
  [说明语句]
BEGIN
  [并行语句]
END [ARCHITECTURE] [结构体名];
```

并行语句主要有6种:

(1) 块语句;

(2) 进程语句;

(3) 并行过程调用语句;

(4) 并行信号赋值语句;

(5) 元件例化语句;

(6) 生成语句。

并行语句与顺序语句是相对而言的,它们往往相互包含,互为依存,是一个矛盾的统一体。在上面列出的并行语句中,进程语句是最关键的。下面分别介绍这些并行语句的使用。

4.6.1 块语句

BLOCK的并行工作方式非常明显,它本身是一种并行语句的组合方式,而且它的内部也都是由并行语句构成的。它常用于结构体的结构化描述,实际上,结构体本身就等价于一个BLOCK,或者说是一个功能块。BLOCK是VHDL中特有的一种划分机制,这种机制允许设计者合理地将一个模块分为数个区域,在每个块都能对其局部信号、数据类型和常量加以描述和定义。

块语句(Block Statements)本身并没有独特的功能,利用它可以将程序编排得更加清晰、更有层次。因此,对于一组并行语句,是否将它们纳入块语句中,都不会影响原来的电路功能。

1. BLOCK 语句书写格式

```
[块标号:] BLOCK[(块保护表达式)]
      接口说明
      类属说明
    BEGIN
      并行语句
    END BLOCK[块标号];
```

在BLOCK的前面必须设置一个块标号,结尾END BLOCK后标号块标号不是必须的。接口说明部分主要通过类属(GENERIC)、类属接口表(GENERIC MAP)、端口(PORT)和端口接口表(PORT MAP)来实现对信号的映射和参数的定义。

块的接口说明和类属说明部分的适用范围仅限于当前BLOCK。块说明部分可以定义的项目主要有USE语句、子程序、数据类型、子类型、常数说明、信号说明和元件说明。

块中的并行语句部分可包含结构体中的任何并行语句结构。BLOCK语句本身属并行语句，BLOCK 语句中所包含的语句也是并行语句。

2. BLOCK 的应用

BLOCK 的应用可使结构体层次鲜明，结构明确。利用块语句可以把结构体中的并行语句划分成多个并列方式的 BLOCK，每一个 BLOCK 都像一个独立的设计实体，具有自己的类属参数说明和界面端口，以及与外部环境的衔接描述。

下面以一个 2 输入或门为例，说明 BLOCK 语句的使用。

【例 4.43】 BLOCK 使用示例。

```
LIBRARY IEEE;
USE IEEE.STD_LOGIC_1164.ALL;
USE IEEE.STD_LOGIC_UNSIGNED.ALL;
ENTITY  yu  IS
    PORT(a,b: IN STD_LOGIC;            -- 实体全局端口定义
          c: OUT STD_LOGIC);
END ENTITY yu;
ARCHITECTURE ex OF yu IS
    BEGIN
    dd: BLOCK                          -- 块定义,块标号名是 dd
          PORT(a,b: IN STD_LOGIC;      -- 块结构中局部端口定义
                c: OUT STD_LOGIC);
    PORT  MAP(a,b,c);                  -- 块结构端口连接说明
    BEGIN
      PROCESS(a,b)
        BEGIN
          c<= a OR b;
      END PROCESS;
    END BLOCK dd;
END ARCHITECTURE ex;
```

在块的使用中需要特别注意：块中定义的所有的数据类型、数据对象（信号、变量、常量）、子程序等都是局部的；对于多层嵌套的块结构，这些局部定义量只适用于当前块，以及嵌套于本层块的所有层次的内部块，而对此块的外部来说是不可见的。也就是说，内层 BLOCK 语句可以使用外层 BLOCK 语句所定义的信号，但外层 BLOCK 语句不能使用内层 BLOCK 语句所定义的信号。

因此，如果在内层的块结构中定义了一个与外层块同名的数据对象，那么内层的数据对象将与外层的同名数据对象互不干扰。例 4.44 是一个含有三重嵌套块的程序，从此例能很清晰地了解上述关于块中数据对象的可视性规则。

【例 4.44】 嵌套 BLOCK 语句示例。

```
  …
a1: BLOCK                              -- 定义块 a1
  SIGNAL  x: BIT;                      -- 在 a1 块中定义 x
    BEGIN
      x<= a AND b;                     -- 向 a1 中的 x 赋值
a2: BLOCK                              -- 定义块 a2,套于 a1 块中
  SIGNAL x: BIT;                       -- 定义 a2 块中的信号 x
    BEGIN
```

```
        x < = c AND d;                    -- 向 a2 中的 x 赋值
a3: BLOCK
    BEGIN
      z < = x;
END BLOCK a3;                            -- 此 x 来自 a2
END BLOCK a2;
y < = x;                                 -- 此 x 来自 a1 块
a4: BLOCK                                 -- 定义块 a4,套于 a1 块中
  BEGIN
    e < = y AND z;                       -- 此 z 来自 a3,y 来自 a1
  END BLOCK    a4;
END BLOCK a1;
```

此例对嵌套块的语法现象进行说明,实际描述的是两个 2 输入与门"相与"。在较大的 VHDL 程序的编程中,恰当的块语句的应用对于技术交流、程序移植、排错和仿真都是十分有益的。

4.6.2　进程语句

进程语句(Process Statements)用来描述部分硬件的行为,它是 VHDL 中使用最频繁的一种语句。进程语句内部虽然是由顺序语句组成的,但多进程间却是并行执行的,各个进程间的信息是通过信号来传递的。

1. PROCESS 格式

进程语句的结构如下:

```
[进程标号: ]PROCESS[(敏感信号参数表)][IS]
    [进程说明部分]
BEGIN
    顺序描述语句
END PROCESS[进程标号];
```

PROCESS 语句从进程标识符开始,以"END PROCESS[进程标号];"结束。结构中的进程标号和敏感表旁的[IS]不是必须的。进程说明部分定义进程所需的局部数据环境;顺序描述语句部分是一段描述进程行为的顺序语句。

进程语句规定了当它的某个敏感信号的值改变时都必须立即完成某一功能行为,这个行为由进程语句中的顺序语句定义,行为的结果可以赋给信号,并通过信号被其他的 PROCESS 或 BLOCK 读取或赋值。当进程中定义的任一敏感信号发生更新时,由顺序语句定义的行为就要重复执行一次,当进程中最后一个语句执行完成后,执行过程将返回到进程的第一个语句,以等待下一次敏感信号变化。如此循环往复以至无限。但当遇到 WAIT 语句时,执行过程将挂起,即被有条件地终止。

一个结构体中可以含有多个 PROCESS 结构,每个 PROCESS 结构对于其敏感信号参数表中定义的任一敏感参量的变化敏感,每个进程可以在任何时刻被激活(或启动),且所有被激活的进程都是并行运行的。

2. PROCESS 组成

PROCESS 语句结构由进程说明部分、顺序描述语句部分和敏感信号参数表三部分组成。

1) 进程说明部分

定义一些局部量,包括数据类型、常数、变量、属性和子程序等,但在该部分不允许定义信号和共享变量。

2) 顺序描述语句部分

包括赋值语句、进程启动语句、子程序调用语句、顺序描述语句和进程跳出语句等。

(1) 信号赋值语句:在进程中把计算或处理的结果向信号赋值。

(2) 变量赋值语句:在进程中以变量的形式存储计算的中间值。

(3) 进程启动语句:当 PROCESS 的敏感信号参数表中没有列出任何敏感量时,进程的启动只能通过进程启动语句 WAIT。这时可以利用 WAIT 语句监视信号的变化情况,以便决定是否启动进程。WAIT 语句可以看成是一种隐式的敏感信号表。

(4) 子程序调用语句:对已定义的过程和函数进行调用,并参与计算。

(5) 顺序描述语句:包括 IF 语句、CASE 语句、LOOP 语句和 NULL 语句等。

(6) 进程跳出语句:包括 NEXT 语句和 EXIT 语句。

3) 敏感信号参数表

列出用于启动本进程可读入的信号名(有 WAIT 语句时例外)。

【例 4.45】 WAIT 语句使用示例。

```
ARCHITECURE example OF start IS
  BEGIN
bh: PROCESS
    BEGIN
    WAIT UNTIL clock                      -- 等待 clock 激活进程
      IF(able = 'l') THEN
        CASE output IS
        WHEN s1 = > output < = s2;
        WHEN s2 = > output < = s3;
        WHEN s3 = > output < = s4;
        WHEN s4 = > output < = s1;
      END CASE;
    END IF;
  END PROCESS bh;
END ARCHITECURE example;
```

例 4.45 是一个含有进程的结构体,进程标号是 bh,进程的敏感信号参数表中未列出敏感信号,所以进程的启动须靠 WAIT 语句。在此,信号 clock 即为该进程的敏感信号。每当出现一个时钟脉冲 clock 时,即进入 WAIT 语句以下的顺序语句执行进程中,且当 able 为高电平时执行 CASE 语句。

3. PROCESS 设计要点

与 BLOCK 语句相比,进程语句结构具有许多显著的特点。进程的设计需要注意以下几方面的问题。

(1) 在进程中只能设置顺序语句。虽然同一结构体中的进程之间是并行运行的,但同一进程中的逻辑描述语句却是顺序运行的。

(2) 进程语句中有一个敏感信号表,对于表中列出的任何信号的改变,都将启动进程,执行进程内相应顺序语句。VHDL 规定,已列出敏感量的进程中不能使用任何形式的 WAIT 语句。

(3) 结构体中多个进程能并行同步运行,原因是进程之间是通过传递信号和共享变量值来实现通信。信号相对于结构体而言具有全局特性,它是进程之间进行并行联系的重要途径。因此,在任一进程的进程说明部分不允许定义信号和共享变量。

(4) 进程是 VHDL 重要的建模工具。其结构不但为综合器所支持,而且进程的建模方式直接影响仿真和综合结果。综合后对应于进程的硬件结构,对进程中的所有可读入信号都是敏感的,而在 VHDL 行为仿真中并非如此,除非将所有的读入信号列为敏感信号。

4. PROCESS 应用

PROCESS 结构描述了一个可以反复工作,靠敏感信号触发的硬件模块的行为,反映了实际硬件的工作情况。

综合后的进程语句所对应的硬件逻辑模块,其工作方式可以是组合逻辑方式的,也可以是时序逻辑方式的。下面给出两个例子,分别是组合逻辑方式(有敏感信号表进程)和时序逻辑方式(无敏感信号表进程),它们是等价的。

【例 4.46】 PROCESS 描述组合逻辑电路示例。

```
LIBRARY IEEE;
USE IEEE.STD_LOGIC_1164.ALL;
USE IEEE.STD_LOGIC_UNSIGNED.ALL;
ENTITY count8 IS
PORT  (clr:IN STD_LOGIC;
in1: IN STD_LOGIC_VECTOR(2 DOWNTO 0);
out1:OUT STD_LOGIC_VECTOR(2 DOWNTO 0));
END count8;
ARCHITECTURE act OF count8 IS
BEGIN
    PROCESS(in1,clr)            -- 有敏感信号表进程
    BEGIN
        IF(clr = '1' OR in1 = "111")THEN
            out1 <= "000";    -- 有清零信号,或计数已达 7,out1 输出 0
        ELSE                  -- 否则作加 1 操作
            out1 <= in1 + 1;  -- 注意,使用了重载算符"+"
   END IF;                    -- 重载算符"+"是在程序包 STD_LOGIC_UNSIGNED 中预先声明的
END PROCESS;
END act;
```

例 4.46 是一个产生组合电路的进程,它描述了一个八进制加法器,对于每 3 位输入 in1,此进程对其作加 1 操作,并将结果由 out1 输出,由于是组合电路,故无记忆功能。

【例 4.47】 PROCESS 描述时序电路示例。

```
LIBRARY IEEE;
USE IEEE.STD_LOGIC_1164.ALL;
USE IEEE.STD_LOGIC_UNSIGNED.ALL;
ENTITY count8_2 IS
    PORT(clr:IN STD_LOGIC;
        Clk:IN STD_LOGIC;
```

```
                cnt:Buffer STD_LOGIC_VECTOR (2 DOWNTO 0));
    END count8_2;
    ARCHITECTURE act OF count8_2 IS
    BEGIN
        PROCESS                                    -- 无敏感信号表进程
        BEGIN
            WAIT UNTIL clk'EVENT AND clk = '1';    -- 待时钟 clk 的上沿
                IF(clr = '1' OR cnt = 7)THEN
                    cnt < = "000";
                ELSE
                    cnt < = cnt + 1;
                END IF;
        END PROCESS;
    END act;
```

例 4.47 对例 4.46 进行了改进,在进程中增加一条 WAIT 语句,使此语句后的信号赋值有了寄存的功能,从而使综合后的电路变成时序电路。

4.6.3 并行过程调用语句

过程是子程序的一种。并行过程调用语句(Concurrent Procedure Calls)可以作为一个并行语句直接出现在结构体或块语句中。其语句格式如下:

```
PROCEDURE  过程名[(敏感信号参数表)] [IS]
    [过程说明部分]
BEGIN
    [顺序描述语句]
END [PROCEDURE] 过程名;
```

例 4.48 中设计了一个过程 exam,用于确定一给定位宽的位矢量是否只有一个位是 1,如果不是,则将 check 中的输出参量"error"设置为 TRUE(布尔量)。

【例 4.48】 过程:判断位矢量中是否有'1'。

```
PROCEDURE exam (SIGNAL a: IN STD_LOGIC_VECTOR;   -- 过程名为 exam
            SIGNAL error: OUT BOOLEAN) IS
VARIABLE one: BOOLEAN: = FALSE;                   -- 设初始值
BEGIN
    FOR i IN a'RANGE LOOP                         -- 对位矢量 a 的所有位元素进行循环检测
        IF a(i) = '1' THEN                        -- 发现 a 中有'1'
            IF one THEN
                -- 若 found one 为 TRUE,则表明发现了一个以上的'1'
                ERROR < = TRUE;                   -- 发现了一个以上的'1',令 ERROR 为 TRUE
                RETURN;                           -- 结束过程
            END IF;
            one: = TRUE;                          -- 在 a 中已发现了一个'1'
        END IF;
    END LOOP;                                     -- 再测 a 中的其他位
    error < = NOT one;                            -- 如果没有任何'1'被发现,error 将被置 TRUE
END PROCEDURE exam;
```

并行过程的调用,常用于获得被调用过程的多个并行工作的复制电路。要同时检测出一系列有不同位宽的位矢信号,下例是对一系列有不同位宽的位矢信号利用上例过程 exam 进行检测的并行过程调用程序。

【例 4.49】 调用过程示例。

```
AA: BLOCK
SIGNAL a1: STD_LOGIC_VECTOR(0 TO 8);          -- 过程调用前设定位矢尺寸
SIGNAL a2: STD_LOGIC_VECTOR(0 TO 3);
SIGNAL b1,b2: Boolean;
  BEGIN
  exam(a1,b1);                                 -- 并行过程调用,关联参数名为 a1、b1
  exam(a2,b2);                                 -- 并行过程调用,关联参数名为 a2、b2
END   BLOCK AA;
```

4.6.4　并行信号赋值语句

每一信号赋值语句等价于一条对该信号赋值缩写的进程语句。并行信号赋值语句(Concurrent Signal Assignments)有 3 种形式:简单信号赋值语句、条件信号赋值语句和选择信号赋值语句。

这 3 种信号赋值语句的共同点是,赋值目标必须都是信号,所有赋值语句在结构体内的执行是同时发生的,与它们的书写顺序和是否在块语句中没有关系。

1. 简单信号赋值语句

简单信号赋值语句是 VHDL 并行语句结构的最基本的单元,语句格式如下:

赋值目标<= 表达式;

【例 4.50】 简单信号赋值语句示例。

```
LIBRARY IEEE;
USE IEEE.STD_LOGIC_1164.ALL;
USE IEEE.STD_LOGIC_UNSIGNED.ALL;
ENTITY bc IS
  PORT(a,b,c,d: IN STD_LOGIC;
        out1,out2: OUT STD_LOGIC);
END bc;
ARCHITECTURE bin OF bc IS
  SIGNAL s: STD_LOGIC;
BEGIN
  out1 < = a OR b;
  out2 < = c + d;
A: BLOCK
  SIGNAL e,f,g,h: STD_LOGIC;
  BEGIN
    g < = e OR f;
    h < = e AND f;
END BLOCK A;
s < = g;
END ARCHITECTURE bin;
```

该例所示结构体中的 5 条信号赋值语句的执行是并行发生的。

注意:赋值目标数据类型必须与赋值符号右边表达式的数据类型一致。

2. 条件信号赋值语句

条件信号赋值语句可以等价成由一组 IF 语句构成的进程语句。其语句的格式如下：

[标号：][POSTPONED]
赋值目标<＝ 表达式 WHEN 赋值条件 ELSE
　　　　　表达式 WHEN 赋值条件 ELSE

　　　　　……

　　　　　表达式；

在执行条件信号语句时，每个赋值条件按书写的先后关系逐项测定。赋值条件的数据类型是布尔量，如果赋值条件为"TRUE"，就把表达式的值赋予赋值目标。最后一项表达式可以不跟赋值条件，表示上面条件都不满足时，把该表达式的值赋予赋值目标信号。赋值条件语句允许有重叠现象。

【例 4.51】 以下描述了一个 4-2 优先编码器。

```
LIBRARY IEEE;
USE IEEE.STD_LOGIC_1164.ALL;
USE IEEE.STD_LOGIC_UNSIGNED.ALL;
ENTITY  encoder  IS
  PORT(input: IN STD_LOGIC_VECTOR(3 DOWNTO 0);
       output: OUT STD_LOGIC_VECTOR(1 DOWNTO 0));
END encoder;
ARCHITECTURE qi OF encoder IS
  BEGIN
    output <＝ "00" WHEN input(0) = '1' ELSE
              "01" WHEN input(1) = '1' ELSE
              "10" WHEN input(2) = '1' ELSE
              "11" ;
END qi;
```

注意：

(1) 结构体中的条件信号赋值语句的功能与进程中的 IF 语句相同；

(2) 条件赋值语句中的 ELSE 不能省略，每一子句的结尾没有任何标点，只有最后一句有分号；

(3) 由于条件测试的顺序性，第一句具有赋值最高优先级，第二句其次，依此类推。

3. 选择信号赋值语句

选择信号赋值语句的格式如下：

[标号：][POSTPONED]
WITH 选择表达式 SELECT
赋值目标信号<＝ 表达式 WHEN 选择值，
　　　　　　　表达式 WHEN 选择值，

　　　　　　　……

　　　　　　　表达式 WHEN 选择值；

WITH 旁的选择值是选择信号赋值语句中的敏感量，每当选择值发生变化时，将启动此语句对各子句的选择值进行测试对比，当发现有满足条件的子句时，就把此表达式赋给赋值目标信号。选择赋值语句对子句条件选择值的测试具有同期性，不像条件信号赋值语句按照子句的书写顺序从上至下逐条测试。

【例 4.52】　以下描述了一个 2-4 译码器。

```
LIBRARY IEEE;
USE IEEE.STD_LOGIC_1164.ALL;
USE IEEE.STD_LOGIC_UNSIGNED.ALL;
  ENTITY decoder IS
    PORT(input: IN STD_LOGIC_VECTOR(1 DOWNTO 0);
        output: OUT STD_LOGIC_VECTOR(3 DOWNTO 0));
    END decoder;
ARCHITECTURE qi OF decoder IS
  BEGIN
  WITH input SELECT
  output <= "1110"   WHEN "00",
            "1101"   WHEN "01",
            "1011"   WHEN "10",
            "0111"   WHEN "11",
            "ZZZZ"   WHEN OTHERS;
END qi;
```

该例是一个 2-4 译码器,对应不同输入 input 有不同的结果从 output 输出,当不满足条件时输出呈现高阻态。

注意:

(1) 选择信号赋值语句的每一子句结尾是逗号,最后一句是分号;

(2) 选择信号赋值语句不能在进程中使用,但可以改成等价的 CASE 语句;

(3) 选择赋值语句不允许有条件重叠的现象,也不允许存在条件涵盖不全的情况。

4.6.5　元件例化语句

元件例化(Component Instantiations)是将预先设计好的设计实体定义为元件,把它们放在元件库中,元件可以看作一个模板,它通过配置说明把实体和结构体连接起来。元件例化实质是引入一种连接关系,从而为当前设计实体引入一个新的低一级的设计层次。

在一个结构体中子程序调用非常类似于元件例化,因为通过调用,当前系统增加了一个类似于元件的功能模块。元件例化可以是多层次的,在一个设计实体中被调用安插的元件可以是一个低层次的当前设计实体,可以调用其他的元件,以便构成更低层次的电路模块。因此,元件例化就意味着在当前结构体内定义了一个新的设计层次,这个设计层次的总称叫元件,但它可以以不同的形式出现。这个元件可以是已设计好的一个 VHDL 设计实体,可以是来自 FPGA 元件库中的元件,它们可能是用别的硬件描述语言设计的实体。

元件例化语句由两部分组成,前部分是把一个现成的设计实体定义为一个元件,后部分是该元件与当前设计实体的连接说明。元件例化语句可以用于结构体、包集合和块的说明语句中,在语句中可插入类属语句(GENERIC)和端口语句(PORT),分别用于元件参数的代入、赋值和元件的输入、输出端口信号的规定。

元件定义语句格式:

```
COMPONENT 元件名 [IS]
[GENERIC   (类属表);]
```

```
[PORT  (端口名表); ]
END COMPONENT 文件名;
```

元件定义语句相当于对一个现成的设计实体进行封装,使其只留出对外的接口界面。就像一个集成芯片只留几个引脚在外一样,它的类属表可列出端口的数据类型和参数,端口名表可列出对外通信的各端口名。

元件例化语句格式:

```
例化名: 元件名PORT MAP(
        [端口名 = >] 连接端口名, … );
```

元件例化语句中的例化名是必须存在的,它类似于标在当前系统(电路板)中的一个插座名,而元件名则是准备在此插座上插入的、已定义好的元件名。

元件例化语句中所定义的元件的端口名与当前系统的连接端口名的接口表达有名字关联和位置关联两种方式。在名字关联方式下,例化元件的端口名和关联符号"=>"两者必须是存在的。端口名与连接端口名互相对应,在 PORT MAP 句中的位置可以是任意的。如果使用位置关联方式,端口名和关联连接符号都可省去,只要列出当前系统中的连接端口名就行了,但连接端口名与所需例化的元件端口定义中的端口名必须一一对应。

例 4.54 是一个元件例化的例子。

【例 4.53】 定义元件。

```
LIBRARY  IEEE;
USE IEE.STD_LOGIC_1164.ALL;
ENTITY  and2    IS
PORT(a, b: IN STD_LOGIC;
     c: OUT STD_LOGIC);
END and2;
ARCHITECTURE behv1 OF and2 IS
BEGIN
    c < = a AND b;
END behv1;
```

【例 4.54】 元件例化(顶层设计)。

```
LIBRARY IEEE;
USE IEEE.STD_LOGIC_1164.ALL;
ENTITY link IS
PORT(A, B, C, D: IN STD_LOGIC;
     Z: OUT STD_LOGIC);
END link;
ARCHITECTURE behv2 OF link IS
COMPONENT and2                              -- 元件定义语句
PORT(a, b: IN STD_LOGIC;
     c: OUT STD_LOGIC);
END COMPONENT and2;
SIGNAL x, y: STD_LOGIC;
BEGIN
  yu1: and2   PORT MAP(A, B, x);            -- 元件例化语句(位置关联方式)
  yu2: and2   PORT MAP(c = > y, a = > C, b = > D);
```

　　　　　　　　　　　　　　　　　-- 元件例化语句　　（名字关联方式）

　yu3: and2　PORT MAP(x, y, c => Z);

　　　　　　　　　　　　　　　　　-- 元件例化语句　　（混合关联方式）

END ARCHITECTURE behv2;

　　例 4.53 中首先完成了一个 2 输入与门的设计,然后例 4.54 利用元件例化产生了由 3
个相同的与门连接而成的电路,如图 4.3 所示。元件例化是 VHDL 设计实体构成自上而下
层次化设计的一种重要途径。

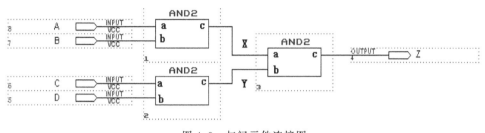

图 4.3　与门元件连接图

4.6.6　生成语句

　　生成语句(Generate Statements)可以用来在结构体中产生多个相同的结构和描述规
则,它具有复制作用。在设计中,只要根据条件设定好某一元件或设计单位,就能利用生成
语句复制一组完全相同的并行元件或设计单元电路结构。生成语句有如下两种格式:

1. FOR-GENERATE 形式

[标号:] FOR 循环变量 IN 取值范围 GENERATE
　　　　说明语句
[BEGIN]
　　并行语句
END GENERATE[标号];

　　这种形式的生成语句主要用来描述设计中的一些有规律的单元结构,其生成参数及其
取值范围的含义和运行方式与 LOOP 语句十分相似。

　　注意:从软件运行的角度看,FOR 语句格式中循环变量的递增方式具有顺序的性质,
但最后生成的设计结构是完全并行的。

2. IF-GENERATE 形式

[标号:] IF 条件 GENERATE
　　说明语句
[BEGIN]
　　并行语句
END GENERATE [标号];

　　这种结构用来描述一个结构中的例外情况,它在条件为“TRUE”时执行结构体内的语
句。该生成语句中虽然包含关键字 IF,但不同于 IF 语句,故 ELSE 语句不能使用。

　　例 4.55 是通过 1 位全加器利用生成语句生成 8 位全加器。生成后的 RTL 视图如
图 4.4 所示。

【例 4.55】 8 位全加器。

```
LIBRARY IEEE;
USE IEEE.STD_LOGIC_1164.ALL;
ENTITY generate_eg is                           -- 接口说明
PORT(in1:IN STD_LOGIC_VECTOR(8 DOWNTO 1);       -- 定义 8 位输入信号
in2:IN STD LOGIC VECTOR(8 DOWNTO 1);            -- 定义 8 位输入信号
in3:IN STD_LOGIC;
out1:OUT STD_LOGIC_VECTOR(8 DOWNTO 1);          -- 定义 8 位输出信号
out2:OUT STD_LOGIC);
END ENTITY generate_eg;
ARCHITECTURE one OF generate_eg IS
    COMPONENT adder                             -- 元件例化
    PORT(   in1:IN STD_LOGIC;
            in2:IN STD_LOGIC;
            in3:IN STD_LOGIC;
            out1:OUT STD_LOGIC;
            out2:OUT STD_LOGIC);
    END COMPONENT;
    SIGNAL s:STD_LOGIC_VECTOR(1 TO 7);
    BEGIN
    ge:FOR i IN 1 TO 8 GENERATE                 -- 用 FOR_GENERATE 生成语句
        g1:IF i = 1 GENERATE                    -- 用 IF _GENERATE 生成语句
            u1:adder PORT MAP(in1(i),in2(i),in3,out1(i),s(i));   -- 位置关联
        END GENERATE g1;
        g2:IF i > 1 AND i < 8 GENERATE          -- 用 IF _GENERATE 生成语句
            u1:adder PORT MAP(in1(i),in2(i),s(i-1),out1(i),s(i));   -- 位置关联
        END GENERATE g2;
        g3:IF i = 8 GENERATE                    -- 用 IF _GENERATE 生成语句
            u1:adder PORT MAP(in1(8),in2(8),s(7),out1(8),out2);   -- 位置关联
        END GENERATE g3;
    END GENERATE ge;
END ARCHITECTURE one;
```

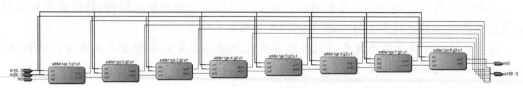

图 4.4 利用生成语句实现的 RTL 视图

由例 4.55 可以看出：

（1）COMPONENT 语句对将要例化的器件进行了接口声明，它对应一个已经设计好的实体。VHDL 综合器将根据 COMPONENT 指定的器件名和接口信息来装配器件。本例中 COMPONENT 语句说明的器件 adder 必须与设计实体的接口方式完全对应。

（2）在 FOR_GENERATE 生成语句中，ge 为标号，i 为变量，从 1~8 共循环执行了 8 次。

（3）在 3 条 IF_GENERATE 生成语句中，信号的连接方式采用的是位置关联方式，安装后的元件标号分别是 g1、g2、g3。

（4）本例用 FOR_GENERATE 语句描述电路内部的规则部分,而不规则部分形成的条件用 IF_CENERATE 语句来描述。使设计文件具有更好的通用性、可移植性和易改性。

4.7　有限状态机的设计

有限状态机(Finite State Machine,FSM)及其设计技术是实用数字系统设计中的重要组成部分,是实现高效率高可靠逻辑控制的重要途径。尽管到目前为止,有限状态机的设计理论并没有增加多少新的内容,然而面对先进的 EDA 工具、日益发展的大规模集成电路技术和强大的 VHDL 等硬件描述语言,有限状态机在其具体的设计技术和实现方法上又有了许多新的内容。本节基于实用的目的,重点介绍用 VHDL 设计不同类型有限状态机的方法,同时考虑 EDA 工具和设计实现中许多必须重点关注的问题,如综合器优化、毛刺信号的克服、控制速度以及状态编码方式等方面的问题。

用 VHDL 可以设计不同表达方式和不同实用功能的状态机,然而它们都有相对固定语句和程序表达方式,只要把握了这些固定的语句表达部分,就能根据实际需要写出各种不同风格的 VHDL 状态机。VHDL 有限状态机涉及的相关语句类型和语法表述请参看此前 VHDL 语法介绍中的用户自定义数据类型定义语句及相关的语法现象。

利用 VHDL 设计的实用逻辑系统中,有许多是可以利用有限状态机的设计方案来描述和实现的。无论与基于 VHDL 的其他设计方案相比,还是与可完成相似功能的 CPU 相比,状态机都有其难以超越的优越性,主要表现在以下几方面:

（1）有限状态机克服了纯硬件数字系统顺序方式控制不灵活的缺点。状态机的工作方式是根据控制信号按照预先设定的状态顺序运行的,状态机是纯硬件数字系统中的顺序控制电路,因此状态机在其运行方式上类似于控制灵活和方便的 CPU,而在运行速度和工作可靠性方面都优于 CPU。

（2）由于状态机的结构模式相对简单,设计方案相对固定,特别是可以定义符号化枚举类型的状态,这一切都为 VHDL 综合器尽可能发挥其强大的优化功能提供了有利条件。而且,性能良好的综合器都具备许多可控或自动的专门用于优化状态机的功能。

（3）状态机容易构成性能良好的同步时序逻辑模块,这对于应对大规模逻辑电路设计中令人深感棘手的竞争冒险现象时,无疑是一个上佳的选择。为了消除电路中的毛刺现象,在状态机设计中有多种设计方案可供选择。

（4）与 VHDL 的其他描述方式相比,状态机的 VHDL 表述丰富多样、程序层次分明、结构清晰、易读易懂;在排错、修改和模块移植方面也有其独到的特点。

（5）在高速运算和控制方面,状态机更有其巨大的优势。由于在 VHDL 中,一个状态机可以由多个进程构成,一个结构体中可以包含多个状态机,而一个单独的状态机(或多个并行运行的状态机)以顺序方式所能完成的运算和控制方面的工作与一个 CPU 的功能类似。因此,一个设计实体的功能便类似于一个含有并行运行的多 CPU 的高性能微处理器的功能。事实上,多 CPU 的微处理器早已在通信、工控和军事等领域有了十分广泛的应用。

就运行速度而言,尽管 CPU 和状态机都是按照时钟节拍以顺序时序方式工作的,但 CPU 是按照指令周期,以逐条执行指令的方式运行的;每执行一条指令,通常完成一项简单的操作,而一个指令周期须由多个机器周期构成,一个机器周期又由多个时钟节拍构成;一个含有运算和控制的完整设计程序往往需要成百上千条指令。相比之下,状态机状态变换周期只有一个时钟周期。而且,由于在每一状态中,状态机可以完成许多并行的运算和控制操作,所以,一个完整的控制程序,即使由多个并行的状态机构成,其状态数也是十分有限的。一般由状态机构成的硬件系统比 CPU 所能完成同样功能的软件系统的工作速度要高出三至四个数量级。

就可靠性而言,状态机的优势也是十分明显的。CPU 本身的结构特点与执行软件指令的工作方式决定了任何 CPU 都不可能获得圆满的容错保障,这已是不争的事实了。因此,要求高可靠性的特殊环境中的电子系统中,如果以 CPU 作为主控部件,应是一项错误的决策。然而,状态机系统就不同了。首先它是由纯硬件电路构成,不存在 CPU 运行软件过程中许多固有的缺陷;其次是由于状态机的设计中能使用各种完整的容错技术;再次是当状态机进入非法状态并从中跳出,进入正常状态所耗的时间十分短暂,通常只有两三个时钟周期,约数十 ns,尚不足以对系统的运行构成损害,而 CPU 通过复位方式从非法运行方式中恢复过来,耗时达数十 ms,这对于高速高可靠系统显然是无法容忍的。

4.7.1 一般有限状态机的设计

用 VHDL 设计的状态机有多种形式,从状态机的信号输出方式上分有 Mealy 型和 Moore 型两种状态机;从结构上分,有单进程状态机和多进程状态机;从状态表达方式上分,有符号化状态机和确定状态编码的状态机;从编码方式上分,有顺序编码状态机、一位热码状态机或其他编码方式状态机。然而最一般和最常用的状态机通常包含说明部分、主控时序进程、主控组合进程、辅助进程几个部分。

1. 说明部分

说明部分中使用 TYPE 语句定义新的数据类型,此数据类型为枚举型,其元素通常都用状态机的状态名定义。状态变量(如现态和次态)应定义为信号,便于信息传递;并将状态变量的数据类型定义为含有既定状态元素的新定义的数据类型。说明部分一般放在结构体的 ARCHITECTURE 和 BEGIN 之间,例如:

```
ARCHITECTURE … IS
  TYPE FSM_ST IS  (s0,s1,s2,s3);
  SIGNAL current_state,next_state: FSM_ST;
  …
```

其中,新定义的数据类型名是"FSM_ST",其类型的元素分别为 s0、s1、s2、s3。使其恰好表达状态机的 4 个状态。定义为信号 SIGNAL 的状态变量是 current_state 和 next_state,它们的数据类型被定义为 FSM_ST。因此状态变量 current_state 和 next_state 的取值范围在数据类型 FSM_ST 所限定的 4 个元素中。此外,由于状态变量的取值是文字符号,因此以上语句定义的状态机属于符号化状态机。

2. 主控时序进程

所谓主控时序进程是指负责状态机运转和在时钟驱动下负责状态转换的进程。状态机是随外部时钟信号,以同步时序方式工作的。因此,状态机中必须包含一个对工作时钟信号敏感的进程,作为状态机的"驱动泵",时钟 clk 相当于这个"驱动泵"中电机的驱动功率电源。当时钟发生有效跳变时,状态机的状态才发生变化。状态机向下一状态(包括再次进入本状态)转换的实现仅仅取决于时钟信号的到来。一般地,主控时序进程可以不负责下一状态的具体状态取值,如 s0、s1、s2、s3 中的某一状态值。当时钟的有效跳变到来时,时序进程只是机械地将代表次态的信号 next_state 中的内容送入现态的信号 current_state 中,而信号 next_state 中的内容完全由其他的进程根据实际情况决定,当然此进程中也可以放置一些同步或异步清零或置位方面的控制信号。总体来说,主控时序进程的设计比较固定单一。

3. 主控组合进程

如果将状态机比喻为一台机床,那么主控时序进程即为此机床的驱动电机,clk 信号即为此电机的功率导线,而主控组合进程即为机床的机械加工部分,它本身运转有赖于电机的驱动,它的具体工作方式则依赖于机床操作者的控制。图 4.5 中的 COM 进程即为一主控组合进程,它通过信号 current_state 中的状态值进入相应的状态,并在此状态中根据外部的信号(指令),如 state_inputs 等向外发出控制信号,如 comb_outputs,同时确定下一状态的走向,即向次态信号 next_state 中赋入相应的状态值。此状态值将通过 next state 传给图中的"REG"时序进程,直至下一个时钟脉冲的到来再进入再一次的状态转换周期。因此,这个进程也可称为状态译码进程。

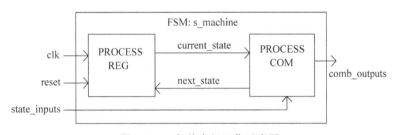

图 4.5　一般状态机工作示意图

主控组合进程的任务是根据外部输入的控制信号(包括来自状态机外部的信号和来自状态机内部其他非主控的组合或时序进程的信号),或(和)当前状态的状态值确定下一状态(next_state)的取向,即 next_state 的取值内容,以及确定对外输出或对内部其他组合或时序进程输出控制信号的内容。

4. 辅助进程

如用于配合状态机工作的组合进程或时序进程,例如为了完成某种算法的进程;或用于配合状态机工作的其他时序进程,例如为了稳定输出设置的数据锁存器等。

例 4.54 描述的状态机是由两个主控进程构成的,其中进程"REG"是主控时序进程,"COM"是主控组合进程,其结构如图 4.5 所示。

4.7.2　Moore 型有限状态机的设计

从状态机的信号输出方式上分,有 Mealy 型和 Moore 型两类状态机。从输出时序上看,前者属于异步输出状态机,后者属于同步输出状态机。Mealy 型状态机的输出是当前状态和所有输入信号的函数。它的输出是在输入变化后立即发生的,不依赖时钟的同步。Moore 型状态机的输出则仅为当前状态的函数,这类状态机在输入发生变化还必须等待时钟的到来,时钟使状态发生变化时才导致输出的变化,所以比 Mealy 机要多等待一个时钟周期。

【例 4.56】 Moore 状态机示例。

```
LIBRARY IEEE;
USE IEEE.STD_LOGIC_1164.ALL;
ENTITY s_machine IS
  PORT(clk,reset :IN STD_LOGIC;
        State_inputs:IN STD_LOGIC_VECTOR(0 TO 1);
     Comb_outputs:OUT INTEGER RANGE 0 TO 15);
   END s_machine;
ARCHITECTURE behv OF s_machine IS
  TYPE FSM_ST IS(s0,s1,s2,s3);
  SIGNAL current_state,next_state:FSM_ST;
BEGIN
 REG:PROCESS(reset,clk)
BEGIN
  IF reset = '1' THEN   current_state <= s0;
  ELSIF clk = '1' AND clk'EVENT THEN
    current_state <= next_state;
  END IF;
 END PROCESS ;
COM:PROCESS(current_state,state_Inputs)
 BEGIN
  CASE current_state IS
   WHEN s0 => comb_outputs <= 5;
      IF state_inputs = "00" THEN   next_state <= s0;
        ELSE   next_state <= s1;
        END IF;
    WHEN s1 => comb_outputs <= 8;
      IF state_inputs = "00" THEN   next_state <= s1;
        ELSE   next_state <= s2;
        END IF;
    WHEN s2 => comb_outputs <= 12;
      IF state_inputs = "11" THEN   next_state <= s0;
        ELSE   next_state <= s3;
        END IF;
    WHEN s3 => comb_outputs <= 14;
      IF state_inputs = "11" THEN   next_state <= s3;
        ELSE next_state <= s0;
        END IF;
   END case;
 END PROCESS;
END behv;
```

在该例的结构体说明部分,定义了含 4 个状态符号的数据类型 FSM_ST,然后将现态和次态两个状态变量的数据类型定义为 FSM_ST,数据对象定义为 SIGNAL,状态转移图如图 4.6 所示。对于此程序,如果异步清零信号 reset 有过一个复位脉冲,当前状态即可被异步设置为 s0(此状态机的状态编码被综合为顺序编码,所以 s0 的编码为"000"),与此同时,启动组合进程,执行 WHEN s0=> comb_outputs <=5;…;语句,并结合输入 input 使次态 next_state 获得 s1,而当此后的第一个 clk 上升沿到来时,现态自动转向 s1 状态。随

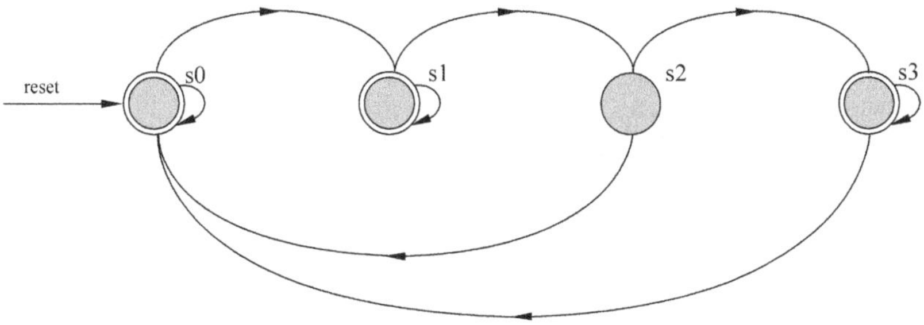

图 4.6　Moore 型示例状态转移图

着时钟信号的到来,将根据控制信号 state_inputs 转向不同的状态,同时输出相应的信号 comb_outputs。

　　一般地,就状态转换这一行为来说,时序进程"REG"在时钟上升沿到来时,将首先运行完成状态转换的赋值操作。它只负责将当前状态转换为下一状态,而不管所转换的状态究竟处于哪一个状态。如果外部控制信号 state_inputs 不变,只有当来自进程 REG 的信号 current _state 改变时,进程 COM 才开始动作。在此进程中,将根据 current_state 的值和外部的控制码 state_inputs 来决定,当下一时钟边沿到来后,进程 REG 的状态转换方向。设计者通常可以通过输出值了解状态机内部的运行情况,同时可以利用外部控制信号 state _inputs 任意改变状态机的状态变化模式。在设计中,如果希望输出的信号具有寄存器锁存功能,则需要为此输出写第 3 个进程。

4.7.3　Mealy 型有限状态机的设计

　　与 Moore 型状态机相比,Mealy 机的输出变化要领先一个周期,即一旦输入信号或状态发生变化,输出信号即刻发生变化。Moore 机和 Mealy 机在设计上基本相同,稍有不同之处是,Mealy 机的组合进程中的输出信号是当前状态和当前输入的函数。

　　例 4.57 是一个两进程 Mealy 型状态机,进程 COMREG 是时序与组合混合型进程,它将状态机的主控时序电路和主控状态译码电路同时用一个进程来表达;进程 COM1 负责根据状态和输入信号给出不同的输出信号。

　　【例 4.57】　两进程 Mealy 型状态机。

```
LIBRARY IEEE;
USE IEEE.STD_LOGIC_1164.ALL;
ENTITY MEALY IS
  PORT(   DATAIN,CLK,RESET:IN STD_LOGIC;
              Q:OUT STD_LOGIC_VECTOR(4 DOWNTO 0));
END MEALY;
ARCHITECTURE behav OF MEALY IS
  TYPE states IS (ST0,ST1,ST2,ST3,ST4);
  SIGNAL STX:states;
  BEGIN
COMREG:PROCESS(CLK,RESET)                 --决定转换状态的进程
    BEGIN
      IF RESET = '1' THEN STX < = ST0;
      ELSIF CLK'EVENT AND CLK = '1'THEN
        CASE STX IS
```

```
         WHEN ST0 = > IF DATAIN = '1' THEN STX < = ST1;END IF;
         WHEN ST1 = > IF DATAIN = '0'   THEN STX < = ST2;END IF;
         WHEN ST2 = > IF DATAIN = '1'   THEN STX < = ST3;END IF;
         WHEN ST3 = > IF DATAIN = '0'   THEN STX < = ST4;END IF;
         WHEN ST4 = > IF DATAIN = '1'   THEN STX < = ST0;END IF;
         WHEN OTHERS = > STX < = ST0;
         END CASE;
       END IF;
   END PROCESS COMREG;
   COM1:PROCESS(STX,DATAIN)                        -- 输出控制信号的进程
     BEGIN
       CASE STX IS
       WHEN ST0 = > IF DATAIN = '1'   THEN Q < = "10000";
               ELSE Q < = "01010";END IF;
       WHEN ST1 = > IF DATAIN = '0'   THEN Q < = "10111";
               ELSE Q < = "10100";END IF;
       WHEN ST2 = > IF DATAIN = '1'   THEN Q < = "10101";
               ELSE Q < = "10011";END IF;
       WHEN ST3 = > IF DATAIN = '0'   THEN Q < = "11011";
               ELSE Q < = "01001";END IF;
       WHEN ST4 = > IF DATAIN = '1'   THEN Q < = "11101";
               ELSE Q < = "01101";END IF;
       WHEN OTHERS = > Q < = "00000";
       END CASE;
   END PROCESS COM1;
   END behav;
```

该例中描述的状态转移图如图 4.7 所示。

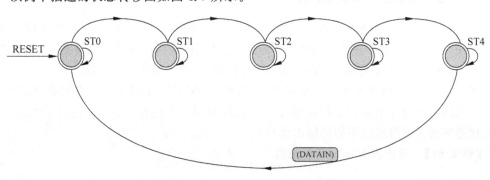

图 4.7　Mealy 型状态机状态转移图

由于输出信号 Q 是由组合电路直接产生的,所以输出信号有许多毛刺。为了解决这个问题,可以考虑将输出信号 Q 值由时钟信号锁存后再输出。读者可以在 COM1 的进程中增加一个 IF 语句,由此产生一个锁存器,将 Q 锁存后再输出。如果实际电路的时间延迟不同,或发生变化,就会影响锁存的可靠性,即这类设计方式不能绝对保证不出现毛刺。

4.8　VHDL TestBench

VHDL TestBench(测试平台)实际上是一段用于验证 HDL 模型正确性的 VHDL 代码。测试平台主要包括 3 个方面内容:①例化被测对象(Design Under Test,DUT),将被

测对象抽象出模型；②对 DUT 产生激励信号，将激励信号或数据加载至 DUT；③将 DUT 输出与参考的正确输出进行比较，判断当前被测模型是否能够实现预期功能。

第3章中介绍了利用 Altera-ModelSim 的仿真方法。在真正仿真时不推荐原理图文件作为顶层文件，因为这样不易移植。原理图设计方式便于帮助初学阶段理解顶层设计下各个模块的连接关系，如果真正对其仿真，可以先将原理图转化为 .vhd 文件（选择 File→ Create→Create HDL Design file→VHDL），然后把原理图文件从工程移除掉，进行仿真。当然本书推荐用元件例化的方式进行描述顶层设计，然后进行仿真，而非通过原理图转化的方式得到顶层 VHD 文件进行仿真。

4.8.1 TestBench 结构

一个好的 TB 在简单修改的情况下应该是可重用的。TB 设计应该足够简单，以便用户理解它的行为。好的 TB 能够将所有的类属和常量传递到 DUT 中。TB 有多种结构适用于不同的 DUT 测试。

1. 简单的 TB 结构

简单的 TB 结构如图 4.8 所示。在简单的 TB 中只有 DUT 被实例化到测试平台中。信号激励是在测试台中产生的，该 TB 可重用性较差，只适用于相对简单的设计。

用户可以按照下面简单 TB 的基本结构来编写自己的 TB 文件，TB 框架如例 4.58 所示。

【例 4.58】 简单 TestBench 结构。

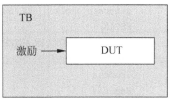

图 4.8 简单的 TB 结构

```
library ieee;
use ieee.std_logic_1164.all;
entity test_bench is                           -- 测试平台文件的空实体(不需要端口定义)
end test_bench;
architecture tb_behavior of test_bench is
    component entity_under_test                -- 被测试元件(DUT)的声明
    port(
        list - of - ports - theri - types - and - modes );
    end component;
    local - signal - declaration;              -- 局部信号说明
begin
    instantiation:entity_under_test port map
    (   port - associations
    );
    process()                                  -- 产生时钟信号
    … end process;
    process()                                  -- 产生激励源
    … end process;
end tb_behavior;
```

下面以例 4.47 为例进行 TB 设计说明。仿真结果如图 4.9 所示。

【例 4.59】 例 4.47 的测试文件。

```
LIBRARY IEEE;
```

```vhdl
USE IEEE.STD_LOGIC_1164.ALL;
USE IEEE.STD_LOGIC_UNSIGNED.ALL;
ENTITY count8_2_tb IS
END count8_2_tb;
ARCHITECTURE act OF count8_2_tb IS
    Component count8_2 IS                       -- DUT 声明
    PORT(clr:IN STD_LOGIC;
         clk:IN STD_LOGIC;
         cnt:Buffer STD_LOGIC_VECTOR (2 DOWNTO 0));
    END Component count8_2;
    CONSTANT period : TIME : = 20 ns;           -- 连接信号和时钟声明
    SIGNAL clk : STD_LOGIC : = '0';
    SIGNAL clr : STD_LOGIC;
    SIGNAL cnt : STD_LOGIC_VECTOR (2 DOWNTO 0);
Begin
    Inst_U1: count8_2 PORT MAP (                 -- DUT 例化
                    clk = > clk,
                    clr = > clr,
                    cnt = > cnt);

    generate_clock : PROCESS (clk)               -- 时钟激励
    BEGIN
        clk < = NOT clk AFTER period/2;
    END PROCESS;
    Process                                      -- 产生激励信号
    Begin
        clr < = '1';
        wait for 100 ns;
        clr < = '0';
        wait;
    end process;
END act;
```

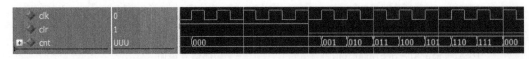

图 4.9   例 4.47 仿真结果

2. 激励源独立的 TB 结构

这种 TB 结构中激励源以独立的实体出现，由独立的激励源为 DUT 提供激励。其结构框图如图 4.10 所示。用户需要编写独立的 VHDL 文件设计激励源。下面以 4.45 为例进行具备独立激励源的 TB 设计。由于例 4.45 中 in1 数据是要从 000～111 循环产生才能验证该模块是否正确，所以 in1 的数据产生由一个独立的激励源完成，clr 信号则还是在 TB 内部产生。

独立激励源代码如例 4.60 所示。

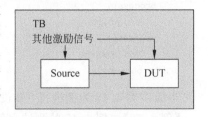

图 4.10   激励源独立的 TB 结构

【例4.60】　独立计数器激励源。

```
LIBRARY IEEE;
USE IEEE.STD_LOGIC_1164.ALL;
USE IEEE.STD_LOGIC_UNSIGNED.ALL;
ENTITY source_count8 IS
PORT( clr:IN STD_LOGIC;
    Clk:IN STD_LOGIC;
    cnt:Buffer STD_LOGIC_VECTOR (2 DOWNTO 0));
END source_count8;
ARCHITECTURE act OF source_count8 IS
BEGIN
    PROCESS                              -- 无敏感信号表进程
    BEGIN
        WAIT UNTIL clk'EVENT AND clk = '1';    -- 待时钟 clk 的上沿
        IF(clr = '1' OR cnt = 7)THEN
            cnt < = "000";
        ELSE
            cnt < = cnt + 1;
        END IF;
    END PROCESS;
END act;
```

加入激励源和被测代码的 TestBench。

【例4.61】　调用独立激励源示例。

```
LIBRARY IEEE;
USE IEEE.STD_LOGIC_1164.ALL;
USE IEEE.STD_LOGIC_UNSIGNED.ALL;
ENTITY count8_tb IS
END count8_tb;
ARCHITECTURE act OF count8_tb IS
    Component source_count8 IS
        PORT( clr:IN STD_LOGIC;
                Clk:IN STD_LOGIC;
                cnt:Buffer STD_LOGIC_VECTOR (2 DOWNTO 0));
    END Component source_count8;
    Component count8 IS
        PORT  (clr:IN STD_LOGIC;
                in1: IN STD_LOGIC_VECTOR(2 DOWNTO 0);
                out1:OUT STD_LOGIC_VECTOR(2 DOWNTO 0));
    END Component count8;
    signal clr,clk:std_LOGIC: = '0';
    constant clk_period:time: = 200 ns;
    signal temp,res:STD_LOGIC_VECTOR (2 DOWNTO 0): = "000";
BEGIN
Inst_U1: source_count8 PORT MAP (              -- 激励源例化
                    clr = > clr,
                    clk = > clk,
                    cnt = > temp);
Inst_U2: count8 PORT MAP (                     -- DUT 例化
```

```
                    clr = > clr,
                    in1 = > temp,
                    out1 = > res);

        generate_clock : PROCESS (clk)              -- 时钟激励
        BEGIN
            clk < = NOT clk AFTER clk_period/2;
        END PROCESS;
        Process                                     -- 产生激励信号
        Begin
            clr < = '1';
            wait for 1000 ns;
            clr < = '0';
            wait;
        end process;

--      CONFIGURATION cfg_act OF count8_tb IS
--          FOR Inst_U1 : count8
--              USE ENTITY count8(act);
--          END FOR;
--          FOR Inst_U2 : source_count8
--              USE ENTITY source_count8(act);
--          END FOR;
--      END cfg_act;
END act;
```

仿真结果如图 4.11 所示。

图 4.11　独立激励源的 TB 仿真结果

3. 使用 TEXTIO 的 TB

在对 VHDL 源程序进行仿真时,由于有的输入/输出关系仅仅靠输入波形或编写 TestBench 中的信号输入是难以验证结果正确性的,当设计的输入/输出比较复杂时,尤其是做复杂算法仿真时需要产生多种形式的激励输入,还要对仿真结果输出做复杂的分析时,使用 TEXTIO 的 TB 具有最高的效率。TEXTIO 提供了 VHDL 仿真时与磁盘文件的交互。在验证加法器时,可以将所有输入保存在一个文本文件中,将其他软件计算出的结果保存在另外的文件中。在 VHDL 仿真时,可以直接读取输入文件作为设计的输入参数,并自动将结果与事先保存的文件相比较,给出一定的信息来确定结果的正确与否。在对 VHDL 编写的处理器调试时,可以将包括指令类型、源地址、目标地址在内的指令保存成文本文件,利用 TEXTIO 读取这些指令。同时,将结果及中间变量保存成文本文件,以事后判断是否正确及便于查找原因。

由于 TEXTIO 的文本输入输出功能非常有限,一些公司提供了扩展其功能的程序包,例如 std_developerskit 库中的 std_iopak 程序包。在本书中,仅仅对 TEXTIO 程序包做简单的介绍。

1) TEXTIO 介绍

TEXTIO 是 VHDL 标准库 STD 中的一个程序包(Package)。在该包中定义了 3 个类型：LINE 类型、TEXT 类型以及 SIDE 类型。另外，还有一个子类型(Subtype)WIDTH。此外，在该程序包中还定义了一些访问文件所必须的过程(Procedure)。

2) 类型定义

(1) type LINE is access string。

定义了 LINE 为存取类型的变量，它表示该变量是指向字符串的指针，它是 TEXTIO 中所有操作的基本单元。读文件时，先按行(LINE)读出一行数据，再对 LINE 操作来读取各种数据类型的数据；写文件时，先将各种的数据类型组合成 LINE，再将 LINE 写入文件。在用户使用时，必须注意只有变量才可以是存取类型，而信号则不能是存取类型。例如：

```
variable DLine : LINE;
```

(2) type TEXT is file of string。

定义了 TEXT 为 ASCII 文件类型。定义为 TEXT 类型的文件是长度可变的 ASCII 文件。例如在 TEXTIO 中定义了两个标准的文本文件。

```
file input : TEXT open read_mode isSTD_INPUT;
file output : TEXT open write_mode isSTD_OUTPUT;
```

定义好以后，就可以通过文件类型变量 input 和 output 来访问其对应的文件 STD_INPUT 和 STD_OUTPUT。需要注意的是，VHDL87 和 VHDL93 在使用文件方面有较大的差异，在编译时注意选中对应的标准。

(3) type SIDE is(right,left)。

定义了 SIDE 类型。表示定义了一个名为 SIDE 的数据类型，其中只能有两种状态，即 right 和 left，分别表示将数据从左边还是右边写入行变量。该类型主要是在 TEXTIO 程序包含的过程中使用。

(4) subtype WIDTH is natural。

定义 WIDTH 为自然数的子类型。所谓子类型表示其取值范围是父类型范围的子集。

3) 过程定义

TEXTIO 提供了基本的用于访问文本文件的过程。类似于 C++，VHDL 提供了重载功能，即完成相近功能的不同过程可以有相同的过程名，但其参数列表不同，或参数类型不同或参数个数不同。TEXTIO 提供的基本过程有：

procedure READLINE(文件变量；行变量)；用于从指定文件读取一行数据到行变量中。

procedure WRITELINE(文件变量；行变量)；用于向指定文件写入行变量所包含的数据。

procedure READ(行变量；数据类型)；用于从行变量中读取相应数据类型的数据。

根据参数数据类型及参数个数的不同，有多种重载方式，TEXTIO 提供了 bit、bit_vector、BOOLEAN、character、integer、real、string、time 数据类型的重载。同时，提供了返回过程是否正确执行的 BOOLEAN 数据类型的重载。例如，读取整数的过程为：

```
procedure READ(L:inout LINE; VALUE: out integer; GOOD: out BOOLEAN);
```

其中，GOOD 用于返回过程是否正确执行，若正确执行，则返回 TRUE。

```
procedure WRITE(行变量; 数据变量; 写入方式; 位宽);
```

该过程将数据写入行变量。其中写入方式表示写在行变量的左边还是右边,且其值只能为 left 或 right,位宽表示写入数据时占的位宽。例如:

```
write(OutLine,OutData,left,2);表示将变量 OutData 写入 LINE 变量 OutLine 的左边占 2 个字节
```

4.8.2 常用激励信号的产生

在设计工程的 TB 时,有些激励信号会经常使用,如时钟、复位或其他一些时间离散的激励信号。下面对一些常用的激励信号的描述方式加以说明。

1. 时钟信号的产生

时钟信号有以下几种常用的生成方式。

(1) 并行语句生成占空比 50% 的时钟信号。

```
clk <= not clk after 10 ns;           -- 产生一个周期为 20ns 的时钟,占空比 50%
```

(2) 并行语句生成占空比非 50% 的时钟信号。

```
clk <= '0' after clk_period/4 when clk = '1' else
       '1'    after 3 * clk_period/4 when clk = '0' else
       '0';                           -- clk_period 可以在结构体说明语句中声明为时间常数
```

(3) 进程语句生成占空比 50% 的时钟信号。

```
PROCESS (clk)
BEGIN
    clk <= NOT clk AFTER clk_period/2;
END PROCESS;
```

(4) 进程语句生成占空比非 50% 的时钟信号。

```
PROCESS (clk)
BEGIN
    clk <= '0';
    wait for clk_period/4;
    clk <= '1';
    wait for 3 * clk_period/4;
END PROCESS;
```

(5) 进程语句生成有限个时钟信号。

```
PROCESS (clk)
BEGIN
    For I in 0 to n loop            -- n 为生成时钟数量的 2 倍
    clk <= NOT clk AFTER clk_period/2;
    end loop;
    wait;
END PROCESS;
```

2. 一般激励信号

一般激励信号均可由 wait 语句实现。

（1）复位信号（初始化为'0'，1000ns 后为'1'，2000ns 以后为'0'）。

并行语句实现：

```
Rst <= '0', '1' after 1000 ns, '0' after 2000 ns;
```

进程语句实现：

```
PROCESS
BEGIN
    Rst <= '0';
    Wait for 1000 ns;
    Rst <= '1';
    Wait for 2000 ns;
    Rst <= '0';
    wait;
END PROCESS;
```

（2）多个信号激励。

```
PROCESS
BEGIN
    Rst <= '0';
    Wait for 1000 ns;
    Rst <= '1';
    ENA <= '1';
    Wait for 2000 ns;
    Rst <= '0';
    Wait for 5000 ns;
    D <= "1001";
    Load <= '1';
    …
    wait;
END PROCESS;
```

4.9 本章小结

本章介绍了 VHDL 基本结构、数据对象、文字规则和操作符语法规则，重点讲解了
VHDL 顺序语句和并行语句，并给出了各个语句的实例便于读者快速掌握。文中介绍了
VHDL 的一个重要结构状态机，详细讲述了 Moore 型与 Mealy 型状态机的区别与结构特
点，每种状态机都给出了示例。测试是 EDA 的一个重要环节，在本章最后部分介绍了
VHDL 的 TestBench 的结构与常用激励信号的编写，可以帮助读者对基于 VHDL 的
TestBench 写法有一个初步认识。

第 5 章

CPLD/FPGA 应用实践

5.1 常用组合逻辑电路的描述

常用的基本数字电路模块是数字系统中不可缺少的基本组成部分。数字逻辑电路可分为两类,一类逻辑电路的输出只与当时输入的逻辑值有关,而与输入的历史情况无关,这种逻辑电路称为组合逻辑电路(Combinational Logic Circuit);另一类逻辑电路的输出不仅与电路当时输入的逻辑值有关,而且与电路以前输入过的逻辑值有关,这种逻辑电路称为时序逻辑电路(Sequential Logic Circuit)。

5.1.1 非门电路的设计

1. 模型

根据 VHDL 的特点,对非门电路进行直接描述,其 VHDI 模型是非门的逻辑符号,如图 5.1 所示。其布尔代数模型为 $b=\bar{a}$。用 VHDL 描述为 $b<=$ NOT a。

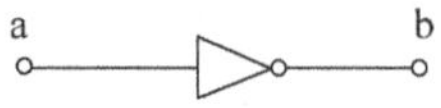

图 5.1 非门电路

2. 程序设计

按照 VHDL 的结构特点,首先要为其确定一个实体,然后确定一个结构体。为了方便,取实体名为 not_gate,取结构体名为 behav。由于是门级的 VHDL 描述,直接给出 VHDL 文件。

【例 5.1】 非门的 VHDL 描述。

```
LIBRARY IEEE;
USE IEEE.STD_LOGIC_1164.ALL;
ENTITY not_gate IS
    PORT(a:IN STD_LOGIC;
        b:OUT STD_LOGIC);           -- 定义输入端口 a 和输出端口 b
END not_gate;
ARCHITECTURE behav OF not_gate IS
    BEGIN
    b <= NOT a;                     -- 逻辑"非"描述
END ARCHITECTURE behav;
```

3. 仿真验证

仿真验证的步骤如下:

（1）编译源文件的语法的正确性。

（2）根据设计功能，编写测试文件。

（3）进行功能仿真。根据上面的源程序和测试文件，调用 Modelsim_Altera 平台运行，得到功能仿真的验证结果如图 5.2 所示。

图 5.2 非门电路的功能仿真波形图

从图 5.2 可以看出非门的 VHDL 描述是正确的。

（4）时间仿真。选择 CPLD 或 FPGA 作为承载器件，再次编译源文件时注意采用全编译方式，再次调用仿真结果如图 5.3 所示。从图中可以看出明显的延时信息，但逻辑关系是正确的。

图 5.3 非门电路的时间仿真结果

5.1.2 其他基本门电路的设计

按照非门电路设计的方法和步骤，我们很容易用 VHDL 描述其他门的电路。在此只给出各种门电路的 VHDL 文件，其他步骤读者可以自己进行。

【例 5.2】 与门的 VHDL 描述。

```
LIBRARY IEEE;
USE IEEE.STD_LOGIC_1164.ALL;
ENTITY and_gate IS
PORT(a,b:IN STD_LOGIC;
     c:OUT STD_LOGIC);
END and_gate;
ARCHITECTURE behav OF and_gate IS
BEGIN
    c <= a AND b;                -- 逻辑"与"描述
END ARCHITECTURE behav;
```

【例 5.3】 与非门的 VHDL 描述。

```
LIBRARY IEEE;
USE IEEE.STD_LOGIC_1164.ALL;
ENTITY nand_gate IS
  PORT(a,b:IN STD_LOGIC;
       c:OUT STD_LOGIC);
END nand_gate;
ARCHITECTURE behav OF nand_gate IS
  BEGIN
    c <= a NAND b;
END ARCHITECTURE behav;
```

【例 5.4】 或非门的 VHDL 描述。

```
LIBRARY IEEE;
USE IEEE.STD_LOGIC_1164.ALL;
ENTITY nor_gate IS
  PORT(a,b:IN STD_LOGIC;
       c:OUT STD_LOGIC);
END nor_gate;
ARCHITECTURE behav OF nor_gate IS
  BEGIN
     c<=NOT(a OR b);
END ARCHITECTURE behav;
```

【例 5.5】 异或非门的 VHDL 描述。

```
LIBRARY IEEE;
USE IEEE.STD_LOGIC_1164.ALL;
ENTITY nxor_gate IS
   PORT(a,b:IN STD_LOGIC;
        c:OUT STD_LOGIC);
END nxor_gate;
ARCHITECTURE behav OF nxor_gate IS
   BEGIN
      c<=NOT(a XOR b);
END ARCHITECTURE behav;
```

【例 5.6】 三态门的 VHDL 描述。

```
LIBRARY IEEE;
USE IEEE.STD_LOGIC_1164.ALL;
ENTITY tri_gate IS
   PORT(a,ena:IN STD_LOGIC;
        b:OUT STD_LOGIC);
END tri_gate;
ARCHITECTURE behav OF tri_gate IS
   BEGIN
      b<=a WHEN ena='1' ELSE
         'Z';
END ARCHITECTURE behav;
```

三态门仿真结果如图 5.4 所示,当使能信号 ena 为低电平时,输出 b 为高阻状态;当使能信号 ena 为高电平时,输出 b 与输入 a 状态相同。

图 5.4 三态门仿真结果

5.2 基本时序逻辑电路的 VHDL 描述

5.2.1 D 触发器的设计

1. 电路模型

D 触发器的符号模型如图 5.5 所示。clr 为异步复位信号,当 clr 为高电平时,输出 Q 为低电平与时钟边沿无关;当复位信号为低电平且时钟的上升沿到来时,输出 Q 状态与输入 d 电平一致;当时钟的上升沿未到来时,则等待它的到来状态保持不变,直到时钟信号上升沿到来为止。

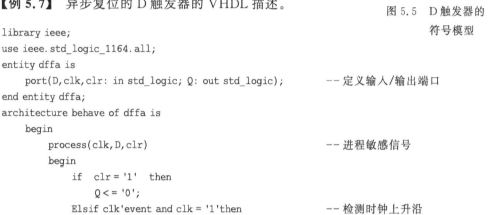

图 5.5　D 触发器的
符号模型

2. 程序设计

【例 5.7】 异步复位的 D 触发器的 VHDL 描述。

```
library ieee;
use ieee.std_logic_1164.all;
entity dffa is
    port(D,clk,clr: in std_logic; Q: out std_logic);        --定义输入/输出端口
end entity dffa;
architecture behave of dffa is
    begin
        process(clk,D,clr)                                  --进程敏感信号
        begin
            if  clr = '1'  then
                Q <= '0';
            Elsif clk'event and clk = '1'then               --检测时钟上升沿
                Q <= D;
            end if:
        end process;
end architecture behave;
```

3. 仿真结果

功能仿真波形图如图 5.6 所示。

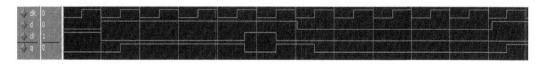

图 5.6　D 触发器的功能仿真波形图

5.2.2 T 触发器的设计

T 触发器逻辑符号如图 5.7 所示。图中 clr_n 为同步复位信号低电平有效,pr_n 为异步置位信号。当 pr_n 为低电平时输出 Q 为高电平不需 clk 的上升沿触发,当 pr_n 为高电平时正常按照 T 触发器功能执行。每一个 clk 上升沿到来时首先判断 clr_n 状态,当 clr_n 为低电平时输出 Q 为低电平执行同步复位功能;当 clr_n 为高电平时,输出 Q 为上一状态的 Q 与当前输入 t 信号电平做异或输出至当前状态。

【例 5.8】 异步置位同步复位的 T 触发器的 VHDL 描述。

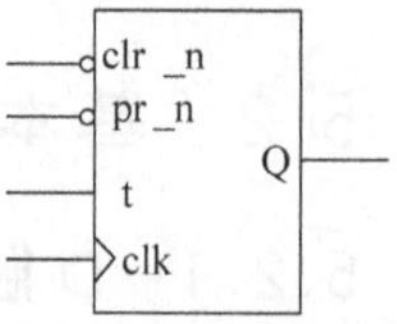

```
LIBRARY IEEE;
USE IEEE.STD_LOGIC_1164.ALL;
ENTITY t_ff IS
PORT(clr_n,pr_n,t,clk:IN STD_LOGIC;
                Q:BUFFER STD_LOGIC);
            -- 输出端口 Q 类型定义为 buffer,因为后续进程中需要读到该端口状态
END t_ff;
ARCHITECTURE behav OF t_ff IS
  BEGIN
      PROCESS(clk,t,clr_n,pr_n)                    -- 进程敏感信号
        BEGIN
            IF   pr_n = '0'   THEN
                Q < = '1';
            ElSIF clk'EVENT AND clk = '1'THEN      -- 检测时钟上升沿
                IF   clr_n = '0'THEN
                    Q < = '0';
                ELSIF t = '1' THEN
                    Q < = t XOR Q;
                END IF;
            END IF;
        END PROCESS;
END behav;
```

图 5.7 T 触发器逻辑符号

带有同步复位异步置位功能的 T 触发器的功能仿真波形图如图 5.8 所示。

图 5.8 T 触发器的功能仿真波形图

5.2.3 JK 触发器的设计

【例 5.9】 基本 JK 触发器的 VHDL 描述(见图 5.9)。

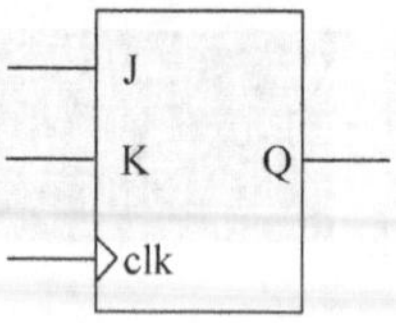

```
library ieee;
use ieee.std_logic_1164.all;
  entity jk is
  port(J,K,clk: in std_logic; Q: buffer std_logic);
      -- 定义输入/输出端口
  end entity jk;
architecture behave of jk is
  begin
    process(clk,J,K)                                -- 进程敏感信号
      begin
      if clk'event and clk = '1'then                -- 检测时钟上升沿
      Q < = ((J and (not Q ))or ((not K)and Q));
```

图 5.9 JK 触发器的 VHDL 描述

```
        end if:
    end process;
end architecture behave;
```

基本 JK 触发器的功能仿真波形图如图 5.10 所示。

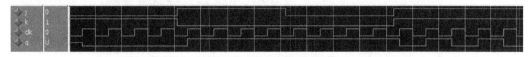

图 5.10　JK 触发器的功能仿真波形图

5.2.4　串行移位寄存器的设计

移位寄存器在微处理器的算术或逻辑运算中是一个常用的组件,移位方式有向左移位和向右移位。例 5.10 是一个双向串行移位寄存器,引入控制信号 dir 进行移位方向控制。

【例 5.10】　双向串行移位寄存器的 VHDL 描述。

```
LIBRARY IEEE;
USE IEEE.STD_LOGIC_1164.ALL;
ENTITY shift_reg IS
PORT(clk,din,dir:IN STD_LOGIC;
                Q:OUT STD_LOGIC);
END shift_reg;

ARCHITECTURE behav OF shift_reg IS
    SIGNAL data:STD_LOGIC_VECTOR(7 DOWNTO 0):= "00000000";--赋初值仿真使用
    BEGIN
    PROCESS(clk,dir,din)
        BEGIN
        IF clk'EVENT AND clk = '1' THEN
            IF dir = '0' THEN                    --左移
                data(0)<= din;
                FOR i IN 1 TO 7 LOOP
                    data(i)<= data(i-1);
                END LOOP;
            ELSE                                 --右移
                data(7)<= din;
                FOR i IN 1 TO 7 LOOP
                    data(i-1)<= data(i);
                END LOOP;
            END IF;
        END IF;
    END PROCESS;
    Q<= data(7) WHEN dir = '0' ELSE             --移位输出
        data(0);
END behav;
```

串行移位寄存器的仿真结果如图 5.11 所示。

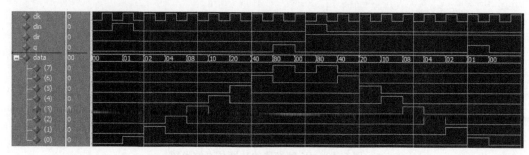

图 5.11　串行移位寄存器的仿真波形

5.2.5　分频电路的设计

计数器其实是一种分频电路,可以利用计数器实现偶数分频、奇数分频器、小数分频等,并且分频信号的占空比可以在一定范围内调整。

【例 5.11】　50%占空比的 10 分频器。

```
LIBRARY IEEE;
USE IEEE.STD_LOGIC_1164.ALL;
USE IEEE.STD_LOGIC_UNSIGNED.ALL;
ENTITY clk_div10 IS
    PORT(   clk:IN STD_LOGIC;
        q:OUT STD_LOGIC);
END clk_div10;
ARCHITECTURE behave OF clk_div10 IS
    SIGNAL temp:INTEGER RANGE 0 TO 15: = 0;
    BEGIN
    PROCESS(clk)
        BEGIN
        IF(clk'EVENT AND clk = '1')THEN
            IF (temp = 9) THEN        -- 根据分频系数设计计数器范围 N
                temp < = 0;
            Else
                temp < = temp + 1;
            END IF;
        END IF;
    END PROCESS;
    q < = '1' WHEN temp > 4 ELSE        -- 根据占空比调整高电平出现的时刻
        '0';
END behave;
```

仿真结果如图 5.12 所示。如果需要设计的是偶数分频 N 的分频器,须将计数器范围调整为 $N-1$。

图 5.12　50%占空比的 10 分频器的仿真波形

【例 5. 12】　50％占空比的 9 分频器。

```
LIBRARY IEEE;
USE IEEE.STD_LOGIC_1164.ALL;
USE IEEE.STD_LOGIC_UNSIGNED.ALL;
ENTITY clk_div9 IS
    PORT(  clk:IN STD_LOGIC;
         q:OUT STD_LOGIC);
END clk_div9;
ARCHITECTURE behav OF clk_div9 IS
    SIGNAL temp1,temp2:INTEGER RANGE 0 TO 15: = 0;
    SIGNAL q1,q2:STD_LOGIC: = '0';
    BEGIN
    PROCESS(clk)                          -- 上升沿计数器,根据分频系数设计计数器范围 N
        BEGIN
          IF(clk'EVENT AND clk = '1')THEN
              IF (temp1 = 8) THEN
                  temp1 < = 0;
              Else
                  temp1 < = temp1 + 1;
              END IF;
          END IF;
    END PROCESS;
    PROCESS(clk)                          -- 下升沿计数器,根据分频系数设计计数器范围 N
        BEGIN
          IF(clk'EVENT AND clk = '0')THEN
              IF (temp2 = 8) THEN
                  temp2 < = 0;
              Else
                  temp2 < = temp2 + 1;
              END IF;
          END IF;
    END PROCESS;
    q1 < = '1' WHEN temp1 > 4 ELSE '0';    -- 根据占空比调整低电平出现的时刻
    q2 < = '1' WHEN temp2 > 4 ELSE '0';    -- 根据占空比调整高电平出现的时刻
    q < = q1 OR q2;
END behav;
```

仿真结果如图 5.13 所示。如果需要设计的是奇数分频 N 的分频器,须将两个计数器范围调整为 $N-1$。

图 5.13　50％占空比的 9 分频器的仿真波形

5.3　常用算法 VHDL 实现

5.3.1　流水线加法器的设计

流水线规则可以应用在 FPGA 设计中,只需要极少或者根本不需要额外的成本,因为每一个逻辑元件都包括一个触发器。采用流水线有可能将一个算术操作分解成一些小规模的基本操作,将进位和中间值存储在寄存器中,并在下一个时钟周期内继续计算。但是具体将加法器分成多少部分应视具体硬件结构而定。针对 Cyclone 器件,一个合理的选择就是采用一个带有 16 个 LE 的 LAB 组成一个流水线。例5.13给出了一个针对 Cyclone 器件的15 位流水加法器的代码。

【例 5.13】 15 位流水加法器的 VHDL 设计。

```vhdl
LIBRARY LPM;
USE LPM.LPM_COMPONENTS.ALL;
LIBRARY IEEE;
USE IEEE.STD_LOGIC_1164.ALL;
USE IEEE.STD_LOGIC_ARITH.ALL;
ENTITY pipeline_adder IS
    GENERIC(WIDTH:INTEGER: = 15;          -- 求位宽
            width_l:INTEGER: = 7;         -- 低七位
            width_h:INTEGER: = 8;         -- 高八位
            co:INTEGER: = 1               -- 进位位
            );
    PORT(a,b:IN STD_LOGIC_VECTOR(WIDTH - 1 DOWNTO 0);
        clk:IN STD_LOGIC;
        sum:OUT STD_LOGIC_VECTOR(WIDTH - 1 DOWNTO 0)
        );
END pipeline_adder;
ARCHITECTURE behav OF pipeline_adder IS
    SIGNAL a_l,b_l,resul_l,temp_l:STD_LOGIC_VECTOR(width_l - 1 DOWNTO 0);
    SIGNAL a_h,b_h,resul_h,temp_h,temp_h1,temp_c:STD_LOGIC_VECTOR(width_h - 1 DOWNTO 0);
    SIGNAL temp_sum:STD_LOGIC_VECTOR(WIDTH - 1 DOWNTO 0);        -- 输出寄存
    SIGNAL temp_co1,temp_co11:STD_LOGIC_VECTOR(co - 1 DOWNTO 0);  -- LSB 进位寄存
BEGIN
    PROCESS(clk)                                        -- 分解输入
        BEGIN
            IF clk'EVENT AND clk = '1' THEN
                FOR k IN width_l - 1 DOWNTO 0 LOOP
                    a_l(k)< = a(k);
                    b_l(k)< = b(k);
                END LOOP;
                FOR k IN width_h - 1 DOWNTO 0 LOOP
                    a_h(k)< = a(k + width_l);
                    b_h(k)< = b(k + width_l);
                END LOOP;
            END IF;
    END PROCESS;
add_1:lpm_add_sub
    GENERIC MAP(lpm_width = > width_l,
            lpm_representation = >"UNSIGNED",
            lpm_direction = >"ADD")
    PORT MAP(dataa = > a_l,
            datab = > b_l,
            result = > resul_l,
            cout = > temp_co1(0));
add_2:lpm_add_sub                                       -- MSB 求和
```

```
        GENERIC MAP(lpm_width = > width_h,
                lpm_representation = >"UNSIGNED",
                lpm_direction = >"ADD")
        PORT MAP(dataa = > a_h,datab = > b_h,result = > resul_h);
reg_1:lpm_ff
        GENERIC MAP(lpm_width = > width_l)
        PORT MAP(data = > resul_l,q = > temp_l,clock = > clk);
reg_2:lpm_ff
        GENERIC MAP(lpm_width = > co)
        PORT MAP(data = > temp_co1,q = > temp_co11,clock = > clk);
reg_3:lpm_ff
        GENERIC MAP(lpm_width = > width_h)
        PORT MAP(data = > resul_h,q = > temp_h,clock = > clk);
        temp_c < = (others = >'0');
add_3:lpm_add_sub                                       -- MSB 求和结果与 LSB 进位相加
        GENERIC MAP(lpm_width = > width_h,
                lpm_representation = >"UNSIGNED",
                lpm_direction = >"ADD")
        PORT MAP(cin = > temp_co11(0),dataa = > temp_h,datab = > temp_c,result = > temp_h1);
        PROCESS                                         -- 输出寄存
            BEGIN
                WAIT UNTIL clk = '1';
                FOR k IN width_l - 1 DOWNTO 0 LOOP
                    temp_sum(k)< = temp_l(k);
                END LOOP;
                FOR k IN width_h - 1 DOWNTO 0 LOOP
                    temp_sum(k + width_l)< = temp_h1(k);
                END LOOP;
        END PROCESS;
        sum < = temp_sum;
end behav;
```

流水线加法器的仿真结果如图 5.14 所示。

图 5.14 流水线加法器的仿真结果

5.3.2 8 位乘法器的设计

两个 N 位二进制数的乘积用 X 和 $A = \sum_{k=0}^{N-1} a_k 2^k$ 表示,按"手工计算"的方法给出就是:

$P = A \times X = \sum_{k=0}^{N-1} a_k 2^k X$,从中可以看出,乘法的完成实际上是一个移位相加的过程,例 5.14

就采用该方法来实现两个 8 位整数相乘。乘法分为三个步骤:首先下载 8 位操作数并且重置移位寄存器;其次进行串并乘法运算;最后乘积结果输出到寄存器。

【例 5.14】 8 位乘法器的 VHDL 设计。

```
PACKAGE def_data_type IS                                          -- 自定义程序包
    SUBTYPE byte IS INTEGER RANGE 0 TO 127;
    SUBTYPE word IS INTEGER RANGE 0 TO 32767;
    TYPE state_type IS (s0,s1,s2);
END def_data_type;
LIBRARY WORK;                                                     -- 声明工作库
USE WORK.def_data_type.all;                                       -- 声明自定义程序包
LIBRARY IEEE;
USE IEEE.STD_LOGIC_1164.ALL;
USE IEEE.STD_LOGIC_ARITH.ALL;
ENTITY mul_8 IS
    PORT(clk:std_logic;
            x:in byte;
            y:in std_logic_vector(7 downto 0);
            z:out word);
END mul_8;
ARCHITECTURE behav OF mul_8 IS
    SIGNAL state:state_type;
    BEGIN
    PROCESS(clk)
        VARIABLE p,t:word: = 0;
        VARIABLE c:INTEGER RANGE 0 TO 7;
        BEGIN
            IF clk'EVENT AND clk = '1' THEN
                CASE state IS
                    WHEN s0 = > state < = s1;c: = 0;p: = 0;t: = x;    -- 初始化
                    WHEN s1 = > IF c = 7 THEN state < = s2;            -- 移位相加
                                ELSE
                                    IF y(c) = '1' THEN
                                        p: = p + t;
                                    END IF;
                                    t: = t * 2;
                                    c: = c + 1;
                                    state < = s1;
                                END IF;
                    WHEN s2 = > z < = p;state < = s0;                 -- 结果寄存
                END CASE;
            END IF;
        END PROCESS;
END behav;
```

8 位乘法器的仿真结果如图 5.15 所示。

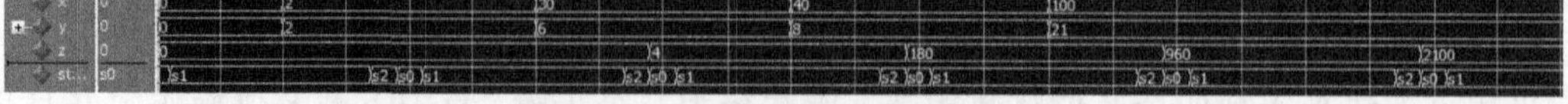

图 5.15　8 位乘法器的仿真结果

5.3.3 4抽头直接FIR滤波器的设计

FIR滤波器的结构主要是非递归结构,没有输出到输入的反馈,并且FIR滤波器很容易获得严格的线性相位特性,避免被处理信号产生相位失真。而线性相位体现在时域中仅仅是$h(n)$在时间上的延迟,这个特点在图像信号处理、数据传输等波形传递系统中是非常重要的。相位响应可以使线性系统绝对稳定,而且设计相对容易、高效。由于FIR滤波器没有反馈回路,因此它是无条件稳定系统,其单位冲激响应$h(n)$是一个有限长序列。由图5.16可见,FIR滤波器实际上是一种乘法累加运算,它不断地输入样本$x(n)$,经延时(Z^{-1}),做乘法累加,再输出滤波结果$y(n)$。其差分表达式为:$y(n) = \sum_{i=0}^{N-1} a_i x(n-i)$。图5.16给出$N$阶LTI型FIR滤波器的图解。

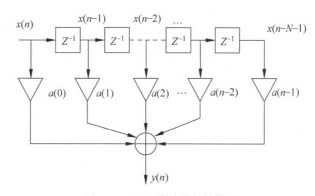

图5.16 FIR滤波器的结构图

例5.15是对图5.16中直接FIR滤波器结构的文字解释,这种设计对对称和非对称滤波器都是适用的。抽头延迟线每个抽头的输出分别乘以相应的加权二进制值,再将结果相加。以系数为$\{-1, 3.75, 3.75, -1\}$为例,设计相应滤波器如下。

【例5.15】 4抽头直接FIR滤波器的VHDL描述。

```
PACKAGE def_data_type IS
    SUBTYPE byte IS INTEGER RANGE -128 TO 127;
    TYPE array_byte IS ARRAY(0 TO 3) OF byte;
END def_data_type;
LIBRARY WORK;
USE WORK.def_data_type.all;
LIBRARY IEEE;
USE IEEE.STD_LOGIC_1164.ALL;
USE IEEE.STD_LOGIC_ARITH.ALL;
ENTITY FIR_4 IS
    PORT(clk:std_logic;
            x:in byte;
            y:out byte);
END FIR_4;
ARCHITECTURE behav OF FIR_4 IS
    SIGNAL tap:array_byte: = (0,0,0,0);
    BEGIN
```

```
PROCESS(clk)
    BEGIN
        IF clk'EVENT AND clk = '1' THEN
            y < = 2 * tap(1) + tap(1) + tap(1)/2 + tap(1)/4
                + 2 * tap(2) + tap(2) + tap(2)/2 + tap(2)/4
                - tap(3) - tap(0);
            FOR i IN 3 DOWNTO 1 LOOP
                tap(i)< = tap(i - 1);
            END LOOP;
            tap(0)< = x;
        END IF;
    END PROCESS;
END behav;
```

FIR 滤波器的仿真结果如图 5.17 所示。

图 5.17　FIR 滤波器的仿真结果

5.3.4　IIR 数字滤波器的设计

IIR 滤波器比 FIR 滤波器获得更高的性能,它具有工作速度快、耗用存储空间少的特点。IIR 数字滤波器需要执行无限数量卷积,能得到较好的幅度特性,其相位特性是非线性,具有无限持续时间冲激响应。但是由于相位非线形的缺点,使其无法在图像处理以及数据传输中得到应用。

1. 有耗积分器 I

滤波器的一个基本功能就是使有干扰的信号平滑。假定信号 $x[n]$ 是以含有宽频带零平均值随机噪声的形式接收到的。从数学的角度讲,可以采用积分器来消除噪声的影响。如果输入信号的平均值能够保持的时间间隔是有限长,就可以采用有耗积分器处理含有额外噪声的信号。图 5.18 显示了一个简单的一阶有耗积分器,它满足离散时间差分方程:

$$y[n+1]=3/4y[n]+x[n]$$

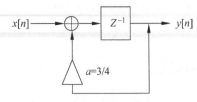

图 5.18　有耗积分器的一阶 IIR 滤波器

【例 5.16】　IIR 滤波器 I 的 VHDL 设计。

```
package n_bit_int is
subtype bits15 is integer range - 2 ** 14 to 2 ** 14 - 1;
end n_bit_int;
library work;
```

```
use work.n_bit_int.all;
library ieee;
use ieee.std_logic_1164.all;
use ieee.std_logic_arith.all;
entity iir_i is
port( x_in:in bits15;
      clk:in std_logic;
      y_out:out bits15
      );
end iir_i;
architecture a of iir_i is
  signal x,y:bits15: = 0;
begin
    process(clk)
        begin
            if clk'event and clk = '1' then
                x < = x_in;
                y < = x + y/4 + y/2;
            end if;
        end process;
        y_out < = y;
end a;
```

仿真结果如图 5.19 所示。仿真为滤波器对幅值为 1000[①] 的脉冲响应仿真结果。

图 5.19　有耗积分器 Ⅰ 脉冲的响应仿真结果

2. 有耗积分器 Ⅱ

一阶 IIR 系统的差分方程为 $y[n+1]=ay[n]+bx[n]$,一阶系统的输出就是 $y[n+1]$。可以采用预先考虑的方法计算,将 $y[n+1]$ 代入 $y[n+2]$ 的差分方程就是:

$$y[n+2]=a\,y[n+1]+bx[n+1]=a^2y[n]+abx[n]+bx[n+1]$$

其等价系统如图 5.20 所示。

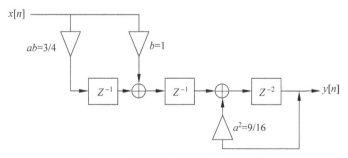

图 5.20　采用预先算法的有耗积分器

---

① "1000"为通过仿真软件数字化后的结果,无单位。全书同。

通过采用预先考虑$(S-1)$步骤的转换,就可以生成这一概念,结果如下:

$$y[n+S]=a^s y[n]+\underbrace{\sum_{k=0}^{S-1}a^k bx[n+S-1-k]}_{(\eta)}$$

从中可以看出:(η)项定义了 FIR 滤波器的系数$\{b,ab,a^2 b,\cdots,a^{S-1}b\}$,后者可以采用流水线技术。而递归部分也可以利用系数为a^2的 S 阶流水线乘法器来实现。分析图 5.20 给出的有耗积分器,它由一个非递归部分(如 FIR 滤波器)和一个具有延迟为 2s 和系数为 9/16 的递归部分构成的。满足如下方程。

$$y[n+2]=3/4y[n+1]+x[n+1]=3/4(3/4y[n]+x[n])+x[n+1]$$
$$=9/16y[n]+3/4x[n]+x[n+1]$$

实现这种 IIR 滤波器的 VHDL 代码如例 5.17 所示。

【例 5.17】 有耗积分器Ⅱ的 VHDL 设计。

```
package n_bit_int is
subtype bits15 is integer range - 2 ** 14 to 2 ** 14 - 1;
end n_bit_int;

library ieee;
use ieee. std_logic_1164. all;
use ieee. std_logic_arith. all;
use work. n_bit_int. all;
entity iir2 is
port(      x_in:in bits15;
               y_out:out bits15;
          clk:in std_logic);
end iir2;
architecture a of iir2 is
    signal x,x3,sx,y,y9:bits15: = 0;
begin
    process
        begin
            wait until clk = '1';
            x < = x_in;
            x3 < = x/2 + x/4;            --计算 x * 3/4
            sx < = x + x3;               --x 部分求和
            y9 < = y/2 + y/16;           --计算 y * 9/16
            y < = sx + y9;               --计算输出
    end process;
    y_out < = y;
end a;
```

该例中先计算了 9/16 * y[n]与 3/4 * x[n];然后计算 3/4 * x[n]+x[n+1]+9/16 * y[n]。仿真结果如图 5.21 所示。仿真为滤波器对幅值为 1000 的脉冲响应仿真结果。

图 5.21　有耗积分器Ⅱ脉冲的响应仿真结果

3. 有耗积分器Ⅲ

并行处理滤波器的实现是由 P 个并行 IIR 通路构成的,每个信道都以 $1/P$ 个输入采样速率运行,它们在输出位置靠多路复用器合成在一起,一般情况下,由于多路复用器要比乘法器和/或加法器速度快,所以并行方法速度也就更快。进一步讲,每个信道 P 都有一个 P 因子来计算其指定的输出。以 $P=2$ 的一阶系统为例,预先考虑与有耗积分器Ⅱ相同。现将其分成偶数 $n=2k$ 和奇数 $n=2k-1$ 输出序列,得到:

$$y[n+2]=\begin{cases} y[2k+2]=a^2y[2k]+ax[2k]+x[2k+1] \\ y[2k+1]=a^2y[2k-1]+ax[2k-1]+x[2k] \end{cases}$$

其中 $n,k\in \mathbf{Z}$。这两个方程是 IIR 滤波器 FPGA 实现的基础。

例 5.18 给出了 $a=3/4$ 的并行有耗积分器的 VHDL 实现。双信道并行有耗积分器是两个非递归部分(x 的 FIR 滤波器)和两个延迟为 2s、系数为 9/16 的递归部分的组合。其框图如图 5.22 所示。

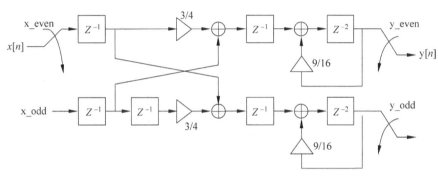

图 5.22　双通路并行 IIR 原理框图

【例 5.18】 有耗积分器Ⅲ的 VHDL 设计。

```
package n_bit_int is
subtype bits15 is integer range -2 ** 14 to 2 ** 14-1;
end n_bit_int;
library work;
use work.n_bit_int.all;
library ieee;
use ieee.std_logic_1164.all;
use ieee.std_logic_arith.all;
entity iir3 is
port( x_in:in bits15;
      y_out:out bits15;
        clk:in std_logic;
      clk2:out std_logic);
end iir3;
architecture a of iir3 is
    type state_type is (even,odd);
    signal state:state_type: = even;
    signal x_even,x_odd,xd_odd,x_wait:bits15: = 0;
    signal y_even,y_odd,y_wait,y:bits15: = 0;
    signal x_e,x_o,y_e,y_o:bits15: = 0;
```

```vhdl
    signal sum_x_even,sum_x_odd:bits15: = 0;
    signal clk_div2:std_logic;
    begin
    process                              -- 将输入 x 分为奇偶部分
    begin                                -- 在时钟驱动下重新组合 y
        wait until clk = '1';
            case state is
            when even = >
                x_even < = x_in;
                x_odd < = x_wait;
                clk_div2 < = '1';
                y < = y_wait;
                state < = odd;
            when odd = >
                x_wait < = x_in;
                y < = y_odd;
                y_wait < = y_even;
                clk_div2 < = '0';
                state < = even;
            end case;
        end process;
    y_out < = y;
    clk2 < = clk_div2;
        process                          -- 滤波器算法的实现
        begin
        wait until clk_div2 = '0';
            -- sum_x_even < = (x_even * 2 + x_even)/4 + x_odd;
            -- y_even < = (y_even * 8 + y_even)/16 + sum_x_even;
            sum_x_even < = x_even/2 + x_even/4 + x_odd;
            y_even < = y_even/2 + y_even/16 + sum_x_even;
            xd_odd < = x_odd;
            sum_x_odd < = xd_odd/2 + xd_odd/4 + x_even;
            y_odd < = y_odd/2 + y_odd/16 + sum_x_odd;
        end process;
    end a;
```

并行 IIR 仿真结果如图 5.23 所示。

图 5.23　并行 IIR 滤波器对脉冲的响应仿真结果

5.4　TestBench 中随机数的设计

在 VHDL 写 TestBench 时有时会根据仿真需要产生一个随机数,如 Verilog 中的 random 函数。这个随机数的产生可以使用 math_real 函数包中的 uniform 函数得到一个 real 类型的归一随机数,然后可以对这个数进行其他处理来满足具体要求,例如扩大倍数、截掉小数等,此类操作需要利用一个类型转换函数实现。例 5.19 实现一个 4 位二进制数的平方功能,为了验证该功能,在例 5.20 中的 TestBench 中利用随机数函数 uniform 和转换函数实现一个 4 位二进制随机数提供给乘法器输入端口。仿真结果如图 5.24 所示。

图 5.24　4 位乘法器的仿真结果

【例 5.19】　4 位二进制数平方。

```vhdl
library ieee;
use ieee.std_logic_1164.all;
use ieee.std_logic_arith.all;
use ieee.std_logic_unsigned.all;
entity vhdl_random_test is
    port (
        idata:    in    std_logic_vector(3 downto 0);
        odata :   out   std_logic_vector(7 downto 0)
    );
end entity vhdl_random_test;
architecture one of vhdl_random_test is
begin
    odata < = idata  *  idata;
end architecture one;
```

【例 5.20】　4 位二进制数平方的 TestBench 设计。

```vhdl
library ieee;
use ieee.std_logic_1164.all;
use ieee.std_logic_arith.all;
use ieee.std_logic_unsigned.all;
use ieee.math_real.all;
use ieee.numeric_std.all;
entity vhdl_random_test_tb is
end entity vhdl_random_test_tb;
architecture one of vhdl_random_test_tb is
    component  vhdl_random_test is
        port (
            idata:   in   std_logic_vector(3 downto 0);
            odata :  out  std_logic_vector(7 downto 0)
            );
    end component;
    signal idata : std_logic_vector (3 downto 0);
    signal odata : std_logic_vector (7 downto 0);
    signal i     : integer : = 0;
begin
    vhdl_random_test_inst : vhdl_random_test
        port map (
            idata = > idata,
            odata = > odata
                );
    process
```

```
            VARIABLE seed1, seed2: positive;
            VARIABLE rand: real;
            VARIABLE int_rand: integer;
        begin
            UNIFORM(seed1, seed2, rand);
            int_rand := INTEGER(TRUNC(rand * 16.0));
            idata <= std_logic_vector(to_unigned(int_rand, 4));
            i <= i + 1;
            if i = 30 then
                wait;
            else
                wait for 20 ns;
            end if;
        end process;
    end architecture one;
```

例子中 uniform 函数需要声明 ieee.math_real 程序包。uniform 在第一次调用之前需要统一种子值(SEED1,SEED2),该种子值必须初始化为范围在 12147483562~12147483398 的值,每次调用后统一修改种子值。产生的随机数在 0.0~1.0 之间。

TRUNC 函数主要防止数据溢出,当转换数据超出最大值后将保持最大值输出。本例中由于输入数据为 4bit,所以扩大 16 倍。示例中用了两个转换函数,一个是将随机数扩大 16 倍后转换为整数。后续将整数转换为 4bit 的 std_logic_vector 数据类型并赋值给乘法器输入。该转换函数为 std_logic_vector(to_unsigned(int_rand,4)),该函数使用前需声明 ieee.numeric_std.all;程序包。

5.5　二进制频移键控调制与解调的 VHDL 实现

频移键控(FSK)使用不同频率的载波来传送数字信号,并用数字基带信号控制载波信号的频率。二进制频移键控使用两个不同频率的载波来代表数字信号的两种电平。接收端接收到不同的载波信号再进行逆变换成数字信号,完成信息传输过程。

5.5.1　FSK 调制的 VHDL 实现

FSK 调制的建模方框图如图 5.25 所示。FSK 调制的核心部分包括分频器、二选一选通开关等。图 5.25 中的两个分频器分别产生两路数字载波信号。二选一选通开关的作用是:以基带信号作为控制信号,当基带信号为"0",选通载波 f1,当基带信号为"1",选通载波 f2。从选通开关输出的信号就是数字 FSK 信号。图中调制信号为数字信号。

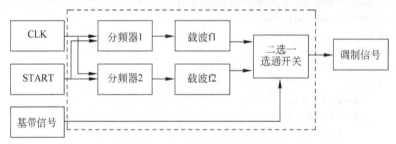

图 5.25　FSK 调制的建模方框图

【例 5.21】 FSK 调制的 VHDL 描述。

```
library ieee;
use ieee.std_logic_arith.all;
use ieee.std_logic_1164.all;
use ieee.std_logic_unsigned.all;

entity fsk is
    port(clk:in std_logic;              -- 系统时钟
        start:in std_logic;             -- 允许调制信号
            x:in std_logic;             -- 基带信号
            y:out std_logic);           -- 调制信号
end fsk;
architecture a of fsk is
    signal q1:integer range 0 to 11;    -- 载波信号 f1 的分频计数器
    signal q2:integer range 0 to 3;     -- 载波信号 f2 的分频计数器
    signal f1,f2:std_logic;             -- 载波信号 f1、f2
begin
    process(clk)                        -- 此进程完成时钟分频得到载波
    begin
      if clk'event and clk = '1' then
          if start = '0' then q1 <= 0;
          elsif q1 = 11 then q1 <= 0;
          elsif q1 <= 5 then f1 <= '1';q1 <= q1 + 1;
          else f1 <= '0';q1 <= q1 + 1;

          end if;
      end if;
    end process;
    process(clk)
    begin
        if clk'event and clk = '1' then
        if start = '0' then q2 <= 0;
        elsif q2 = 3 then f2 <= '0';q2 <= 0;
        elsif q2 <= 1 then f2 <= '1';q2 <= q2 + 1;
        else f2 <= '0';q2 <= q2 + 1;
        end if;
    end if;
    end process;
    process(clk,x)                      ---- 此进程完成对基带信号的 FSK 调制
    begin
        if clk'event and clk = '1' then
          if x = '0' then y <= f1;
          else y <= f2;
          end if;
        end if;
    end process;
end a;
```

FSK 调制的仿真结果如图 5.26 所示。

图 5.26　FSK 调制的仿真结果

5.5.2　FSK 信号解调的 VHDL 实现

　　FSK 解调方框图如图 5.27 所示。其核心部分由分频器、寄存器、计数器和判决器组成。其中分频器的分频系数取值对应图 5.25 中的分频器 1 和分频器 2 中较小的分频系数值，即 FSK 解调器的分频器输出为较高的那个载波信号。由于 f_1 和 f_2 的周期不同，若设 $f_1 = 2f_2$，且基带信号电平"1"对应 f_1；基带信号电平"0"对应载波 f_2，则图 5.27 中计数器以 f_1 为时钟信号，上升沿计数，基带信号"1"码元对应的计数器个数为 $1/f_1$，基带信号"0"码元对应的计数器个数为 $1/f_2$。计数器根据两种不同的计数情况，对应输出"0"和"1"两种电平。判决器以 f_1 为时钟信号，对计数器输出信号进行抽样判决，并输出基带信号。图中没有包含模拟电路部分，调制信号为数字信号形式。

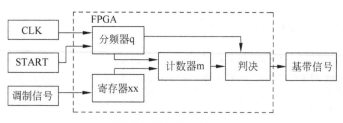

图 5.27　FSK 解调方框图

【例 5.22】　FSK 信号解调的 VHDL 描述。

```
library ieee;
use ieee.std_logic_arith.all;
use ieee.std_logic_1164.all;
use ieee.std_logic_unsigned.all;
entity fskm is
port(clk:in std_logic;                    -- 系统时钟
    start:in std_logic;                   -- 同步信号
        x:in std_logic;                   -- 调制信号
        y:out std_logic);                 -- 基带信号
end fskm;
architecture a of fskm is
    signal q:integer range 0 to 11;       -- 分频计数器
    signal m:integer range 0 to 5;        -- 计数器
    signal xx:std_logic;                  -- 寄存器
begin
    process(clk)                          -- 对系统时钟进行分频
    begin
      if clk'event and clk = '1' then xx <= x;    -- 时钟上升沿存储调制信号值
        if start = '0' then q <= 0;
        elsif q = 11 then q <= 0;
```

```
            else q < = q + 1;
            end if;
         end if;
   end process;
      process(xx, q)                              -- 此进程完成 FSK 解调
      begin
        if q = 11 then m < = 0;
        elsif q = 10 then if m < = 3 then y < = '0';   -- 通过 m 大小判决输出电平
        else y < = '1';
        end if;
        if xx'event and xx = '1' then m < = m + 1;      -- 计 x 信号脉冲个数
        end if;
      end process;
   end a;
```

5.6 基于 DDS 信号发生器的设计

本节介绍了一个频率和相位可调的正弦波信号发生器的设计。系统要求输出电压的最大值为 5V。①输出频率范围为 $10\sim70$Hz 的三相交流电,要求分别输出电流和电压三相电信号;②相位在 $0\sim360°$范围内,步进 $0.1°$可调;③频率步进 0.01Hz 可调;④输出电压波形应尽量接近正弦波,用示波器观察无明显失真。

此设计是以 FPGA、单片机为主要控制核心,控制键盘的输入与 LED 显示,完成单片机与 FPGA 之间的数据传输,FPGA 向存储器输出地址,使存储器将相应单元的数据传输到 D/A 转换器中,再经可调带通滤波器进行波形整形,最后输出完整的波形,如图 5.28 所示为设计的总体框图。

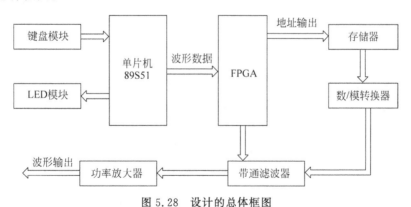

图 5.28 设计的总体框图

此系统利用 DDS 技术实现波形的发生与控制,单片机的控制电路主要完成将输入的数值转换成二进制以后将相应的频率控制字及相位数值输出到 DDS 模块。本节主要介绍 FPGA 部分的作用及实现。

5.6.1 DDS 设计及原理

直接数字频率合成(DDS)是从相位概念出发直接合成所需波形的一种新的频率合成技

术。它在相对带宽、频率转换时间、相位连续性、正交输出、高分辨率以及集成化等一系列性能指标方面已远远超过了传统频率合成技术。

DDS 的基本原理框图如图 5.29 所示，它主要是以数控振荡器的方式，产生频率、相位可控的正弦波。它主要由标准参考频率源、相位累加器、波形存储器、数/模转换器、低通平滑滤波器等构成。其中，参考频率源一般是一个高稳定度的晶体振荡器，其输出信号用于 DDS 中各部件同步工作。DDS 的实质是对相位进行可控等间隔的采样。

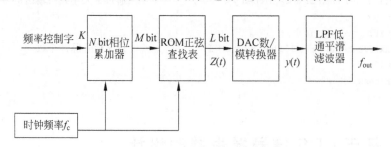

图 5.29　DDS 的基本原理框图

相位累加器的结构如图 5.30 所示。

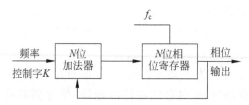

图 5.30　相位累加器的结构示意图

它是实现 DDS 的核心，由一个 N 位字长的加法器和一个由固定时钟脉冲取样的 N 位相位寄存器组成。将相位寄存器的输出和外部输入的频率控制字 K 作为加法器的输入，在时钟脉冲到达时，相位寄存器对上一个时钟周期内相位加法器的值与频率控制字 K 之和进行采样，作为相位累加器在此刻时钟的输出。相位累加器输出的高 M 位作为波形存储器查询表的地址，从波形存储器中读出相应的幅度值送到数/模转换器。

当 DDS 正常工作时，在标准参考频率源的控制下，相位累加器不断进行相位线性累加（每次累加值为频率控制字 K），当相位累加器积满时，就会产生一次溢出，从而完成一个周期性的动作，这个周期就是 DDS 合成信号的频率周期。输出信号的频率为

$$f_{\text{out}} = \frac{w}{2\pi} = \frac{\frac{2\pi}{2^N} \times K \times f_{\text{c}}}{2\pi} = \frac{K \times f_{\text{c}}}{2^N}$$

显而易见，当 $K=1$ 时输出最小频率，即频率分辨率为 $f_{\min} = \dfrac{f_{\text{c}}}{2^N}$。式中，$f_{\text{out}}$ 为输出信号的频率；K 为频率控制字；N 为相位累加器字长；f_{c} 作为标准参考频率源工作频率。

5.6.2　FPGA 内部的 DDS 模块的设计与实现

在此设计中，所要求的相位可调精度为 0.1°，频率的可调精度要达到 0.01Hz。由于一个周期为 360°，所以在一个周期内进行 3600 点的采样。为了便于计算和提高精度，选用的

时钟频率为 3.6MHz。这样相位累加器的最大计数值为

$$\mathrm{Pacc} = \frac{f_c}{f_{\min}} = \frac{3.6 \times 10^6\,\mathrm{Hz}}{0.01\,\mathrm{Hz}} = 3.6 \times 10^8$$

式中，Pacc 为相位累加器的计数值，f_c 为标准参考频率源工作频率，$f_{\min}$ 为输出频率可调精度。

则相位累加器的最少位数 N 为

$$N = \frac{\lg(\mathrm{Pacc})}{\lg 2} = \frac{\lg(3.6 \times 10^8)}{\lg 2} = 29$$

因为频率为 $3.6 \times 10^6\,\mathrm{Hz}$，相位累加器一周期的累加数为 3.6×10^8，取样 3600 次，则取样一次所需的计数值为

$$n = \frac{\mathrm{Pacc}}{3600} = \frac{3.6 \times 10^8}{3600} = 10^5$$

输入的频率精确到 0.01Hz，在计算频率控制字时，首先将输入的数值扩大 100 倍作为频率控制字 K，例如输入的频率为 10Hz，则频率控制字为 1000，当累加器累加到 10^5 时，取高 13 位地址作为外部存储器的读取地址。图 5.31 为 FPGA 内部的 DDS 模块。

说明：

(1) cs1＝0 时，允许写数据到 DDS；cs1＝1 时，不允许写数据到 DDS。

(2) cs2＝1 时，DDS 停止工作；cs2＝0 时，DDS 正常工作。

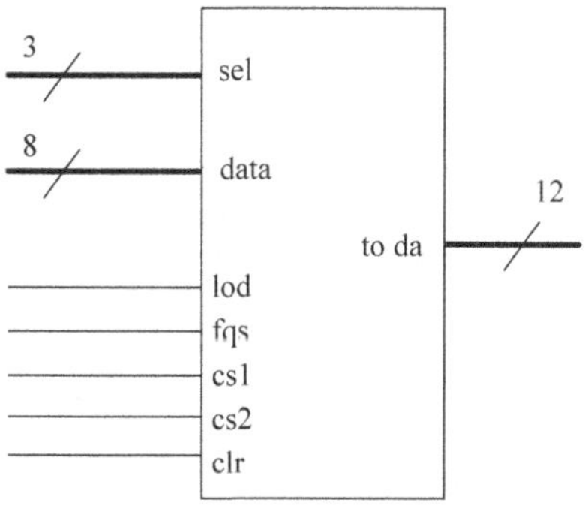

图 5.31　FPGA 内部的 DDS 模块

(3) fqs＝1 时，由 SEL0、SEL1、SEL2 三位为低 8 位数据和高 8 位数据选择端。当 sel2、sel1、sel0 为"000"时选择频率的低 8 位，为"001"时选择频率的高 8 位；sel2、sel1、sel0 为"010"时选择电流 A 路相位的低 8 位；为"011"时选择电流 A 路相位的高 8 位；为"100"时选择电流 B 路相位的低 8 位；为"101"时选择电流 B 路相位的高 8 位；为"110"时选择电流 C 路相位的低 8 位；为"111"时选择电流 C 路相位的高 8 位。fqs＝0，选择电压的三路相位，其数据的控制命令字与 fqs＝1 相同。

(4) data 为数据线(8 位)。

(5) 例如选择输出 10.00Hz，(分辨率为 0.01Hz)需要输入频率字 $(1000)_{10}(0000001111101000)_2$。

(6) 选择相位差为 10.1°(分辨率为 0.1°)，需输入相位字 $(101)_{10}(0000000001100101)_2$。

(7) 相位和频率可任意时刻设置，频率默认值为 00000000001Hz，相位默认值为 0。

(8) to da 为 12 位地址线，直接接到外围 EPROM 的 12 位地址线。

【例 5.23】　产生频率、相位正弦信号的 VHDL 描述。

```
library ieee;
use ieee.std_logic_1164.all;
use ieee.std_logic_arith.all;
use ieee.std_logic_unsigned.all;
…
entity dds18m1 is
port(clk:in std_logic;
```

```vhdl
      clkout:out std_logic;
      lod,fqs,cs1,cs2:in std_logic;
      sel: in std_logic_vector(2 downto 0);
      data: in std_logic_vector(7 downto 0);
     vaddera:out std_logic_vector(12 downto 0);
     vadderb:out std_logic_vector(12 downto 0);
     vadderc:out std_logic_vector(12 downto 0);
     iaddera:out std_logic_vector(11 downto 0);
     iadderb:out std_logic_vector(11 downto 0);
     iadderc:out std_logic_vector(11 downto 0)
   );
      -- vadder:out std_logic_vector(12 downto 0);      -- integer range 7200 downto 0;
      -- iadder:out std_logic_vector(12 downto 0));    -- integer range 3600 downto 0;
end   dds18m1;
--
architecture behave of dds18m1 is
    constant n  :   std_logic_vector(16 downto 0) := "11000011010100000";
-- 100000 = 3.6M/3600   clk = 3.6M   constant   n
std_logic_vector(18 downto 0) := x"7A120";              -- 50000 = 18M/3600 clk = 18M
    signal     add :    std_logic_vector(11 downto 0);  -- 7200 个地址单元
    signal     m  :    std_logic_vector(32 downto 0);
    signal     fset:    std_logic_vector(15 downto 0);
-- 频率分辨率位 0.01Hz,最高频率 100Hz,100/0.01 = 10000,频率字要 16 位
    signal         pseta,psetb,psetc,psa,psb,psc:    std_logic_vector(11 downto 0);
-- 相位分辨率为 0.1 度 360 * 0.1 = 3600    2¹¹ < 3600 < 2¹²
    signal     cp,ld,clkk:  std_logic;
    signal     acc: std_logic_vector(3 downto 0);
begin
    process(clk)
    begin
    if clk'event and clk = '1'then
        if acc = 4 then
            acc <= "0000";
            clkk <= '0';
        else
            acc <= acc + 1;
            if acc < 3 then
            clkk <= '1';
            else
            clkk <= '0';
            end if;
        end if;
    end if;
    end process;

    process(ld)
    begin
    if ld'event and ld = '0' then
            if fqs = '1' then                     -- 选择频率输入
                if sel = "000" then
                    fset(7 downto 0)<= data;       -- SEL = 00 选择低 8 位
                elsif sel = "001"then
                    fset(15 downto 8)<= data;
                    -- fset(31 downto 16)<= "0000000000000000";
```

相位分辨率为 $2^{11} < 3600 < 2^{12}$

```vhdl
                    -- elsif sel = "10"then
                        -- fset(31 downto 16)< = data;
                        elsif sel = "100" then
                            psb(7 downto 0)< = data;
                    elsif sel = "101" then
                            psb(11 downto 8)< = data(3 downto 0);
                            elsif sel = "110" then
                            psc(7 downto 0)< = data;
                    elsif sel = "111" then
                            psc(11 downto 8)< = data(3 downto 0);
                            elsif sel = "010" then
                            psa(7 downto 0)< = data;
                    elsif sel = "011" then
                            psa(11 downto 8)< = data(3 downto 0);
                         else
                        NULL;
                        end if;
                else                                        -- 选择相位输入
                    if sel = "100" then
                        psetb(7 downto 0)< = data;
                    elsif sel = "101" then
                        psetb(11 downto 8)< = data(3 downto 0);
                    elsif sel = "110" then
                        psetc(7 downto 0)< = data;
                    elsif sel = "111" then
                        psetc(11 downto 8)< = data(3 downto 0);
                    elsif sel = "010" then
                        pseta(7 downto 0)< = data;
                    elsif sel = "011" then
                        pseta(11 downto 8)< = data(3 downto 0);
                    else
                        NULL;
                    end if;
                end if;
            -- end if;
    end if;
    end process;
    process(cp)
    begin
        if (cp'event and cp = '1')   then
            if   (add = "111000010000")   then
                add< = "000000000000";
                elsif m < n then
                m < = m + fset;
            else
                m < = m − n + fset;
                add < = add + 1;
            end if;
        end if;
    end process;
ld < = (not cs1) and lod;
cp < = (not cs2) and clkk;
clkout < = not clkk;
vaddera < = add + pseta;
```

```
vadderb < = add + psetb;
vadderc < = add + psetc;
iaddera(11 downto 0)< = add + psa;
iadderb(11 downto 0)< = add + psb;
iadderc(11 downto 0)< = add + psc;
end behave;
```

5.6.3 仿真结果及说明

这部分的仿真是对核心部分 DDS 的测试。如图 5.32 所示是信号频率为 10Hz 时输入频率控制字及各路相位的时序仿真图。其中电流 a 路相位为 0°,电流 b 路相位为 120°,电流 c 路相位为 240°,电压 a 路相位为 0°,电压 b 路相位为 100°,电压 c 路相位为 200°;图 5.33 所示为 DDS 内部的实现过程,由相位仿真时序图可以看出在 DDS 内部累加 3600 个数以后,重新开始循环,且循环一个周期的时间为 100ms,正好与设定值相对应,因此,此 DDS 程序设计是正确的。

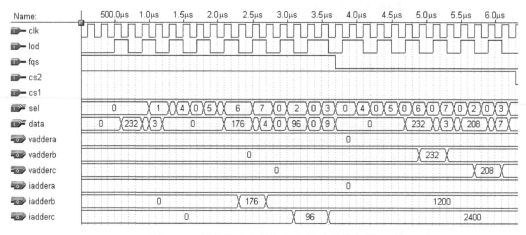

图 5.32 频率控制字及各相位的时序仿真图

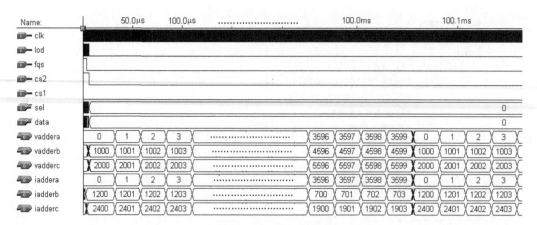

图 5.33 DDS 时序仿真图

5.7 SD卡驱动器设计

SD卡在现在的日常生活与工作中使用非常广泛,时下已经成为最为通用的数据存储卡。在诸如MP3、数码相机等设备上大多采用SD卡作为其存储设备。SD卡之所以得到如此广泛的使用,是因为它价格低廉、存储容量大、使用方便、通用性与安全性强。

SD卡按容量(Capacity)分类,可以分为:

(1) 标准容量卡:Standard Capacity SD Memory Card(SDSC):容量小于等于2GB。

(2) 高容量卡:High Capacity SD Memory Card(SDHC):容量大于2GB,小于等于32GB。

(3) 扩展容量卡:Extended Capacity SD Memory Card(SDXC):容量大于32GB,小于等于2TB。

5.7.1 SD卡电路结构

SD卡内部结构如图5.34所示。由图可知,SD卡上所有单元由内部时钟发生器提供时钟。接口驱动单元同步外部时钟的DAT和CMD信号到内部所用时钟。另外SD卡有6个

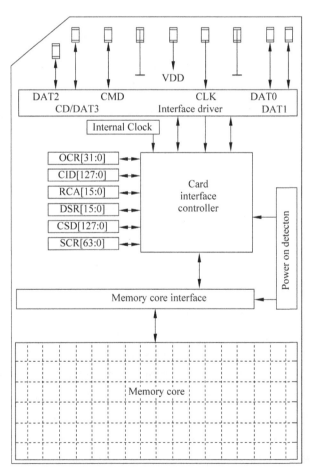

图5.34 SD卡内部结构图

寄存器 OCR、CID、CSD、RCA、DSR、SCR。表 5.1 为各个寄存器功能含义。其中前 4 个保存卡的特定信息,后两个用来对卡进行配置。在 DE2-115 平台中 SD 卡与 FPGA_N 电路图如图 5.35 所示。

表 5.1　SD 卡寄存器说明

寄存器名称	位宽	功 能 描 述
OCR	32	支持的电压
CID	128	卡信息:生产商、OEM、产品名称、版本、出产日期、CRC 校验
RCA	16	卡地址:在初始化时发布,用于与 host 通信,0x0000 表示与所有卡通信
DSR	16	驱动相关、总线电流大小、上升沿时间、最大开启时间、最小开启时间
CSD	128	数据传输要求:包括读写时间、读写电压最大最低值、写保护、块读写错误
SCR	64	特性支持,如 CMD 支持、总线数量支持

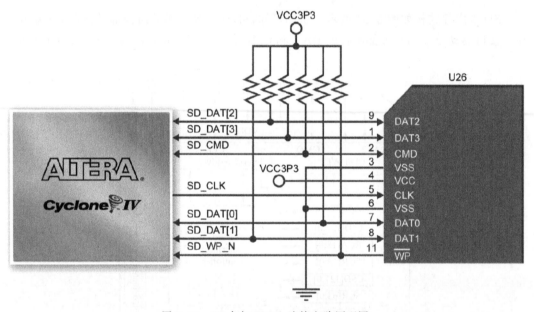

图 5.35　SD 卡与 FPGA 连接电路原理图

SD 卡支持两种总线方式:SD 方式与 SPI 方式。各个模式下引脚功能如表 5.2 所示。其中 SD 方式采用 6 线制,使用 CLK、CMD、DAT0~DAT3 进行数据通信。而 SPI 方式采用 4 线制,使用 CS、CLK、DataIn、DataOut 进行数据通信。SD 方式时的数据传输速度比 SPI 方式要快。采用不同的初始化方式可以使 SD 卡工作于 SD 方式或 SPI 方式。SD 卡模式允许 4 线的高速数据传输,SPI 模式允许简单通用的 SPI 通道接口,这种模式相对于 SD 模式的不足之处是丧失了速度。如果接到复位命令(CMD0)时,CS 信号有效(低电平),SPI 模式启用。本书只对其 SPI 方式进行介绍。CLK:每个时钟周期传输一个命令或数据位。频率可在 0~25MHz 之间变化。在 SPI 模式下,CRC 校验是被忽略的,但依然要求主从机发送 CRC 码,只是数值可以是任意值,一般主机的 CRC 码通常设为 0x00 或 0xFF。

表 5.2　SD 卡引脚功能

引脚序号	SD 模式			SPI 模式		
	名称	类型	描述	名称	类型	描述
1	CD/DAT3	IO/PP	卡检测/数据线 3	♯CS	I	片选
2	CMD	PP	命令/回应	DI	I	数据输入
3	VSS1	S	电源地	VSS	S	电源地
4	VDD	S	电源	VDD	S	电源
5	CLK	I	时钟	SCLK	I	时钟
6	VSS2	S	电源地	VSS2	S	电源地
7	DAT0	IO/PP	数据线 0	DO	O/PP	数据输出
8	DAT1	IO/PP	数据线 1	RSV		
9	DAT2	IO/PP	数据线 2	RSV		

5.7.2　SD 卡命令

1. 命令类型

广播指令 bc：不需要响应。

广播指令 bcr，每个卡都会独立接收指令并发送响应。

点对点指令 ac：发送完此类命令后，只有指定地址的 SD 卡会给予反馈（地址通过命令请求 SD 卡发布，是唯一的）。此时 DAT 线上无数据传输。

点对点数据传输指令 adtc：发送完此类命令后，只有指定地址的 SD 卡会给予反馈。此时 DAT 线上有数据传输。

2. 命令格式

所有命令均按照表 5.3 所示格式，总共 48bit。首先是 1bit 起始位'0'，然后是 1bit 方向位（主机发送'1'），6bit 命令位（0～63），32bit 参数（部分命令需要），7bit CRC7 校验，1bit 停止位'1'。

表 5.3　SD 卡命令格式

位	47	46	[45:40]	[39:8]	[7:1]	0
宽度	1	1	6	32	7	1
值	'0'	'1'	X	X	X	'1'
功能	起始位	传输位	命令	命令参数	CRC7	停止位

3. 命令分类

SD 卡操作命令根据不同的类型分成不同的 class。其中 class0、2、4、5、8 是每个卡都必须支持的命令，不同的卡所支持的命令保存在 CSD 中。

4. 应答格式

所有应答都是通过 CMD 发送，不同的应答长度可能不同，共有 4 种类型的应答。

（1）R1：长度为 48bit，格式如表 5.4 所示。

表 5.4　R1 应答响应格式

位	47	46	[45:40]	[39:8]	[7:1]	0
宽度	1	1	6	32	7	1
值	'0'	'0'	X	X	X	'1'
功能	起始位	传输位	命令	命令参数	CRC7	停止位

（2）R2（CID CSD 寄存器）：长度为 136bit，CID 为 CMD2 和 CMD10 的应答，CSD 为 CMD9 的应答。应答格式如表 5.5 所示。

表 5.5　R2 应答响应格式

位	135	134	[133:128]	[127:1]	0
宽度	1	1	6	127	1
值	'0'	'0'	"111111"	X	'1'
功能	起始位	传输位	保留	CID 或 CSD 寄存器包含了 CRC7	停止位

（3）R3（OCR 寄存器）：长度为 48bit，作为 ACMD41 的应答，格式如表 5.6 所示。

表 5.6　R3 应答响应格式

位	47	46	[45:40]	[39:8]	[7:1]	0
宽度	1	1	6	32	7	1
值	'0'	'0'	"111111"	X	"111111"	'1'
功能	起始位	传输位	保留	OCR 寄存器	保留	停止位

（4）R6（RCA 地址应答）：长度为 48bit，格式如表 5.7 所示。

表 5.7　R6 应答响应格式

位	47	46	[45:40]	[39:8]		[7:1]	0
宽度	1	1	6	16	16	7	1
值	'0'	'0'	X	X	X	X	'1'
功能	起始位	传输位	命令序号 ("000011")	新版 RCA[31:16]	[15:0] 标准卡位	CRC7	停止位

5.7.3　SD 卡数据读取流程

本节主要讲解如何读取 SD 中数据流程。数据为 bin 格式的图像数据，图像大小为 640×480 RGB656 格式数据，该数据存储在 SD 卡起始地址为 40092 的位置，偏移地址为 1200。注意例中为 SD HC 卡，该卡只能以块进行读取。偏移地址计算办法为图像数据字节数除以 512（块字节）＝640×480×2/512＝1200。

读取 SD 卡数据步骤如下：

（1）延时至少 74clock，等待 SD 卡内部操作完成，在 MMC 协议中有明确说明。

（2）CS 低电平选中 SD 卡。

（3）发送 CMD0，需要返回 0x01，进入 Idle 状态。

（4）为了区别 SD 卡是 2.0、1.0，还是 MMC 卡，根据协议向上兼容的原理，首先发送只有 SD2.0 才有的命令 CMD8，如果 CMD8 返回无错误，则初步判断为 2.0 卡，进一步发送命令循环发送 CMD55＋ACMD41，直到返回 0x00，确定 SD2.0 卡初始化成功，进入 Ready 状态，再发送 CMD58 命令来判断是 HCSD 还是 SCSD，到此 SD2.0 卡初始化成功。如果 CMD8 返回错误则进一步判断为 1.0 卡还是 MMC 卡，循环发送 CMD55＋ACMD41，返回无错误，则为 SD1.0 卡，至此 SD1.0 卡初始成功，如果在一定的循环次数下，返回为错误，则进一步发送 CMD1 进行初始化，如果返回无错误，则确定为 MMC 卡，如果在一定的次数下，返回为错误，则不能识别该卡，初始化结束。

（5）发送 CMD17（单块）或 CMD18（多块）读命令，返回 0x00。

（6）接收数据开始令牌 0xfe（或 0xfc）＋正式数据 512Byte＋CRC 校验 2Byte，默认正式传输的数据长度是 512Byte，可用 CMD16 设置块长度。

5.7.4　SD 卡数据读取代码说明

本节给出 SD 卡数据读取代码如例 5.24 所示。下面对代码中主要设计思想进行说明。SD 卡中大小为 640×480bin 格式图像文件由软件 image2LCD 制作生成。

类属声明中 ADDR 地址为 SD 卡中 BIN 文件所在的初始地址 40992，读者可以利用 winhex 软件查看 SD 卡文件所在地址，偏移地址 OFF_MAX 为 1200。

CMD0 为 X"400000000095"，该指令为 SD 卡复位指令，其中第一个字节 X"40"参照表 5.3 得到，X"95"为 CRC7 校验＋停止位'1'得山。

CMD8 为 X"48000001aa87"，该指令为 SD 卡类型检测（SD V2.0），其中第一个字节 X"48"参照表 5.3 得到，X"01"为支持电压，DE2-115 支持 2.7～3.6V 电压故该字节为 X"01"，字节 X"aa"为校验字节，主机发送后从机会原样返回，此处可任意修改。字节 X"87"为 CRC7 校验＋停止位'1'得出。

SD 卡初始化成功后，CMD55 与 ACMD41 命令中 CRC 校验位可以忽略，以 X"ff"填入即可。

SD 初始化过程设计采用序列机方式进行设计。序列存储在信号 state 中，各个序列以十六进制表示。

序列 X"00"～X"02"为上电延时等待 SD 内部初始化；

序列 X"03"片选拉低，发送 CMD0；

序列 X"04"接收响应，如果完成第一个响应字节接收则跳转到 X"05"，没有响应字节跳回至 X"01"重新初始化；

序列 X"05"判断响应字节是否为 X"01"，是则跳转到下一序列 X"06"，否则跳回至 X"01"重新初始化；

序列 X"06"～X"07"发送命令 CMD8 跳转到 X"08"；

序列 X"08"判断响应是否接到 8 个响应字节，如果接到跳转到序列 X"09"，否则跳回至序列 X"06"；

序列 X"09"判断接收字节中第[19:16]位是否为 X"01"，是则跳转到序列 X"0A"，否则跳回至序列 X"06"；

序列 X"0A"～X"0B"发送命令 CMD55 跳转至 X"0C"；

序列 X"0C"接收响应,如果完成第 1 个响应字节接收则跳转到 X"0D",没有响应字节则跳转至 X"0A"重新发送 CMD55;

序列 X"0D" 判断响应字节是否为 X"01",是则跳转到下一序列 X"0E",否则跳回至 X"0A"重新发送 CMD55;

序列 X"0E"~X"0F"发送命令 ACMD41 跳转至序列 X"10";

序列 X"10"判断响应是否接到第 1 个响应字节,如果接到则跳转到序列 X"11",否则跳回至序列 X"0E";

序列 X"11" 判断响应字节是否为 X"00",是则跳转到下一序列 X"12",否则跳回至 X"0A"重新发送 CMD55;

序列 X"12"~X"14"发送命令 CMD17 跳转至序列 X"15";其中 CMD17 命令由字节 X"51"+4 字节地址(初始地址+偏移地址)+X"FF"构成,代码中地址按照块读取速度在增加;

序列 X"15"接收响应,如果完成第 1 个响应字节接收则跳转到 X"16",没有响应字节跳回至 X"12"重新发送 CMD17;

序列 X"16" 判断响应字节是否为 X"00",是则跳转到下一序列 X"17",否则跳回至 X"12"重新发送 CMD17;

序列 X"17" 判断回传的 512B 数据的第一个起始位是否开始到达即响应字节是否为 X"FE",是则跳转到下一序列 X"18"并置读使能,否则等待数据回传;

序列 X"18"判断是否接收完 512B 数据,如果完成则跳转序列 X"19";

序列 X"19"~X"1A"块偏移地址+1,如果偏移地址小于 1200 则跳转到序列序列 X"12"继续接收下一块数据,否则跳转至序列 X"1B";

序列 X"1B"数据接收完毕。

【例 5.24】 SD 卡读取数据 VHDL 代码。

```
library ieee;
use ieee.std_logic_1164.all;
use ieee.std_logic_arith.all;
use ieee.std_logic_unsigned.all;
use ieee.numeric_std.all;
entity sd_init_read is
    generic(
        T_10ms    :integer   := 100000;
        CNT_FREE_CLK:integer   := 100;
        ADDR    :integer: = 40992;                    -- X"A020"
        OFF_MAX   :integer: = 1200;
        CMD0:   std_logic_vector(47 downto 0): = X"400000000095";
        CMD8:   std_logic_vector(47 downto 0): = X"48000001aa87";
        CMD55: std_logic_vector(47 downto 0): = X"7700000000ff";
        ACMD41:std_logic_vector(47 downto 0): = X"6940000000ff"
    );
    port (
        clk  :  in  std_logic;                    -- 25MHz
        rst_n:  in  std_logic;
        read_done  :  out  std_logic;
```

```vhdl
        rdata:out std_logic_vector(7 downto 0);
        rflag:out std_logic;
        spi_cs_n:out std_logic;
        spi_mosi:out std_logic;
        spi_miso:in    std_logic
    );
end entity sd_init_read;
architecture one of sd_init_read is
    signal CMD17:    std_logic_vector(47 downto 0);
    signal cnt:        integer;                          -- 接收块计数器、延时计数器
    signal rec_en:    std_logic;                         -- 接收字节使能
    signal rec_clr:    std_logic;                        -- 接收字节复位全1
    signal rec_data:  std_logic_vector(47 downto 0);    -- 响应接收缓存
    signal send_data:std_logic_vector(47 downto 0);     -- 发送命令缓存
    signal read_en:    std_logic;                        -- 读字节使能
    signal read_en_r:std_logic;                          -- 读字节使能寄存
    signal rec_cnt:    integer;                          -- 接收字节计数器
    signal sd_addr:    integer;
    signal offset_addr:integer;
    signal state:      std_logic_vector(7 downto 0);
begin
    process (clk) begin                                 -- 读使能寄存
        if clk'event and clk = '1' then
            read_en_r <= read_en;
        end if;
    end process;
    process (clk) begin                                 -- 接收缓冲区处理
        if clk'event and clk = '1' then
            if rst_n = '0' then
                rec_data <= (others => '1');
            else
                if rec_clr = '1' then
                    rec_data <= (others => '1');
                else
                    if rec_en = '1' then
                        rec_data <= rec_data(46 downto 0) & spi_miso;
                    else
                        rec_data <= rec_data;
                    end if;
                end if;
            end if;
        end if;
    end process;
    process (clk) begin              -- 接收有效数据满 1B 则输出至外部端口
        if clk'event and clk = '1' then
            if rst_n = '0' then
                rdata <= X"00";
            else
                if rec_cnt = 0 and read_en_r = '1' then    -- 接收字节计数器为 0 与使能寄存
                    rdata <= rec_data(7 downto 0);
                end if;
```

```vhdl
            end  if;
        end if;
end process;
process(clk) begin
    if clk'event and clk = '1' then
        if rst_n = '0'then
            rflag < = '0';
        else
            if rec_cnt = 0 and read_en_r = '1' then
                rflag < = '1';
            else
                rflag < = '0';
            end if;
        end if;
    end if;
end process;
process(clk) begin
    if clk'event and clk = '1' then
        if rst_n = '0'then
            rec_cnt < = 0;
        else
            if read_en = '1' and rec_cnt < 7 then
                rec_cnt < = rec_cnt + 1;
            else
                rec_cnt < = 0;
            end if;
        end if;
    end if;
end process;
process(clk) begin
    if clk'event and clk = '0' then
        if rst_n = '0' then
            read_done < = '0';
            spi_cs_n < = '1';
            spi_mosi < = '1';
            state < = (others = > '0');
            cnt < = 0;
            rec_clr < = '1';
            rec_en < = '0';
            send_data < = (others = > '0');
            read_en < = '0';
            offset_addr < = 0;
        else
            case state is
                when X"00"      = >
                    read_done < = '0';
                    spi_cs_n < = '1';
                    spi_mosi < = '1';
                    state < = X"01";
                    cnt < = 0;
                    rec_clr < = '1';
```

```vhdl
            rec_en <= '0';
            send_data <= (others => '0');
            read_en <= '0';
            offset_addr <= 0;
    when X"01" =>
            rec_clr <= '0';
            if cnt < T_10ms - 1 then
                cnt <= cnt + 1;
            else
                cnt <= 0;
                state <= X"02";
            end if;
    when X"02" =>
            spi_cs_n <= '0';
            if cnt < CNT_FREE_CLK - 1 then
                cnt <= cnt + 1;
            else
                cnt <= 0;
                state <= X"03";
                send_data <= CMD0;
            end if;
    when X"03" =>
            spi_cs_n <= '0';
            spi_mosi <= send_data(47);
            send_data <= send_data(46 downto 0) & '0';
            if cnt < 47 then
                cnt <= cnt + 1;
            else
                cnt <= 0;
                state <= X"04";
            end if;
    when X"04" =>
            spi_mosi <= '1';
            rec_en <= '1';
            if cnt < 100 then
                if rec_data(7) = '0' then
                    rec_en <= '0';
                    state <= X"05";
                    spi_cs_n <= '1';
                    cnt <= 0;
                else
                    cnt <= cnt + 1;
                end if;
            else
                cnt <= 0;
                state <= X"01";
                spi_cs_n <= '1';
            end if;
    when X"05" =>
            rec_en <= '0';
            spi_cs_n <= '1';
```

```vhdl
                        rec_clr <= '1';
                        if rec_data(7 downto 0) = X"01" then
                            state <= X"06";
                        else
                            state <= X"01";
                        end if;
                    when X"06" =>
                        rec_clr <= '0';
                        if cnt < 10 then
                            cnt <= cnt + 1;
                        else
                            cnt <= 0;
                            state <= X"07";
                            send_data <= CMD8;
                        end if;
                    when X"07" =>
                        spi_cs_n <= '0';
                        spi_mosi <= send_data(47);
                        send_data <= send_data(46 downto 0) & '0';
                        if cnt < 47 then
                            cnt <= cnt + 1;
                        else
                            cnt <= 0;
                            state <= X"08";
                        end if;
                    when X"08" =>
                        spi_mosi <= '1';
                        if cnt < 100 then
                            if rec_data(47) = '0' then
                                rec_en <= '0';
                                state <= X"09";
                                spi_cs_n <= '1';
                                cnt <= 0;
                            else
                                rec_en <= '1';
                                cnt <= cnt + 1;
                            end if;
                        else
                            cnt <= 0;
                            state <= X"06";
                            rec_en <= '0';
                            spi_cs_n <= '1';
                        end if;
                    when X"09" =>
                        rec_en <= '0';
                        spi_cs_n <= '1';
                        rec_clr <= '1';
                        if rec_data(19 downto 16) = X"1" then
                            state <= X"0A";
                        else
                            state <= X"06";
```

```
        end if;
when X"0A" = >
    rec_clr < = '0';
    if cnt < 20 then
        cnt < = cnt + 1;
    else
        cnt < = 0;
        state < = X"0B";
        send_data < = CMD55;
    end if;
when X"0B" = >
    spi_cs_n < = '0';
    spi_mosi < = send_data(47);
    send_data < = send_data(46 downto 0) & '0';
    if cnt < 47 then
        cnt < = cnt + 1;
    else
        cnt < = 0;
        state < = X"0C";
    end if;
when X"0C" = >
    spi_mosi < = '1';
    if cnt < 100 then
        if rec_data(7) = '0'then
            rec_en < = '0';
            state < = X"0D";
            spi_cs_n < = '1';
            cnt < = 0;
        else
            rec_en < = '1';
            cnt < = cnt + 1;
        end if;
    else
        cnt < = 0;
        state < = X"0A";
        rec_en < = '0';
        spi_cs_n < = '1';
    end if;
when X"0D" = >
    rec_en < = '0';
    spi_cs_n < = '1';
    rec_clr < = '1';
    if rec_data(7 downto 0) = X"01" then
        state < = X"0E";
    else
        state < = X"0A";
    end if;
when X"0E" = >
    rec_clr < = '0';
    if cnt < 20 then
        cnt < = cnt + 1;
```

```vhdl
                    else
                        cnt <= 0;
                        state <= X"0F";
                        send_data <= ACMD41;
                    end if;
                when X"0F" =>
                    spi_cs_n <= '0';
                    spi_mosi <= send_data(47);
                    send_data <= send_data(46 downto 0) & '0';
                    if cnt < 47 then
                        cnt <= cnt + 1;
                    else
                        cnt <= 0;
                        state <= X"10";
                    end if;
                when X"10" =>
                    spi_mosi <= '1';
                    if cnt < 100 then
                        if rec_data(7) = '0' then
                            rec_en <= '0';
                            state <= X"11";
                            spi_cs_n <= '1';
                            cnt <= 0;
                        else
                            rec_en <= '1';
                            cnt <= cnt + 1;
                        end if;
                    else
                        cnt <= 0;
                        state <= X"0E";
                        rec_en <= '0';
                        spi_cs_n <= '1';
                    end if;
                when X"11" =>
                    rec_en <= '0';
                    spi_cs_n <= '1';
                    rec_clr <= '1';
                    if rec_data(7 downto 0) = X"00" then
                        state <= X"12";
                    else
                        state <= X"0A";
                    end if;
                when X"12" =>
                    rec_clr <= '0';
                    if cnt < 20 then
                        cnt <= cnt + 1;
                    else
                        cnt <= 0;
                        state <= X"13";
                    end if;
                when X"13" =>
```

```vhdl
            state <= X"14";
            send_data <= CMD17;
    when X"14" =>
        spi_cs_n <= '0';
        spi_mosi <= send_data(47);
        send_data <= send_data(46 downto 0) & '0';
        if cnt < 47 then
            cnt <= cnt + 1;
        else
            cnt <= 0;
            state <= X"15";
        end if;
    when X"15" =>
        spi_mosi <= '1';
        if cnt < 100 then
            if rec_data(7) = '0' then
                rec_en <= '0';
                state <= X"16";
                spi_cs_n <= '0';
                cnt <= 0;
            else
                rec_en <= '1';
                cnt <= cnt + 1;
            end if;
        else
            cnt <= 0;
            state <= X"12";
            rec_en <= '0';
            spi_cs_n <= '1';
        end if;
    when X"16" =>
        rec_en <= '0';
        spi_cs_n <= '0';
        rec_clr <= '1';
        if rec_data(7 downto 0) = X"00" then
            state <= X"17";
        else
            state <= X"12";
        end if;
    when X"17" =>
        rec_clr <= '0';
        rec_en <= '1';
        if rec_data(7 downto 0) = X"FE" then
            state <= X"18";
            read_en <= '1';
        else
            state <= X"17";
        end if;
    when X"18" =>
        if cnt < 4095 then
            cnt <= cnt + 1;
```

```vhdl
                    else
                        cnt <= 0;
                        read_en <= '0';
                        rec_en <= '0';
                        state <= X"19";
                    end if;
                when X"19" =>
                    rec_clr <= '1';
                    if cnt < 100 then
                        cnt <= cnt + 1;
                    else
                        cnt <= 0;
                        state <= X"1A";
                    end if;
                when X"1A" =>
                    rec_clr <= '0';
                    spi_cs_n <= '1';
                    if offset_addr < OFF_MAX - 1 then
                        offset_addr <= offset_addr + 1;
                        state <= X"12";
                    else
                        state <= X"1B";
                    end if;
                when X"1B" =>
                    read_done <= '1';
                    state <= X"1B";
                when others => state <= X"00";
            end case;
        end if;
    end if;
end process;
process(offset_addr) begin
    sd_addr <= ADDR + offset_addr;
end process;
CMD17(47 downto 40) <= X"51";
CMD17(39 downto 8) <= std_logic_vector(to_unsigned(sd_addr, 32));
CMD17(7 downto 0) <= X"FF";
end architecture one;
```

5.8 SDRAM 控制器设计

SDRAM(Synchronous Dynamic Random Access Memory),中文名为同步动态随机存储器。同步是指 Memory 工作需要同步时钟,内部命令的发送与数据的传输都以它为基准;动态是指存储阵列需要不断地刷新来保证数据不丢失;随机是指数据不是线性依次存储,而是自由指定地址进行数据读写。SDRAM 在图像处理、大数据处理等领域有着广泛的应用。

DE2-115 平台所使用的 SDRAM 芯片型号为 IS42S16320B-7TL(8M×16bit×4Bank),其内部结构如图 5.36 所示。由图 5.36 可以知道该 SDRAM 有 16bit 双向数据总线接口,即读写都是通过这 16bit 的数据总线。还可以看出其中包含 4 个 M-Bank(Memory Cell

Array Bank,存储阵列块),每个 M-Bank 包含 8M 个存储单元,即整块 SDRAM 的存储大小
为 4×8M×16bit=512Mbit 的容量。SDRAM 的内部结构还包括许多其他模块,如自刷新
定时器、内部行地址计数、行地址和列地址解码器、列地址累加器、模式寄存器、突发计数器、
状态机和地址缓存器。

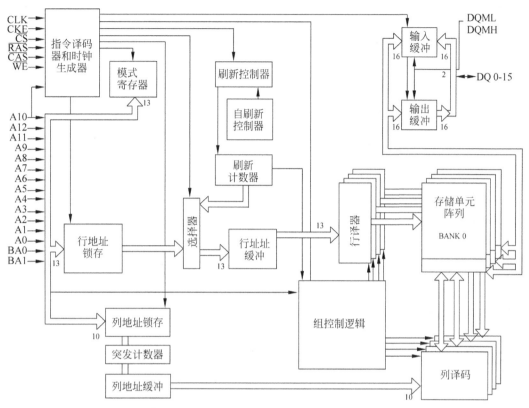

图 5.36 SDRAM(8M×16bit×4Bank)功能框图

5.8.1 SDRAM 引脚、命令和模式寄存器介绍

IS42S16320B 引脚功能如表 5.8 所示。

表 5.8 SDRAM(IS42S16320B)引脚功能描述

引 脚 名 称	功 能 描 述	引 脚 名 称	功 能 描 述
A0～A12	行地址输入	$\overline{\text{WE}}$	写使能
A0～A9	列地址输入	DQML	×16 低字节掩码(高阻)
BA0、BA1	Bank 选择地址	DQMH	×16 高字节掩码(高阻)
DQ0～DQ15	数据 I/O	VDD	供电
CLK	系统时钟输入	VSS	地
CKE	时钟使能	VDDQ	I/O 供电
$\overline{\text{CS}}$	片选	VSSQ	I/O 供电地
$\overline{\text{RAS}}$	行地址选通命令	NC	不连接
$\overline{\text{CAS}}$	列地址选通命令		

SDRAM 的控制通常是使用厂家给定的一系列命令来实现的。因此 SDRAM 内部有一个命令解码器，SDRAM 的初始化、读写等操作实际上就是将命令发送给解码器，通过解码器解码后告知 SDRAM，表 5.7 中给出 SDRAM 的基本操作命令。

表 5.9 SDRAM 命令集合表

命令	缩写	$\overline{CS}$	$\overline{RAS}$	$\overline{CAS}$	$\overline{WE}$	A10
器件未选	DESL	H	X	X	X	X
空操作	NOP	L	H	H	H	X
激活操作	ACT	L	L	H	H	X
读操作	RD	L	H	L	H	L
读操作带预充电	RDPr	L	H	L	H	H
写操作	WR	L	H	L	L	L
写操作带预充电	WRPr	L	H	L	L	H
突发终止	BST	L	H	H	L	X
被选 Bank 预充电	PRE	L	L	H	L	L
所有 Bank 预充电	PALL	L	L	H	L	H
CBR 自动刷新 CKE=H	REF	L	L	L	H	X
自刷新 CKE=L	SELF	L	L	L	H	X
配置模式寄存器	LMR	L	L	L	L	L

SDRAM 内部有一个非常重要的模式寄存器（Mode Register，MR）。模式寄存器的地址总线定义如表 5.10 所示。

表 5.10 模式寄存器的地址总线定义

地　　址	说　　明	描　　述
BA0/1、A12～A10	保留	写入 0
A9	写突发模式（M9）	0：编程突发模式；1：单一入口地址
A8、A7	操作模式（M8M7）	00：标准模式；其他：保留
A6、A5、A4	潜伏模式（M6M5M4）	010：潜伏期 2；011：潜伏期 3；其他：保留
A3	突发模式（M3）	0：顺序；1：间隔
A2、A1、A0	突发长度 BL	000：1；001：2；010：4；011：8；111：全页

突发长度（BL）的值，即连续读几列地址。所谓的全页操作是指对同一个 Bank 中同一个行地址进行操作，对于 x16 模式来说相当于连续操作 512 个字。

由于 SDRAM 的寻址具有独占性，所以在进行完读写操作后，如果要对同一 L-Bank 的另一行进行寻址，就要将原来有效（工作）的行关闭，重新发送行/列地址。L-Bank 关闭现有工作行，准备打开新行的操作就是预充电（Precharge）。预充电可以通过命令控制，也可以通过辅助设定让芯片在每次读写操作之后自动进行预充电。实际上，预充电是对工作行中所有存储体进行数据重写，并对行地址进行复位，同时释放 S-AMP（重新加入比较电压，一般是电容电压的 1/2，以帮助判断读取数据的逻辑电平，因为 S-AMP 是通过一个参考电压与存储体的位线电压的比较来判断逻辑值的），以准备新行的工作。具体而言，就是将 S-AMP 中的数据回写，即使是没有工作过的存储体也会因行选通而使存储电容受到干扰，所以也需要 S-AMP 进行读后重写。此时，电容的电量（或者说其产生的电压）将是判断逻辑状态的依据(读取时也需要),为此要设定一个临界值,一般为电容电量的 1/2,超过它的为逻辑 1,进行重写,否则为逻辑 0,不进行重写(等于放电)。为此,现在基本都将电容的另一端接入一个指定的电压(即 1/2 电容电压),而不是接地,以帮助重写时的比较与判断。从表 5.9 可以发现地址线 A10 控制着读写之后当前 Bank 是否自动进行预充电。而在单独的预充电命令中,A10 则控制着是对指定的 Bank 还是所有的 Bank(当有多个 Bank 处于有效/活动状态时)进行预充电,前者需要提供 Bank 的地址,后者只需将 A10 信号置于高电平。

5.8.2 SDRAM 初始化

SDRAM 要想正确地工作需要正确配置其模式寄存器以使其按照预期的方式进行工作。SDRAM 的初始化就是在上电后对模式寄存器进行配置的过程。SDRAM 的初始化有着严格的流程规定,如图 5.37 所示。

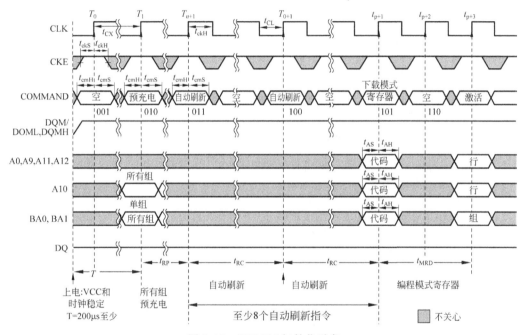

图 5.37 SDRAM 初始化时序

从图 5.37 得出 SDRAM 上电序列,初始化代码如例 5.25 所示。代码中命令 $\overline{CS}$、$\overline{RAS}$、$\overline{CAS}$、$\overline{WE}$ 组合为 4 位逻辑位矢量,代码以状态机方式设计,下面对状态加以说明。

(1) 状态 X"0":命令为禁用("1111");

(2) 状态 X"1":根据图 5.37 上电后需等待至少 $200\mu s$,此时命令采用空操作命令 NOP("0111");

(3) 状态 X"2":给出所有 Bank 预充电命令,此时命令采用 PALL 命令("0010")给所有 Bank 预充电时要求 A10 为高电平,代码中采用 sdr_addr(10) <= '1'语句完成 A10 赋值;

(4) 状态 X"3":给出两个 NOP 后设置为 CBR 自动刷新(CKE 端口始终设置为 H),REF 命令为("0001");

(5) 状态 X"4":给出两个 NOP 后设置为 CBR 自动刷新(CKE 端口始终设置为 H),

REF 命令为("0001");

（6）状态 X"5"：给出 8 个 NOP 后配置模式寄存器 MR，命令 LMR 为("0000")；Bank 设置为"00"，MR 设置为"0000000100111"，含义为潜伏期 2，全页顺序突发模式。

（7）状态 X"6"：给出 3 个 NOP 后给出初始化完成标志 init_done <= '1'；初始化任务完成。

【例 5.25】 SDRAM 初始化。

```vhdl
library ieee;
use ieee.std_logic_1164.all;
entity sdr_init is
    port (
        clk       : in    std_logic;
        rst_n     : in    std_logic;
        init_done : out   std_logic;
        init_bus  : out   std_logic_vector(18 downto 0)
    );
end entity sdr_init;
architecture one of sdr_init is
    signal sdr_cmd  : std_logic_vector(3 downto 0);
    signal sdr_bank : std_logic_vector(1 downto 0);
    signal sdr_addr : std_logic_vector(12 downto 0);
    signal state    : std_logic_vector(2 downto 0);
    signal cnt      : integer;
begin
    init_bus(18 downto 15) <= sdr_cmd;
    init_bus(14 downto 13) <= sdr_bank;
    init_bus(12 downto 0) <= sdr_addr;
    process(clk) begin
        if clk'event and clk = '1' then
            if rst_n = '0' then
                sdr_cmd <= X"F";
                state <= "000";
                cnt <= 0;
                sdr_addr <= (others => '0');
                sdr_bank <= "00";
                init_done <= '0';
            else
                case state is
                    when "000" =>
                        sdr_cmd <= X"F";                 -- inh
                        state <= "001";
                        cnt <= 0;
                        sdr_addr <= (others => '0');
                        sdr_bank <= "00";
                        init_done <= '0';
                    when "001" =>
                        if cnt < 10000 then
                            cnt <= cnt + 1;
                            sdr_cmd <= X"7";             -- nop
```

```vhdl
                    else
                        cnt <= 0;
                        state <= "010";
                    end if;
                when "010" =>
                    sdr_cmd <= X"2";                    -- PREC
                    sdr_addr(10) <= '1';
                    state <= "011";
                when "011" =>
                    if cnt < 2 then
                        cnt <= cnt + 1;
                        sdr_cmd <= X"7";               -- nop
                    else
                        cnt <= 0;
                        sdr_cmd <= X"1";               -- ref
                        state <= "100";
                    end if;
                when "100" =>
                    if cnt < 7 then
                        cnt <= cnt + 1;
                        sdr_cmd <= X"7";               -- nop
                    else
                        cnt <= 0;
                        sdr_cmd <= X"1";               -- ref
                        state <= "101";
                    end if;
                when "101" =>
                    if cnt < 7 then
                        cnt <= cnt + 1;
                        sdr_cmd <= X"7";               -- nop
                    else
                        cnt <= 0;
                        sdr_cmd <= X"0";               -- LMR
                        sdr_addr <= "0000000100111";
                        sdr_bank <= "00";
                        state <= "110";
                    end if;
                when "110" =>
                    if cnt < 3 then
                        cnt <= cnt + 1;
                        sdr_cmd <= X"7";               -- nop
                    else
                        init_done <= '1';
                    end if;
                when others => state <= "000";
            end case;
        end if;
    end if;
end process;
end architecture one;
```

5.8.3 SDRAM 读写操作

1. SDRAM 写操作

SDRAM 可以通过地址的检索实现单个数据的读写，也可以通过突发读写来实现数据的连续操作。为了实现更高的速率，一般采用突发读写的方式来实现海量数据的高速读写。这也是 SDRAM 控制器的读写实现方式。以突发长度 BL＝全页，读潜伏期 CL＝2，响应延时 t_{RCD}＝2Clock 为例的 SDRAM 的突发写时序图如图 5.38 所示。突发（Burst）是指在同一行中相邻的存储单元连续进行数据传输的方式，连续传输的周期数就是突发长度，寻址与数据的读写将自动进行连续操作，由图可知，全页模式可连续操作 512 个地址（x16 模式）。用户只需要控制好两段突发读写命令的间隔周期即可做到连续的突发传输。

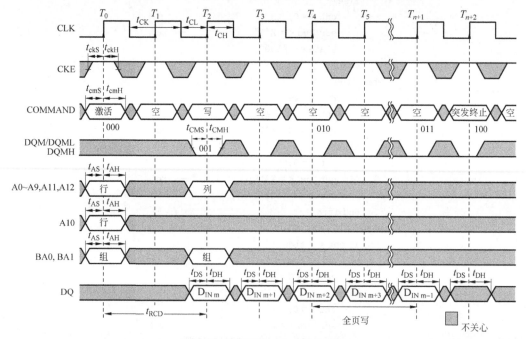

图 5.38 SDRAM 突发写时序图

在高速的图像数据缓存过程中，设置为顺序突发读写方式，同时以全页读写（数据长度最长为 512×16bit，本例为 320×16bit）的方式进行突发读写将能够得到更大的带宽，更高的效率。由于 SDRAM 的时钟为 100MHz，进行突发读写的前提是每次进行读写时都必须要准备好 320 个数据的缓存器，以保证这些数据的读写能够快速而准确地连续进行，这样就需要为 SDRAM 读写配备异步 FIFO。

从图 5.38 得出 SDRAM 写操作序列，写操作代码如例 5.26 所示。此例数据来源于存储在 SD 卡中 640×480×16bit 图像数据。每次从 SD 卡中读取 320 个字（半行图像数据）存储在 SDRAM 中，共读取 960 次完成全部图像数据的读取（320×2×480×16bit）。该模块主要结构也采用状态机结构完成写操作，状态"000"～"100"与图 5.39 序列一致，状态"101"～"111"为下一次突发写操作做准备，下面对各个操作状态加以详细说明。

（1）状态 X"0"：命令为激活操作 ACT（"0011"）；给出 Bank 为"00"，行地址为外部端口 wr_addr 赋值。

（2）状态 X"1"：根据图 5.38 此时先给出空操作命令 NOP("0111")后，给预充电写操作 WRPr("0100")，此时 A10 由 sdr_addr(10) <= '1'赋值，列地址从 0 开始。

（3）状态 X"2"：突发模式连续读取 319 个数据。

（4）状态 X"3"：存储第 320 个数据。

（5）状态 X"4"：给出突发终止命令 BST("0110")。

（6）状态 X"5"：给出空操作命令 NOP("0111")。

（7）状态 X"6"：给出所有 Bank 预充电命令，此时命令采用 PALL 命令("0010")，给所有 Bank 预充电时要求 A10 为高电平，代码中采用 sdr_addr(10) <= '1'语句完成 A10 赋值。

（8）状态 X"7"：给出两个 NOP 后给出完成写标志 wr_done <= '1'；第一块写任务完成。

【例 5.26】　SDRAM 突发写操作。

```vhdl
library ieee;
use ieee.std_logic_1164.all;
entity sdr_write is
    port(
        clk             :       in        std_logic;
        rst_n           :       in          std_logic;
        write_bus       :       out       std_logic_vector(18 downto 0);
        sdr_dq          :       inout      std_logic_vector(15 downto 0);
        wr_fifo_rdreq   :       out       std_logic;
        wr_fifo_rdata   :       in        std_logic_vector(15 downto 0);
        wr_addr         :       in        std_logic_vector(12 downto 0);
        wr_done         :       out       std_logic
    );
end entity sdr_write;
architecture one of sdr_write is
    signal      flag        :           std_logic;
    signal      dq_buf      :           std_logic_vector(15 downto 0);
    signal      cmd         :           std_logic_vector(3 downto 0);
    signal      sdr_bank    :           std_logic_vector(1 downto 0);
    signal      sdr_addr    :           std_logic_vector(12 downto 0);
    signal      state       :           std_logic_vector(3 downto 0) : = X"0";
    signal      cnt         :           integer : = 0;
begin
    process(flag, dq_buf) begin
        if flag = '1' then
            sdr_dq <= dq_buf;
        else
            sdr_dq <= (others => 'Z');
        end if;
    end process;
    write_bus(18 downto 15) <= cmd;
    write_bus(14 downto 13) <= sdr_bank;
    write_bus(12 downto 0) <= sdr_addr;
    process(clk) begin
        if clk'event and clk = '1' then
            if rst_n = '0' then
                state <= X"0";
```

```vhdl
                cnt <= 0;
                wr_done <= '0';
                wr_fifo_rdreq <= '0';
                cmd <= x"7";                          -- nop
                sdr_bank <= "00";
                sdr_addr <= (others => '0');
                flag <= '0';
                dq_buf <= X"0000";
            else
            case state is
                when X"0" =>
                    cmd <= X"3";                      -- act
                    sdr_addr <= wr_addr;
                    sdr_bank <= "00";
                    wr_fifo_rdreq <= '1';
                    state <= X"1";
                when X"1" =>
                    if cnt < 1 then
                        cmd <= X"7";                  -- NOP
                        cnt <= cnt + 1;
                    else
                        cnt <= 0;
                        cmd <= X"4";                  -- wr
                        sdr_addr(10) <= '1';
                        sdr_addr(12 downto 11) <= "00";
                        sdr_addr(9 downto 0) <= (others => '0');
                        flag <= '1';
                        dq_buf <= wr_fifo_rdata;
                        state <= X"2";
                    end if;
                when X"2" =>
                    cmd <= X"7";                      -- nop
                    dq_buf <= wr_fifo_rdata;
                    if cnt < 317 then
                        cnt <= cnt + 1;
                    else
                        cnt <= 0;
                        wr_fifo_rdreq <= '0';
                        state <= X"3";
                    end if;
                when X"3" =>
                    dq_buf <= wr_fifo_rdata;
                    state <= X"4";
                when X"4" =>
                    cmd <= X"6";                      -- bt
                    state <= X"5";
                when X"5" =>
                    cmd <= X"7";                      -- nop
                    flag <= '0';
                    state <= X"6";
                when X"6" =>
```

```
                cmd < = X"2";                          -- prec
                sdr_addr(10) < = '1';
                state < = X"7";
            when X"7" = >
                if cnt < 2 then
                    cmd < = X"7";                      -- nop
                    cnt < = cnt + 1;
                else
                    cmd < = X"7";                      -- nop
                    wr_done < = '1';
                    state < = X"7";
                end if;
            when others = > state < = X"0";
            end case;
        end if;
    end if;
end process;
end architecture one;
```

2. SDRAM 读操作

SDRAM 突发读时序图如图 5.39 所示。从图 5.39 得出 SDRAM 读操作序列,读操作代码如例 5.27 所示。读操作与写操作代码结构相似。该模块也采用状态机结构完成写操作,状态"000"~"100"与图 5.39 序列一致,状态"101"~"111"为下一次突发写操作做准备。下面对各个操作状态加以详细说明。

(1) 状态 X"0": 命令为激活操作 ACT("0011"); 给出 Bank 为"00", 行地址为外部端口 rd_addr 赋值。

(2) 状态 X"1": 根据图 5.39 此时先给出一个空操作命令 NOP("0111")后,给带预充

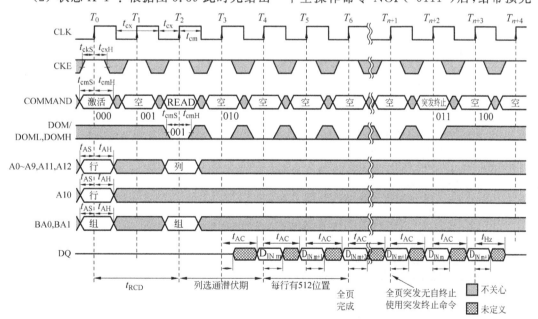

图 5.39 SDRAM 突发读时序图

电写操作 RDPr("0101")，此时 A10 由 sdr_addr(10) <= '1'赋值，列地址从 0 开始。

（3）状态 X"2"：给出两个空操作命令 NOP("0111")后，置读 FIFO 写请求标志。

（4）状态 X"3"：突发模式连续读取 319 个数据后给出突发终止命令 BST("0110")。

（5）状态 X"4"：存储第 320 个数据后给出空操作命令 NOP("0111")。

（6）状态 X"5"：清读 FIFO 写请求标志。

（7）状态 X"6"：给出所有 Bank 预充电命令，此时命令采用 PALL 命令("0010")，给所有 Bank 预充电时要求 A10 为高电平，代码中采用 sdr_addr(10) <= '1'语句完成 A10 赋值。

（8）状态"111"给出两个空操作命令 NOP("0111")后，给出完成读标志 rd_done <= '1'；第一行读任务完成。

【例 5.27】 SDRAM 突发读操作。

```vhdl
library ieee;
use ieee.std_logic_1164.all;
entity sdr_read is
    port (
        clk            :    in        std_logic;
        rst_n          :    in        std_logic;
        rd_bus         :    out       std_logic_vector(18 downto 0);
        sdr_dq         :    inout     std_logic_vector(15 downto 0);
        rd_addr        :    in        std_logic_vector(12 downto 0);
        rd_fifo_wdata  :    out       std_logic_vector(15 downto 0);
        rd_fifo_wrreq  :    out       std_logic;
        rd_done        :    out       std_logic
    );
end entity sdr_read;
architecture one of sdr_read is
    signal     flag       :           std_logic;
    signal     dq_buf     :           std_logic_vector(15 downto 0);
    signal     cmd        :           std_logic_vector(3 downto 0);
    signal     sdr_bank   :           std_logic_vector(1 downto 0);
    signal     sdr_addr   :           std_logic_vector(12 downto 0);
    signal     state      :           std_logic_vector(3 downto 0) : = X"0";
    signal     cnt        :           integer : = 0;
begin
    process(flag, dq_buf) begin
        if flag = '1' then
            sdr_dq <= dq_buf;
        else
            sdr_dq <= (others => 'Z');
        end if;
    end process;
    rd_bus(18 downto 15) <= cmd;
    rd_bus(14 downto 13) <= sdr_bank;
    rd_bus(12 downto 0) <= sdr_addr;
    process(clk) begin
        if clk'event and clk = '1' then
            if rst_n = '0' then
                cmd <= X"7";                              -- nop
```

```
        sdr_bank <= "00";
        sdr_addr <= (others => '0');
        flag <= '0';
        dq_buf <= (others => '0');
        rd_fifo_wdata <= X"0000";
        rd_fifo_wrreq <= '0';
        rd_done <= '0';
        state <= X"0";
        cnt <= 0;
else
    case state is
        when X"0" =>
            cmd <= X"3";                        -- act
            sdr_bank <= "00";
            sdr_addr <= rd_addr;
            state <= X"1";
            flag <= '0';
        when X"1" =>
            if cnt < 1 then
                cmd <= X"7";                    -- nop
                cnt <= cnt + 1;
            else
                cmd <= X"5";                    -- rd
                sdr_addr(10) <= '1';
                sdr_addr(12 downto 11) <= "00";
                sdr_addr(9 downto 0) <= (others => '0');
                cnt <= 0;
                state <= X"2";
            end if;
        when X"2" =>
            if cnt < 2 then
                cmd <= X"7";                    -- nop
                cnt <= cnt + 1;
            else
                rd_fifo_wdata <= sdr_dq;
                rd_fifo_wrreq <= '1';
                cnt <= 0;
                state <= X"3";
            end if;
        when X"3" =>
            rd_fifo_wdata <= sdr_dq;
            rd_fifo_wrreq <= '1';
            if cnt < 317 then
                cnt <= cnt + 1;
            else
                cnt <= 0;
                cmd <= X"6";
                state <= X"4";
            end if;
        when X"4" =>
            rd_fifo_wdata <= sdr_dq;
            rd_fifo_wrreq <= '1';
            cmd <= X"7";                        -- nop
            state <= X"5";
```

```
                    when X"5" = >
                        rd_fifo_wrreq < = '0';
                        state < = X"6";
                    when X"6" = >
                        cmd < = X"2";                    -- prec
                        sdr_addr(10) < = '1';
                        state < = X"7";
                    when X"7" = >
                        if cnt < 2 then
                            cnt < = cnt + 1;
                            cmd < = X"7";                -- nop
                        else
                            cmd < = X"7";
                            rd_done < = '1';
                            state < = X"7";
                        end if;
                    when others = > state < = X"0";
                end case;
            end if;
        end if;
    end process;
end architecture one;
```

5.8.4 SDRAM 自动刷新时序

SDRAM 的 Bank 逻辑单元是电容型结构,电容易掉电,因此要及时充电。若一段时间不充电,电会放完,数据也就丢失了。因此 SDRAM 的这一物理特性决定了必须不停地刷新或者预刷新,手册要求必须每 64ms 对所有的行、列进行一次刷新以确保数据的完整。也就是说每行刷新的循环周期是 64ms,这样刷新速度就是:行数量/64ms。手册中 4096 Refresh Cycles/64ms 或 8192RefreshCycles/64ms 的标识,4096 行刷新间隔为 $15.625\mu s$, 8192 行时就为 $7.8125\mu s$。

刷新操作分为两种:自动刷新(Auto Refresh,REF)和自刷新(self Refresh,SELF R)。不论是何种刷新方式,都不需要外部提供行地址信息,对于 REF,SDRAM 内部有一个行地址生成器(也称刷新计数器),用来自动地依次生成行地址,由于刷新是针对一行中的所有存储体进行,所以无须列寻址,或者说 CAS 在 RAS 之前有效。所以 REF 又称 CBR(CAS Before RAS,列提前于行定位)式刷新。由于刷新涉及所有 Bank,因此在刷新过程中,所有 Bank 都停止工作,所有工作指令只能等待而无法执行,刷新之后就可进入正常的工作状态。 64ms 之后需再次对同一行进行刷新,因此循环刷新操作会对 SDRAM 的性能造成影响,这也是 DRAM 相对于 SRAM 牺牲性能获取了成本优势。刷新时序如图 5.40 所示。刷新范例如例 5.28 所示,例中采用自动刷新模式设计。

例 5.28 SDRAM 自动刷新模式也是根据图 5.40 中各个命令顺序关系利用状态机完成设计。下面对各个操作状态加以详细说明。

(1) 状态 X"0":给出所有 Bank 预充电命令,此时命令采用 PALL 命令("0010"),给所有 Bank 预充电时要求 A10 为高电平,代码中采用 sdr_addr(10) <= '1'语句完成 A10 赋值;

(2) 状态 X"1":根据图 5.40,此时先给出两个空操作命令 NOP("0111")后,设置为 CBR 自动刷新(CKE 端口始终设置为 H),REF 命令为("0001");

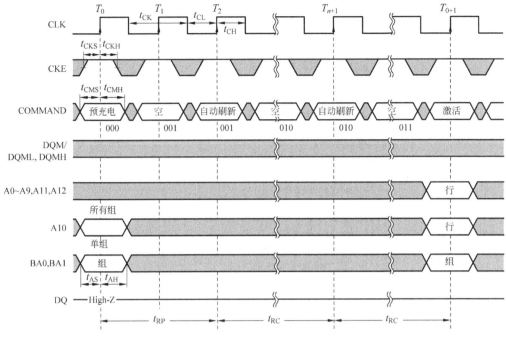

图 5.40　SDRAM 自动刷新时序图

（3）状态 X"2"：先给出 8 个空操作命令 NOP("0111")后，设置为 CBR 自动刷新（CKE 端口始终设置为 H），REF 命令为（"0001"）；此处设置 8 个空操作命令是根据初始化时序要求设置 t_{RC}；

（4）状态 X"3"：先给出 8 个空操作命令 NOP("0111")后，设置刷新结束标志位 refresh _done <= '1'。

【例 5.28】　SDRAM 自动刷新。

```
library ieee;
use ieee. std_logic_1164. all;
entity sdr_refresh is
    port(
        clk   :in  std_logic;
        rst_n:in  std_logic;
        refresh_bus:  out  std_logic_vector(18 downto 0);
        refresh_done:  out   std_logic
    );
end entity sdr_refresh;
architecture one of sdr_refresh is
    signal sdr_cmd :     std_logic_vector(3 downto 0);
    signal sdr_bank:     std_logic_vector(1 downto 0);
    signal sdr_addr:     std_logic_vector(12 downto 0);
    signal state  :     std_logic_vector(3 downto 0);
    signal cnt    :     integer;
begin
    refresh_bus(18 downto 15) < = sdr_cmd;
    refresh_bus(14 downto 13) < = sdr_bank;
    refresh_bus(12 downto 0) < = sdr_addr;
    process(clk) begin
```

```vhdl
            if clk'event and clk = '1' then
                if rst_n = '0'then
                    state <= X"0";
                    sdr_cmd <= X"7";                      -- nop
                    cnt <= 0;
                    sdr_addr <= (others => '0');
                    sdr_bank <= "00";
                    refresh_done <= '0';
                else
                    case state is
                        when X"0" =>
                            sdr_cmd <= X"2";              -- prec
                            sdr_addr(10) <= '1';
                            state <= X"1";
                        when X"1" =>
                            if cnt < 2 then
                                sdr_cmd <= X"7";          -- nop
                                cnt <= cnt + 1;
                            else
                                sdr_cmd <= X"1";          -- ref
                                cnt <= 0;
                                state <= X"2";
                            end if;
                        when X"2" =>
                            if cnt < 7 then
                                cnt <= cnt + 1;
                                sdr_cmd <= X"7";          -- nop
                            else
                                cnt <= 0;
                                sdr_cmd <= X"1";          -- ref
                                state <= X"3";
                            end if;
                        when X"3" =>
                            if cnt < 7 then
                                cnt <= cnt + 1;
                                sdr_cmd <= X"7";          -- nop
                            else
                                state <= X"3";
                                refresh_done <= '1';
                            end if;
                        when others => state <= X"0";
                    end case;
                end if;
            end if;
        end process;
end architecture one;
```

5.8.5 SDRAM 控制器

前面章节介绍了 SDRAM 主要的操作设计方法和代码案例,本节将结合前面章节内容继续利用状态机完成 SDRAM 控制器的整体设计。控制器 RTL 视图如图 5.41 所示。图中 timer 模块主要是产生自动刷新触发信号,每 $4\mu s$ 产生一次刷新触发信号。实际上就是

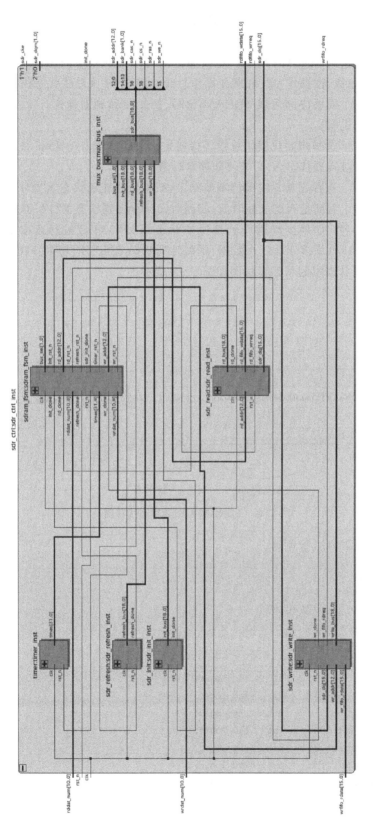

图 5.41 SDRAM 自动刷新时序图

一个计数器计数时钟由锁相环产生的 100MHz 作为计数时钟源。Mux_bus 为总线选择器，实际上就是一个 4 选 1 数据选择器，通过 Sdram_fsm 控制器状态机产生的总线选择端选择不同的总线命令传输到 SDRAM 端口。总线命令来自于前面章节介绍的 SDRAM 初始化操作总线、写操作总线、读操作总线和刷新操作总线。例 5.29 为总线状态机模块，总线状态机主要用来调度各个模块协同完成 SDRAM 读写、初始化和刷新操作。下面对例 5.29 中各个状态设计进行说明。

（1）状态 X"0"：选择初始化模块总线等待初始化完成标志 init_done，初始化完成后复位初始化模块同时跳转到状态 X"1"并使能刷新计数器；

（2）状态 X"1"：选择刷新总线等待刷新结束，结束后跳转到状态 X"2"；

（3）状态 X"2"：判断是否到刷新时间，刷新时间到跳转到状态 X"1"，否则判断写 FIFO 数据是否少于 150 个，如果少则跳转到读操作状态 X"3"、X"4"进行读取 SDRAM 到写 FIFO 中，如果读 FIFO 中多于 340 个数据，则跳转到状态 X"5"、X"6"将 FIFO 模块数据读取到 SDRAM 中。状态机的状态转移图如图 5.42 所示。

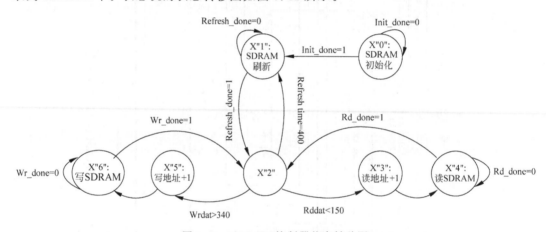

图 5.42　SDRAM 控制器状态转移图

【例 5.29】　SDRAM 控制器。

```
library ieee;
use ieee.std_logic_1164.all;
use ieee.std_logic_unsigned.all;
use ieee.std_logic_arith.all;
entity sdram_fsm is
    port (
        clk             :   in      std_logic;
        rst_n           :   in      std_logic;
        init_rst_n      :   out     std_logic;
        timer_rst_n     :   out     std_logic;
        refresh_rst_n   :   out     std_logic;
        wr_rst_n        :   out     std_logic;
        rd_rst_n        :   out     std_logic;
        bus_sel         :   out     std_logic_vector(1 downto 0);
        wrdat_num       :   in      std_logic_vector(10 downto 0);
```

```vhdl
        rddat_num    :    in    std_logic_vector(10 downto 0);
        init_done    :    in    std_logic;
        refresh_done :    in    std_logic;
        wr_done      :    in    std_logic;
        rd_done      :    in    std_logic;
        sdr_init_done :   out   std_logic;
        wr_addr      :    out   std_logic_vector(12 downto 0);
        rd_addr      :    out   std_logic_vector(12 downto 0);
        times        :    in    integer
    );
end entity sdram_fsm;
architecture one of sdram_fsm is
    signal    state  :           std_logic_vector(3 downto 0);
    signal    cnt    :           integer;
    signal    rdaddr :           integer : = 0;
    signal    wraddr :           integer : = 0;
begin
    process(clk) begin
        if clk'event and clk = '1' then
            if rst_n = '0' then
                state < = X"0";
                init_rst_n < = '0';
                timer_rst_n < = '0';
                refresh_rst_n < = '0';
                wr_rst_n < = '0';
                rd_rst_n < = '0';
                bus_sel < = "00";
                wraddr < = 0;
                rdaddr < = 0;
                sdr_init_done < = '0';
            else
                case state is
                    when X"0" = >
                        if init_done = '0' then
                            init_rst_n < = '1';
                            bus_sel < = "00";              -- init_bus
                        else
                            init_rst_n < = '0';
                            bus_sel < = "01";
                            timer_rst_n < = '1';
                            state < = X"1";
                        end if;
                    when X"1" = >
                        if refresh_done = '0' then
                            timer_rst_n < = '1';
                            refresh_rst_n < = '1';
                        else
                            refresh_rst_n < = '0';
```

```vhdl
                                state <= X"2";
                                sdr_init_done <= '1';
                        end if;
                when X"2" =>
                    if times = 400 then
                        timer_rst_n <= '0';
                        bus_sel <= "01";              -- refresh_bus
                        state <= X"1";
                    else
                        if conv_integer(rddat_num) < 150 then
                            bus_sel <= "11";          -- rd_bus
                            state <= X"3";
                        else
                            if conv_integer(wrdat_num) > 340 then
                                bus_sel <= "10";      -- wr_bus
                                state <= X"5";
                            else
                                state <= X"2";
                            end if;
                        end if;
                    end if;
                when X"3" =>
                    state <= X"4";
                    if rdaddr < 960 then
                        rdaddr <= rdaddr + 1;
                    else
                        rdaddr <= 1;
                    end if;
                when X"4" =>
                    if rd_done = '0' then
                        rd_rst_n <= '1';
                    else
                        rd_rst_n <= '0';
                        state <= X"2";
                    end if;
                when X"5" =>
                    state <= X"6";
                    if wraddr < 960 then
                        wraddr <= wraddr + 1;
                    else
                        wraddr <= 1;
                    end if;
                when X"6" =>
                    if wr_done = '0' then
                        wr_rst_n <= '1';
                    else
                        wr_rst_n <= '0';
                        state <= X"2";
                    end if;
                when others => state <= X"0";
            end case;
```

```
                end if;
            end if;
        end process;
    wr_addr < = conv_std_logic_vector(wraddr, 13);
    rd_addr < = conv_std_logic_vector(rdaddr, 13);
end architecture one;
```

5.9 利用 VGA 接口显示 SD 卡图像数据

该工程主要原理框图如图 5.43 所示。FPGA 通过 SPI 接口读取存储在 SD 卡内的图像并先存入内部的 SDR_WrFIFO 里,通过 SDRAM 控制器将 SDR_WrFIFO 数据读取写入外部 SDRAM 中,直到完整图像数据存入 SDRAM 中。VGA 显示是利用 SDRAM 控制器将 SDRAM 的图像数据读到内部的 SDR_RdFIFO 中,再驱动 VGA 显示器把图像传输给 VGA 液晶屏上显示。由于无法将 SD 卡读取到的内容直接放到 VGA 驱动器中显示,需要经过 SDRAM 及 FIFO 做显示缓存。SD 卡中图像数据是特指 bin 格式的图像数据,图像格式为 640×480,每个像素宽度为 16bit,即 RGB565。用户将 bin 格式文件存储在 SD 卡中时需要利用 Winhex 软件查看文件所在扇区地址。用户在操作 SD 卡时需要用到该地址。

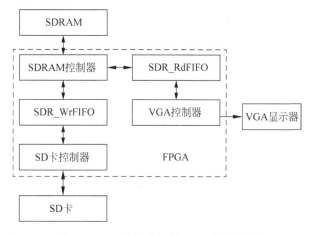

图 5.43 SD 卡图像数据 VGA 显示框图

整体工程 RTL 视图如图 5.44 所示,图中包含 4 个主要功能模块。

(1) Clock_reset_processor:专门用来处理系统时钟和复位信号。该模块利用锁相环 IP 完成,锁相环产生 3 个时钟输出。c0 输出时钟 100MHz,用于 sys_clk_100m 输出提供给 FPGA 内部 SDRAM 控制器时钟使用;c1 输出时钟 100MHz 相移 270°,用于片外 SDRAM 时钟使用;c2 输出时钟 25MHz,用于 SD 卡操作、VGA 时钟、FIFO 读写时钟。另外利用锁相环锁定信号产生了用于 100MHz 和 25MHz 工作模块的复位信号。

(2) Vga_ctrl:是采用 640×480 视频标准的 VGA 驱动器。数字信号转换为模拟信号 (R、G、B),采用高速视频 DAC 芯片 ADV7123 实现。

(3) Sd_init_read:用来初始化 SD 卡,并且从 SD 卡中读取数据。本例程的设计采用

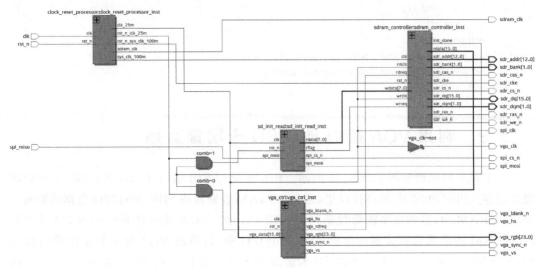

图 5.44 整体工程 RTL 视图

SDHC 的 SD 卡(8GB),SD 卡存储是按照扇区(512B)存储的。本模块利用 SPI 协议将数据读出,按照字节的方式进行输出。

(4) Sdram_controller:用来初始化 SDRAM,将 SD 卡的数据存入 SDRAM 中,并将 SDRAM 中的数据输出给 VGA。该模块内部集成了两个用于数据缓存的 FIFO,内部 RTL 视图如图 5.45 所示。由图 5.45 可知,sdr_wrfifo 用于缓存从 SD 卡读出的数据,通过 SDRAM 控制器将其数据缓存至 SDRAM 中,该 FIFO 配置如图 5.46 所示。sdr_rdfifo 用于缓存从 SDRAM 读出的数据,用于 VGA 显示使用,该 FIFO 配置如图 5.47 所示。

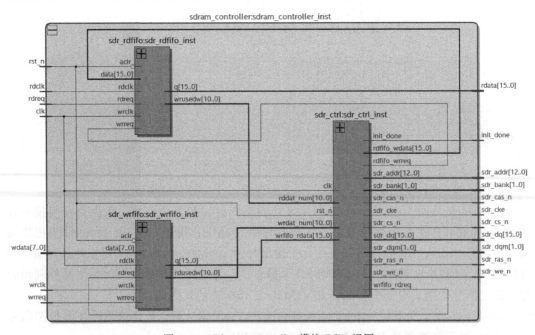

图 5.45 Sdram_controller 模块 RTL 视图

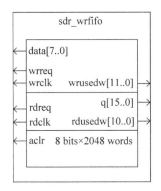

图 5.46　sdr_wrfifo IP 配置

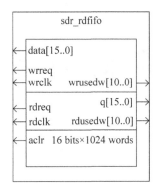

图 5.47　sdr_rdfifo IP 配置

完整工程软件代码扫码可见。

代码

5.10　本章小结

　　本章主要介绍了 VHDL 在各个数字模块或系统中的应用实例。组合逻辑主要介绍了基本门电路的建模,本时序电路建模讲解了从基本触发器到移位寄存器和分频器的设计。介绍了常用算法的 VHDL 设计,包括流水线加法器、乘法器及数字滤波器的设计。介绍了在通信领域中最常用的 FSK 调制与解调设计方法。本章最后给出了综合应用实例,包括 DDS、SD 卡驱动及 SDRAM 控制器的具体设计思想及设计代码,可以让读者了解复杂设计问题的设计思路及方法。

第 6 章

DE-115 平台数字系统设计练习

6.1　3 线/8 线译码器实验

6.1.1　实验目的

（1）设计一个 3 线/8 线译码器；

（2）学习用 VHDL 进行逻辑描述；

（3）学习 TB 的设计方法；

（4）学习 Altera-ModelSim 的使用方法。

6.1.2　实验说明

译码器(decoder)是一类多输入多输出组合逻辑电路器件，其可以分为变量译码和显示译码两类。变量译码器一般是一种较少输入变为较多输出的器件，常见的有 n 线→2^n 线译码。本实验实现一个 3 线/8 线译码器，其逻辑功能如表 6.1 所示。

表 6.1　3 线/8 线译码器的逻辑功能表

A2	A1	A0	Y7	Y6	Y5	Y4	Y3	Y2	Y1	Y0
0	0	0	1	1	1	1	1	1	1	0
0	0	1	1	1	1	1	1	1	0	1
0	1	0	1	1	1	1	1	0	1	1
0	1	1	1	1	1	1	0	1	1	1
1	0	0	1	1	1	0	1	1	1	1
1	0	1	1	1	0	1	1	1	1	1
1	1	0	1	0	1	1	1	1	1	1
1	1	1	0	1	1	1	1	1	1	1

根据表 6.1 所示的逻辑功能表利用 VHDL 描述 3 线/8 线译码器，同时编写对应的 TextBench 进行仿真验证，硬件验证利用 DE2-115 平台提供的按键和发光二极管进行信号输入和显示。注意 VHDL 文件的结构和语法，并掌握 Quartus Ⅱ 平台和 Altera-ModelSim 的使用方法。

6.1.3　实验要求

（1）要求用 VHDL 编写 3 线/8 线译码器；

（2）设计文件测试向量，并进行模块的功能仿真；

（3）DE2-115 平台下载验证；

（4）更改设计，现场设计 4 线/16 线译码器并设计测试文件进行验证；

（5）本实验也可以用 With Select、When Else 语句实现，请改写。

6.1.4　总结报告要求

（1）写出 VHDL 文件；

（2）写出 Altera-ModelSim 仿真结果并分析；

（3）写出 De2-115 平台的测试现象并分析结果。

3 线/8 线译码器引脚分配如表 6.2 所示。

表 6.2　3 线/8 线译码器引脚分配

信号	A2	A1	A0	Y7	Y6	Y5
引脚	PIN_AC27	PIN_AC28	PIN_AB28	PIN_G21	PIN_G22	PIN_G20
外设	SW2	SW1	SW0	LEDG7	LEDG6	LEDG5
信号	Y4	Y3	Y2	Y1	Y0	Y4
引脚	PIN_H21	PIN_E24	PIN_E25	PIN_E22	PIN_E21	PIN_H21
外设	LEDG4	LEDG3	LEDG2	LEDG1	LEDG0	LEDG4

3 线/8 线译码器仿真结果如图 6.1 所示。

图 6.1　3 线/8 线译码器仿真结果

3 线/8 线译码器参考代码及测试文件扫码可见。

6.2　BCD/七段显示译码器实验

6.2.1　实验目的

设计 BCD/七段显示译码器，并在 DE2-115 平台上进行验证。

代码

6.2.2　实验说明

七段数码管是纯组合电路，外观结构如图 6.2 所示。数码管一般分为共阳极和共阴极两种。共阳极低电平驱动段码点亮，共阴极高电平驱动段码点亮。

通常的小规模专用 IC，如 74 或 4000 系列的器件只能作十进制 BCD 码译码，然而数字系统中的数据处理和运算都是二进制的，所以输出表达都是十六进制的。为了满足十六进制数的译码显示，最方便的方法就是利用译码程序在 CPLD/FPGA 中实现。但为了简化过程，首先完成七段 BCD 码译码器的设计。例中作为七段 BCD 码译码器，输出信号 SEG7 的

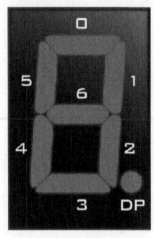

图 6.2　数码管外观

7 位分别接数码管的 7 个段,高位在左,低位在右。例如当 SEG7 输出为"1101101"时,数码管的 7 个段 6、5、4、3、2、1、0 分别接 1、1、0、1、1、0、1;接有高电平的段发亮,于是数码管显示"5"。

6.2.3　实验要求

(1) 用 VHDL 语言描述 BCD/七段译码器;

(2) 为 BCD/七段译码器建立一个元件符号;

(3) 设计测试文件,并进行设计仿真;

(4) DE2-115 平台下载验证。

6.2.4　总结报告要求

(1) 画出 BCD/七段译码器元件符号并写出 VHDL 文件;

(2) 写出测试文件和仿真测试结果。

(3) 写出硬件测试结果;

(4) 修改代码实现十六进制译码显示,即输入"1010"~"1111"时数码管显示为 A、b、C、d、E、F。

BCD/七段译码器引脚分配如表 6.3 所示。

表 6.3　BCD/七段译码器引脚分配

信号	BCD(3)	BCD(2)	BCD(1)	BCD(0)
引脚	PIN_Y23	PIN_Y24	PIN_AA22	PIN_AA23
外设	SW17	SW16	SW15	SW14
信号	SEG7(0)	SEG7(1)	SEG7(2)	SEG7(3)
引脚	PIN_G18	PIN_F22	PIN_E17	PIN_L26
外设	HEX0(0)	HEX0(1)	HEX0(2)	HEX0(3)
信号	SEG7(4)	SEG7(5)	SEG7(6)	
引脚	PIN_L25	PIN_J22	PIN_H22	
外设	HEX0(4)	HEX0(5)	HEX0(6)	

BCD/七段译码器仿真结果如图 6.3 所示。

图 6.3　BCD/七段译码器仿真结果

BCD/七段译码器元件符号如图 6.4 所示。

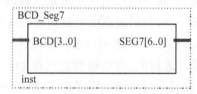

图 6.4　BCD/七段译码器元件符号

BCD/七段译码器参考代码及测试文件扫码可见。

6.3 模拟 74LS160 计数器实验

代码

6.3.1 实验目的

(1) 模拟 74LS160 计数器的功能;
(2) 用仿真手段验证设计;
(3) 建立一个 74LS160 器件的元件符号。

6.3.2 实验说明

本实验模拟 74LS160 计数器的功能。74LS160 是一个十进制计数器,它具有计数允许、复位和预置数据功能。其逻辑功能说明如表 6.4 所示,表中 D_n、Y_n 均为 4bit 位宽。

表 6.4 74LS160 逻辑功能表

输 入								输 出				
CLR	CLK	LOAD	Ena	D_3	D_2	D_1	D_0	Q_3	Q_2	Q_1	Q_0	Rco
L	X	X	X	X	X	X	X	L	L	L	L	L
H	↑	L	X	d_3	d_2	d_1	d_0	d_3	d_2	d_1	d_0	d_{n*}
H	↑	H	H	X	X	X	X	计数				d_{n*}
H	↑	H	L	H	H	X	保持					d_{n*}

注: d_{n*} 表示当计数器输出 Y_n 的值为 1001 时为高电平。

本实验为通用集成电路 74LS160 建立功能类似的模块元件,包括功能描述和元件符号,类似地还可以为其他 74/54 系列、4000 系列和 4500 系列等通用集成电路建立符号库。

实验中,要求对 74LS160 的复位、预置、计数和保持功能进行仿真。利用元件例化语句将 6.2 节的 BCD 七段译码器例化到本工程中,并用该模块显示 74LS160 输出。

6.3.3 实验要求

(1) 设计一个类似 74LS160 的模块;
(2) 设计 TB 文件,用 Altera-ModelSim 验证设计;
(3) 声明、例化 BCD/七段译码器,完成顶层设计;
(4) 下载并验证计数器功能;
(5) 建立一个 74LS160 模块的元件符号;
(6) 修改文件实现一百进制计数器。

6.3.4 总结报告要求

(1) 写出 VHDL 顶层文件;
(2) 画出顶层文件的 RTL 视图;
(3) 画出 74LS160 仿真波形并分析。

74LS160 仿真波形如图 6.5 所示。

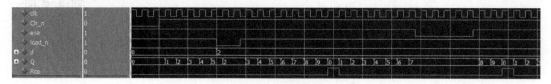

图 6.5　BCD/七段译码器元件符号

74LS160 顶层电路图如图 6.6 所示(含数码管显示,试用元件例化方式描述此结构)

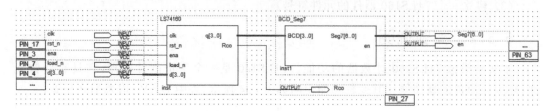

图 6.6　74LS160 顶层设计

74LS160 引脚分配如表 6.5 所示。

表 6.5　74LS160 顶层设计引脚分配

信号	clk	rst_n	load_n	ena	D3(0)
引脚	Pin_M23	PIN_AB28	PIN_AC28	PIN_AC27	PIN_AD27
外设	Key0	Sw0	Sw1	Sw2	Sw3
信号	D3(1)	D3(2)	D3(3)	SEG7(0)	SEG7(1)
引脚	PIN_AB27	PIN_AC26	PIN_AD26	PIN_G18	PIN_F22
外设	SW 4	SW5	SW6	HEX0(0)	HEX0(1)
信号	SEG7(2)	SEG7(3)	SEG7(4)	SEG7(5)	SEG7(6)
引脚	PIN_E17	PIN_L26	PIN_L25	PIN_J22	PIN_H22
外设	HEX0(2)	HEX0(3)	HEX0(4)	HEX0(5)	HEX0(6)
信号	Rco				
引脚	PIN_G19				
外设	LEDR0				

74LS160 参考代码及测试文件扫码可见。

6.4　多路彩灯控制器的设计

代码

6.4.1　实验目的

(1) 设计多路彩灯控制器;

(2) 学习简单状态机的设计方法;

(3) 学习分频器的设计方法。

6.4.2　实验说明

主控时钟为 50MHz,复位信号有效时,18 个被控彩灯熄灭,复位信号无效时,彩灯变换按照 2Hz 节拍进行。彩灯首先实现左移,左移到最右侧时变换为右移,右移到最左侧时,彩灯奇偶位置交替闪烁 10 个节拍,然后至全亮全灭交替闪烁 10 个节拍,最后再次从左移功能开始重复。

根据功能要求可以将设计分为两个模块:

分频模块:实现 50MHz 时钟输入 2Hz 节拍时钟输出功能。分频器可以利用计数器方式进行设计。50MHz 与 2Hz 分频系数为 25000000,所以可以设计计数范围在 0～12499999 的计数器,每到该值时,分频输出时钟电平翻转一次。分频时钟翻转 2 次为 1 个周期,恰好满足分频系数(即 25000000),得到 2Hz 分频时钟。

彩灯控制模块:实现要求中的彩灯变换功能。

根据变换功能要求可以将彩灯变换分为 5 个状态:复位、左移、右移、奇偶交替闪烁、全亮全灭交替闪烁。各个状态维持的节拍不同,系统可以根据节拍来转换各个状态,状态转换表如表 6.6 所示。根据节拍画出彩灯控制器的状态转移图。注意区分状态机状态信号和状态机译码输出信号。

表 6.6　彩灯变换状态转换表

状　　态	动　　作	节　　拍
S0	熄灭	复位
S1	左移	18
S2	右移	18
S3	奇偶交替	10
S4	亮灭交替	10

状态转移图如图 6.7 所示。

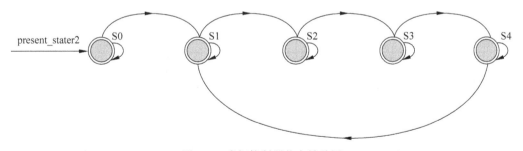

图 6.7　彩灯控制器状态转移图

6.4.3　实验要求

(1) 输入设计和仿真文件,并进行调试使逻辑功能和时序正确;

(2) 下载到 DE2-115 平台进行物理验证;

(3) 思考如何增加彩灯变换的样式;

(4) 实现各状态变换的节拍可调。

6.4.4 总结报告要求

(1) 写出状态机转移图；

(2) 写出模块的 VHDL 文件；

(3) 写出测试结果及分析。

彩灯控制器仿真结果如图 6.8 所示。顶层设计的 RTL 视图如图 6.9 所示。

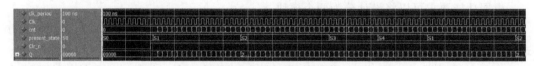

图 6.8　彩灯控制器仿真波形

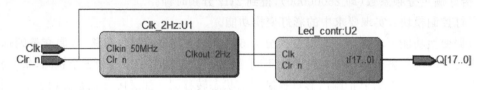

图 6.9　彩灯控制器顶层文件 RTL 视图

引脚分配如表 6.7 所示。

表 6.7　彩灯控制器顶层设计引脚分配

信号	clk	Clr_n	Q(17)	Q(16)	Q(15)
引脚	Pin_Y2	PIN_M23	PIN_H15	PIN_G16	PIN_G15
外设	50MHz	Key0	LEDR[17]	LEDR[16]	LEDR[15]
信号	Q(10)	Q(11)	Q(12)	Q(13)	Q(14)
引脚	PIN_J15	PIN_H16	PIN_J16	PIN_H17	PIN_F15
外设	LEDR[10]	LEDR[11]	LEDR[12]	LEDR[13]	LEDR[14]
信号	Q(9)	Q(8)	Q(7)	Q(6)	Q(5)
引脚	PIN_G17	PIN_J17	PIN_H19	PIN_J19	PIN_E18
外设	LEDR[9]	LEDR[8]	LEDR[7]	LEDR[6]	LEDR[5]
信号	Q(4)	Q(3)	Q(2)	Q(1)	Q(0)
引脚	PIN_F18	PIN_F21	PIN_E19	PIN_F19	PIN_G19
外设	LEDR[4]	LEDR[3]	LEDR[2]	LEDR[1]	LEDR[0]

彩灯控制器参考代码及测试文件扫码可见。

代码

6.5　分频器的设计

6.5.1　实验目的

(1) 学习偶数分频器的设计原理；

(2) 掌握分频系数动态调整的方法；

(3) 掌握 Quartus Ⅱ 中 PLL 的生成与调用方法；

(4) 初步了解模块划分方法。

6.5.2 实验说明

分频器是 FPGA 设计中使用频率较频繁的一种基本设计。按照输入输出信号关系又可以分为偶数分频、奇数分频、小数分频等。基于 FPGA 实现分频电路一般有两种方法：一是使用 FPGA 芯片内部提供的锁相环电路；二是使用硬件描述语言。虽然现在大多数设计中,常常使用芯片集成的锁相环资源,但是对于那些时钟精度要求不高的场合,使用硬件描述语言可以在消耗不多逻辑单元的前提下实现分频功能。分频器工作过程与计数器相似,都是在输入脉冲信号的作用下完成若干个状态的循环运行,因此分频器的设计可以用计数器实现。本实验主要实现偶数分频。根据系统 50MHz 的时钟输入经过输出频率可调的偶数分频器产生 1Hz、2Hz、4Hz、…、8192Hz、16384Hz 输出。各个频率的输出由对应的拨码开关实现,低频率有更高的优先级。

要实现占空比为 50% 的偶数 N 分频,有两种实现方案。①设计一个模为 $\frac{N}{2}-1$ 的计数器,当计数器计数值到达 $\frac{N}{2}-1$ 时,时钟输出的电平翻转一次,同时计数器复位,如此循环。②设计一个模为 N 的计数器,当计数器计数值在 $0\sim\frac{N}{2}-1$ 时,输出时钟为高电平 1；计数器值在 $\frac{N}{2}-1\sim N-1$ 时,输出时钟为低电平 0,同时计数器复位,如此循环。第二种方案改变高电平翻转时刻的计数值可以在一定程度上改变输出时钟信号的占空比。

为了更好地实现要求的输出时钟信号,可以利用 PLL 产生一个 32768Hz 的时钟信号,用户可以根据要求对 PLL 输出信号进行 2^N 分频。如：16384Hz 时钟信号就是 32768Hz 时钟信号的 2^1 分频、8192Hz 是 2^2 分频,以此类推,1Hz 是 2^{15} 分频。实现输出频率可调功能只需根据外部输入的拨码开关信号改变分频系数即可。注意拨码开关的优先级。设计框图如图 6.10 所示。

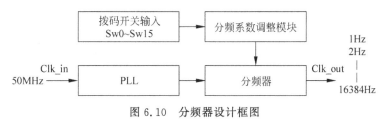

图 6.10 分频器设计框图

6.5.3 实验要求

(1) 按照实验说明划分各个设计模块并完成各个设计文件,并用仿真手段进行调试；

(2) 画出顶层电路图,将文件下载到实验板上进行验证。

6.5.4 总结报告要求

(1) 简要说明 PLL 锁相环的配置过程；

(2) 写出分频器的仿真结果,并加以说明；

（3）画出顶层电路图，写出硬件测试结果；

（4）思考如何实现任意 N 整数分频或 $N.X$ 小数分频。

分频器仿真测试结果如图 6.11 所示，图中给出了 2 分频、4 分频、8 分频、16 分频、32 分频、64 分频结果。图 6.12 为顶层文件的 RTL 视图。

图 6.11 分频器模块仿真结果

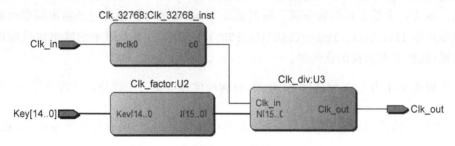

图 6.12 分频器顶层文件的 RTL 视图

分频器引脚分配如表 6.8 所示。

表 6.8 分频器顶层设计引脚分配

信号	Clk_in	Clk_out	Key(14)	Key(13)	Key(12)
引脚	PIN_Y2	PIN_AE23	PIN_AA23	PIN_AA24	PIN_AB23
外设	50MHz	SMA_out	SW(14)	SW(13)	SW(12)
信号	Key(11)	Key(10)	Key(9)	Key(8)	Key(7)
引脚	PIN_AB24	PIN_AC24	PIN_AB25	PIN_AC25	PIN_AB26
外设	SW(11)	SW(10)	SW(9)	SW(8)	SW(7)
信号	Key(6)	Key(5)	Key(4)	Key(3)	Key(2)
引脚	PIN_AD26	PIN_AC26	PIN_AB27	PIN_AD27	PIN_AC27
外设	SW(6)	SW(5)	SW(4)	SW(3)	SW(2)
信号	Key(1)	Key(0)			
引脚	PIN_AC28	PIN_AB28			
外设	SW(1)	SW(0)			

分频器参考代码及测试文件扫描可见。

6.6 数字频率计的设计

6.6.1 实验目的

代码

（1）学习系统设计方法；

（2）学习脉冲法测量频率的基本原理；

（3）设计一个测量范围在 $1\sim999\,999\,\mathrm{Hz}$ 的频率计。

6.6.2　实验说明

频率计是常用的测量仪器,它通过对单位时间内的信号脉冲进行计数,从而测量出信号的频率。本实验设计一个 6 位频率计,可以测量 1～999 999Hz 的信号频率。

频率计工作时,先要产生一个计数允许信号,即闸门信号,闸门信号的宽度为单位时间,例如 1s 或 100ms。在闸门信号有效的时间内对被测信号计数,即为信号频率。测量过程结束,需要锁存计数值或留出一段时间显示测量值。下一次测量前,应该对计数器清零,其时序如图 6.13 所示。

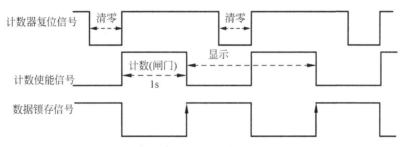

图 6.13　频率计闸门时序

频率计可以分为 3 个部分:闸门电路、计数器和显示电路。本实验中,闸门电路时钟为 1Hz,产生的计数周期为 1s,清零周期为 0.5s,2s 为一个周期测量一次信号频率。计数器由 6 个十进制计数器构成,计数受计数使能(闸门信号)控制。为了使显示稳定,在计数器输出中加入输出锁存信号。这样可以锁定 1s 中计数器计数的结果,使之不随控制信号的变化而变化。整个测频系统的主时钟为 50MHz,需要根据主时钟来产生 3 个控制信号:复位、使能(闸门)和锁存信号。频率计利用 6.5 节设计的分频器作为被测信号源,利用拨码开关改变被测信号的输出频率。

预习时可以根据以上说明,并查阅有关频率计的资料,画出频率计的框图。按照自顶向下的设计方法对频率计的功能进行分割,画出各层的功能模块图,注明输入信号、输出信号和模块内部连接关系,并根据实验板资源情况分配 I/O 引脚。

6.6.3　实验要求

(1) 输入顶层电路图和底层设计文件;
(2) 利用仿真手段进行功能调试;
(3) 下载文件到实验板,测试实际的信号频率;
(4) 分析实验误差的原因,思考如何改进?
(5) 修改本设计,设计一个 8 位频率计。

6.6.4　总结报告要求

(1) 画出顶层 RTL 视图,分析各个模块的功能;
(2) 用元件例化方式描述顶层电路;
(3) 写出资源分配和统计报告;
(4) 写出测试结果并分析。

数字频率计测频顶层设计文件例化了测频模块和计数器模块,其中计数器模块是通过级联满足测频范围。顶层 RTL 视图如图 6.14 所示。包含 3 类模块:测频控制信号模块、带锁存功能的十进制计数器和 BCD 译码器显示模块。

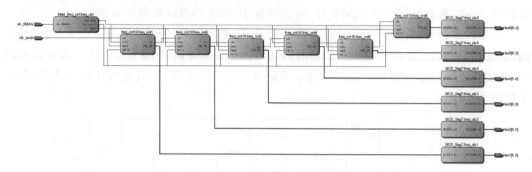

图 6.14　测频顶层 RTL 视图

测频控制信号模块仿真波形如图 6.15 所示。说明:例程中增加了类属说明,在测试文件中将类属重新赋值以加快仿真进度。

图 6.15　测频控制信号模块仿真波形

带锁存功能的十进制计数器仿真波形如图 6.16 所示。

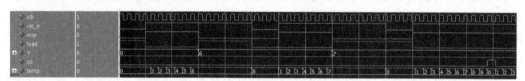

图 6.16　十进制计数器仿真波形

顶层设计仿真结果如图 6.17 所示。注意此处为了加快仿真进度将顶层设计文件中类属参数修改为 2500,这样输入时钟与测试信号的关系为 2500×20ns/40ns=2500,仿真中结果显示在 Y6~Y1(十六进制显示的译码结果),其中 H40H40H24H12H40H40 转换为数码管显示则为 002500,即 2500Hz,符合二者的比例关系。

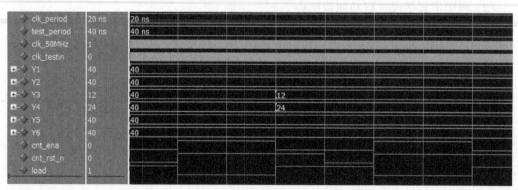

图 6.17　顶层设计仿真结果

为了验证频率计功能需为频率计添加信号源模块。信号源模块采用 6.5 节中的分频器作为测试信号源,用户需在工程中输入 6.5 节的文件,才能进行顶层例化。顶层 RTL 视图如图 6.18 所示。

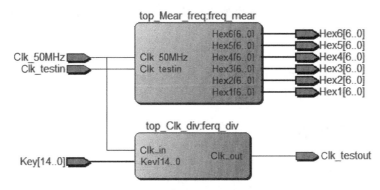

图 6.18　数字频率计 RTL 视图(含被测源)

数字频率计(含被测源)引脚分配如表 6.9 所示。

表 6.9　数字频率计(含被测源)设计引脚分配

信号	Clk_50MHz	Clk_testin	Clk_testout
引脚	PIN_Y2	PIN_AH14	PIN_AE23
外设	50MHz	SMA_in	SMA_out
信号	Key(14)~Key(0)		
引脚	参考 6.5 节		
外设	拨码开关 SW(14)~SW(0)		
信号	HEX1~HEX6		
引脚	参考第 7 章数码管显示电路		
外设	HEX0~HEX5		

数字频率计参考代码及测试文件扫码可见。

代码

6.7　数字钟的设计

6.7.1　实验目的

(1) 学习自顶向下的数字系统设计方法;

(2) 设计并实现一个时间可调整的数字钟。

6.7.2　实验说明

数字钟是计时仪器,它的功能大家都很熟悉。本实验对设计的数字钟功能要求为:

(1) 能够对 s(秒)、min(分)和 h(小时)进行计时,每日按 24h 计时制;

(2) min 和 h 位能够调整;

(3) 设计要求使用自顶向下的设计方法。

数字钟的功能实际上是对秒信号计数。利用 DE2-115 平台的 50MHz 时钟晶振分频得到 1Hz 的秒时钟。数字钟结构上可分为两个部分：计数器和显示器。计数器又可分为 s 计数器、min 计数器和 h 计数器。s 计数器和 min 计数器均为六十进制计数器，h 计数器为二十四进制计数器，为了便于数码管显示，计数器统一设计为 2bit BCD 码计数器。时间的调整用两个按键实现，一个按键实现选择被调整位，另一个按键负责调整具体数值，实际操作中可按照加 1 方式进行调整。

预习时可以根据以上说明画出数字钟的框图。按照自顶向下的设计方法对数字钟的功能进行分割，画出各层的功能模块图，注明输入信号、输出信号和模块内部连接关系，并根据实验板资源情况分配 I/O 引脚。

6.7.3　实验要求

(1) 输入顶层电路图和底层设计文件；
(2) 编写各个功能模块的测试文件，利用 Altera-ModelSim 进行仿真测试；
(3) 本实验需要较多的逻辑资源，注意优化设计，减少逻辑资源的消耗；
(4) 下载设计文件到 DE2-115 平台中，测试所设计的数字时钟；
(5) 思考如何增加整点报时功能（整点报时可以采用 LED 闪烁方式体现）；
(6) 思考如何实现闹铃功能（闹铃时间到时可采用 LED 闪烁方式体现）。

6.7.4　总结报告要求

(1) 画出功能分割图并写出各层次的 VHDL 文件和测试文件；
(2) 用元件例化方式描述顶层电路；
(3) 写出资源分配和统计报告；
(4) 写出各个模块的测试结果；
(5) 写出实验要求(5)、(6)中的设计思路或代码，有能力者给出测试结果。

数字钟 RTL 视图如图 6.19 所示。共分为分频器模块（实现秒脉冲）、时间调整选择模块、六十进制计数器模块、二十四进制计数器模块、显示模块。

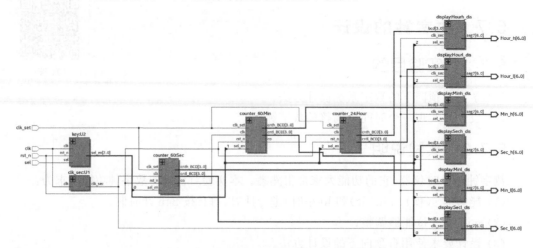

图 6.19　数字钟顶层设计 RTL 视图

分频器模块测试结果如图 6.20 所示,为了加快仿真结果测试,文件中将分频器系数调整为 1000。可以看到图中 Clk_out 与 Clk 为 2000 分频。

图 6.20 分频器模块测试结果

时钟调整选择模块测试结果如图 6.21 所示。sel 为选择按键,每按一次 sel_en 变化一次,状态"000"正常计时、状态"001"选择秒调整、状态"010"选择分钟调整、状态"100"选择小时调整。

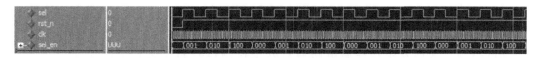

图 6.21 时钟调整选择模块测试结果

六十进制测试结果如图 6.22 所示,从图中可知当 sel_en 为低电平时,计数器输出与 clk 时钟有关;当 sel_en 为高电平时,计数器输出与 clk_set 相关的手动调整时钟的功能。二十四进制测试结果与六十进制计数器类似。

图 6.22 六十进制测试结果

数字钟引脚分配如表 6.10 所示。

表 6.10 数字钟引脚分配

信号	Clk_50MHz	Rst_n	sel	Clk_set
引脚	PIN_Y2	PIN_N21	PIN_M21	PIN_M23
外设	50MHz	Key2	Key1	Key0
信号	Sec_l,Sec_h,Min_l,Min_h,Hour_l,Hour_h			
引脚	参考第 7 章数码管显示电路			
外设	HEX0~HEX5			

数字钟参考代码及测试文件扫码可见。

6.8 正弦信号发生器

6.8.1 实验目的

代码

(1) 学习用 VHDL 设计正弦波形发生器;
(2) 学习 DDS 原理;
(3) 掌握 FPGA 对 D/A 接口的控制技术。

6.8.2 实验说明

实验原理如图 6.23 所示,完整的波形发生器由 4 部分组成,下面主要对 FPGA 内部模块及外部 D/A 转换部分加以说明。

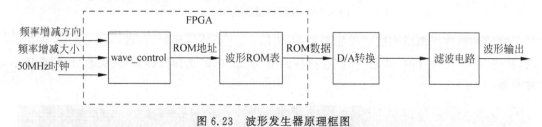

图 6.23 波形发生器原理框图

FPGA 中的波形发生器控制电路通过外来控制信号和高速时钟信号,向波形数据 ROM 发出地址信号,输出波形的频率由发出的地址信号的速度决定;当以固定频率扫描输出地址时,模拟输出波形是固定频率,而当以周期性时变方式扫描输出地址时,则模拟输出波形为扫频信号。

波形数据 ROM 中存有发生器的波形数据,如正弦波或三角波数据。当接收到来自 FPGA 的地址信号后,将从数据线输出相应的波形数据,地址变化得越快,则输出数据的速度越快,从而使 D/A 输出的模拟信号的变化速度越快。波形数据 ROM 可以有多种实现方式,如在 FPGA 外面接普通 ROM;由逻辑方式在 FPGA 中实现;或由 FPGA 中的 EAB 模块担当,如利用 LPM_ROM 实现。相比之下,第 1 种方式的容量最大,但速度最慢;第 2 种方式容量最小,但速度最快;第 3 种方式则兼顾了两方面的因素。

D/A 转换器负责将 ROM 输出的数据转换成模拟信号,经滤波电路后输出。输出波形的频率上限与 D/A 器件的转换速度有重要关系,本实验系统采用 DAC0832 器件。

DAC0832 是 8 位 D/A 转换器,转换周期为 $1\mu s$,其引脚信号以及与 FPGA 目标器件典型的接口方式如图 6.24 所示。DE2-115 平台本身没有 DAC0832 电路,读者如果想完成该实验请自行扩展 DAC0832 电路。其参考电压与+5V 工作电压相接(实际电路应接精密基准电压)。

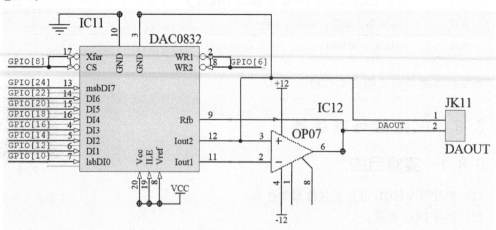

图 6.24 DAC0832 原理图

DAC0832 的引脚功能简述如下：

(1) ILE：数据锁存允许信号，高电平有效，连接至+5V。

(2) WR1、WR2：写信号 1、2，低电平有效。

(3) Xfer：数据传送控制信号，低电平有效。

(4) Vref：基准电压，可正可负，−10～+10V。

(5) Rfb：反馈电阻端。

(6) Iout1/Iout2(PIN 11、12)：电流输出 1 和 2。D/A 转换量是以电流形式输出的，所以必须将电流信号变为电压信号。

(7) AGND/DGND(PIN 3、10)：模拟地与数字地。在高速情况下，模拟地与数字地的连接线必须尽可能短，且系统的单点接地点必须接在此连线的某一点上。

本实验中的正弦波波型数据由 128 个点构成，此数据经 DAC0832，并经滤波器后，可在示波器上观察到光滑的正弦波(若接精密基准电压，可得到更为清晰的正弦波形)。

6.8.3 任意频率信号发生器的实现原理

直接数字频率合成器(DDS)是一种新型的频率合成技术，具有较高的频率分辨率，可以实现快速的频率切换，并且在改变时能保持相位的连续，很容易实现频率、相位和幅度调制。因此，在现代电子系统及设备的频率源设计中，尤其在通信领域，直接数字频率合成器的应用越来越广泛。在本设计中将用 DDS 的方法来设计一个正弦信号发生器。

对丁正弦信号发生器，它的输出可以用下式来描述：

$$S_{out} = A\sin(2\pi f_{out}t)$$

式中，S_{out} 是该信号发生器的输出波形；f_{out} 指输出信号对应的频率。上式的表述对于时间 t 是连续的，为了用逻辑实现该表达式，必须进行离散化处理，用基准时钟进行抽样，令正弦信号的相位：

$$\theta = 2\pi f_{out}t$$

在一个 clk 周期 T_{clk}，相位 θ 的变化量为

$$\Delta\theta = 2\pi f_{out}T_{clk} = \frac{2\pi f_{out}}{f_{clk}}$$

其中，f_{out} 指 clk 的频率，对于 2π 可以理解成"满"相位，为了对 $\Delta\theta$ 进行数字量化，把 2π 切割成 2^N 份，由此每个 clk 周期的相位增量 $\Delta\theta$ 用量化值 $B_{\Delta\theta}$ 来表述：$B_{\Delta\theta} \approx \frac{\Delta\theta}{2\pi} \cdot 2^N$，且 $B_{\Delta\theta}$ 为整数。与上式联立，可得

$$\frac{B_{\Delta\theta}}{2^N} = \frac{f_{out}}{f_{clk}}, \quad B_{\Delta\theta} = 2^N \cdot \frac{f_{out}}{f_{clk}}$$

显然，信号发生器的输出可描述为

$$S_{out} = A\sin(\theta_{k-1} + \Delta\theta) = A\sin\left[\frac{2\pi}{2^N} \cdot (B_{\theta K_{-1}} + B_{\Delta\theta})\right] = Af_{sin}(B_{\theta K_{-1}} + B_{\Delta\theta})$$

其中 θ_{K-1} 指前一个 clk 周期的相位值，同样得出

$$B_{\theta K_{-1}} \approx \frac{\theta_{K-1}}{2\pi} \cdot 2^N$$

由上面的推导可以看出,只要对相位的量化值进行简单的累加运算,就可以得到正弦信号的当前相位值,而用于累加的相位量量化值 $B_{\Delta\theta}$ 决定了信号的输出频率 f_{out},并呈现简单的线性关系。

相位累加功能是由相位累加器完成的。相位累加器的输入是相位增量 $B_{\Delta\theta}$,$B_{\Delta\theta}$ 与输出频率 f_{out} 是简单的线性关系:$B_{\Delta\theta}=2^N \cdot \dfrac{f_{out}}{f_{clk}}$。相位累加器的输入又可称为频率输入字,事实上当系统基准时钟 f_{ckj} 是 2^N 时,$B_{\Delta\theta}$ 就等于 f_{out}。

正弦 ROM 的查找表完成 $f_{sin}(B_{\Delta\theta})$ 的查表转换,在这里可以理解成相位到幅度的转换。它的相位输入是相位调制器的输出,事实上就是 ROM 的地址值,输出送往 D/A,转化成模拟信号。

6.8.4 实验要求

(1) 初始输出正弦信号频率为1Hz,可以以1Hz步进频率对输出信号频率进行调整,调整范围为 1~256Hz;

(2) 利用仿真手段进行功能调试;

(3) 选择 DE2-115 平台进行适配,配合外围 DAC0832 电路,用示波器观察输出波形;

(4) 修改波形数据实现方波、三角波、锯齿波和阶梯波。

6.8.5 总结报告要求

(1) 画出功能分割图;

(2) 打印 VHDL 文件;

(3) 写出资源分配和统计报告;

(4) 写出测试结果。

正弦信号发生器顶层 RTL 视图如图 6.25 所示。该工程由两个模块构成:波形控制模块主要用于调整输出正弦信号频率,每次步进1Hz,可增可减;波形数据文件主要存储了正弦信号的 ROM 表(由 128 点构成),同时接收波形控制模块的频率调整信号调整输出频率。

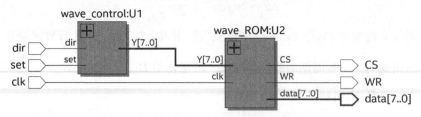

图 6.25 正弦信号发生器顶层 RTL 视图

波形数据测试结果如图 6.26 所示,图中分别仿真了输入 1Hz、10Hz、72Hz 情况下的仿真波形结果。

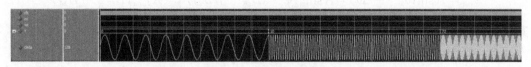

图 6.26 波形仿真结果

正弦信号发生器引脚分配如表 6.11 所示。

表 6.11　正弦信号发生器引脚分配

信号	Clk	SET	Dir	CS	WR
引脚	PIN_Y2	PIN_M21	PIN_M23	AD15	AD21
外设	50MHz	Key1	Key0	GPIO[8]	GPIO[6]
信号	Data7	Data6	Data5	Data4	Data3
引脚	AH25	AG25	AF22	AE22	AF25
外设	GPIO[24]	GPIO[22]	GPIO[20]	GPIO[18]	GPIO[16]
信号	Data2	Data1	Data0		
引脚	AF24	AD19	AC19		
外设	GPIO[1]	GPIO[12]	GPIO[10]		

正弦信号发生器参考代码及测试文件扫码可见。

代码

6.9　数字电压表的设计

6.9.1　实验目的

(1) 理解 ADC0804 的工作原理和方式；

(2) 掌握 FPGA 对 A/D 接口的控制技术，掌握进制转换的原理和方法；

(3) 学习利用状态机方式设计数字电压表。

6.9.2　实验原理

本实验采用的 A/D 芯片为 ADC0804，它是 CMOS 8bit 单通道逐次渐近型的 A/D 转换器，参考电路如图 6.27 所示。

ADC0804 其主要功能引脚功能如下：

/CS：芯片片选信号，低电平有效，即/CS＝0，该芯片才能正常工作，在外接多个 ADC0804 芯片时，该信号可以作为选择地址使用，通过不同的地址信号使能不同的 ADC0804 芯片，从而可以实现多个 ADC 通道的分时复用。

/WR：启动 ADC0804 进行 ADC 采样，该信号低电平有效，即/WR 信号由高电平变成低电平时，触发一次 ADC 转换。

/RD：低电平有效，即/RD＝0 时，可以通过数据端口 DB0～DB7 读出本次的采样结果。

UIN(＋)和 UIN(－)：模拟电压输入端，模拟电压输入接 UIN(＋)端，UIN(－)端接地。双边输入时 UIN(＋)、UIN(－)分别接模拟电压信号的正端和负端。当输入的模拟电压信号存在"零点漂移电压"时，可在 UIN(－)接一等值的零点补偿电压，变换时将自动从 UIN(＋)中减去这一电压。

Vref/2：参考电压接入引脚，该引脚可外接电压，也可悬空，若外接电压，则 ADC 的参考电压为该外界电压的两倍，如不外接，则 Vref 与 V_{CC} 共用电源电压，此时 ADC 的参考电压即为电源电压 VCC 的值。每一个 A/D 转换芯片都有一个参考电压，只有输入的模拟电压值在这个参考电压的范围内才能进行正确的转换，例如：本试验将 ADC0804 芯片的参考电压设置成 0～5V，因此如果输入的电压值大于 5V，则转换出的结果永远为 0xFF，若输入

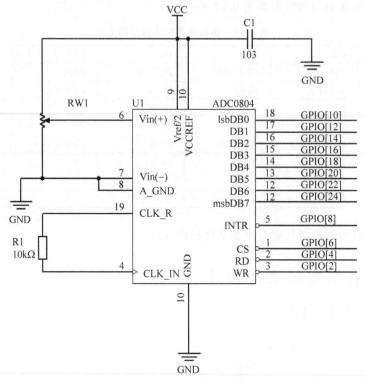

图 6.27 ADC0804 参考电路

的电压值小于 0V,则转换出的结果永远为 0。

CLK_R 和 CLK_IN:外接 RC 电路产生 A/D 转换器所需的时钟信号,时钟频率 CLK= $1/1.1RC$,一般要求频率范围为 100kHz~1.28MHz。

AGND 和 DGND:分别接模拟地和数字地。

/INTR:中断请求信号输出引脚,该引脚低电平有效,当一次 A/D 转换完成后,将引起/INTR=0,实际应用时,该引脚应与微处理器的外部中断输入引脚相连(如 51 单片机的 INT0、INT1 脚),当产生/INTR 信号有效时,还需等待/RD=0 才能正确读出 A/D 转换结果,若 ADC0804 单独使用,则可以将/INTR 引脚悬空。

DB0~DB7:输出 A/D 转换后的 8 位二进制结果。图 6.28 为 ADC0804 时序图,根据时序图各个信号状态可以大概分成 4 个状态。

状态 S0(Start):CS=0,WR=0,RD=1,启动 AD0804 开始转换;

状态 S1(Convert):CS=1,WR=1,RD=1,AD0804 进行数据转换,读取 INTR 状态,如果为低电平,表示转换结束(转换时间>100μs),进入 S2 状态准备读取转换数据,如果为高电平,则等待;

状态 S2(Read_ready):CS=0,WR=1,RD=0,准备读取转换数据;

状态 S3(Read_data):CS=1,WR=1,RD=1,读取转换数据。通过 A/D 转换器将输入的模拟电压转换为相应的数字量,然后通过进制转换,在数码管上进行显示。完整的数字电压表如图 6.29 所示,整个系统由 3 部分组成:①A/D 控制模块,启动 A/D 转换器、接收 A/D 转换器传递过来的数字转换值;②数据处理模块,将接收到的转换值调整成对应的数

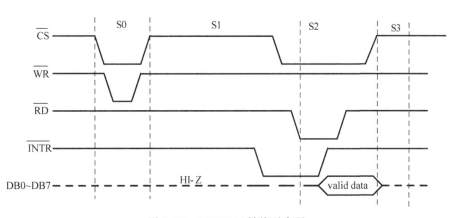

图 6.28 ADC0804 转换时序图

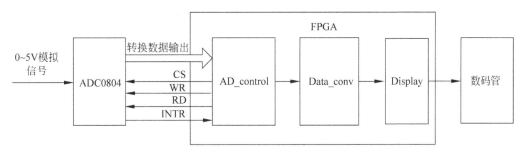

图 6.29 数字电压表结构框图

字信号；③显示模块，数值处理模块输出的 BCD 码译成相应的七段数码驱动值在数码管中显示出来。

其中，AD_control 实现对 ADC0804 的转换启动与数据获取，采用状态机方式进行设计，状态分析如前所示，状态转换时钟采用锁相环设计，设置转换时钟为 375kHz。

Data_conv 将 A/D 转换数据转换为可用于数码管显示的 BCD 码。A/D 转换数据范围为 0～255，根据转换精度获取转换真实电压，电压采用 4 位数码管显示。具体设计思想是将 8 位 A/D 转换数据分别提取出高 4 位和低 4 位，然后用 4 位 BCD 码分别表示出高低位对应的电压值，利用 4 位 BCD 码相加得出最终的电压值。

Display 模块用于将 A/D 数据转换后的电压数值由 4 位数码管显示出来。

6.9.3 实验要求

（1）输入设计文件；

（2）编写 TestBench 测试各个功能模块；

（3）选择 DE2-115 开发平台进行适配。设计时注意平台上没有 ADC0804 芯片，需要自行搭建该电路；

（4）下载设计文件到 DE2-115 平台，调整输入电压，观察数码管显示。

6.9.4 总结报告要求

（1）写出 VHDL 文件；

（2）写出模块仿真结果并分析；

（3）写出资源分配和统计报告；

（4）写出实验测试结果。

ADC0804 顶层 RTL 视图如图 6.30 所示。该工程由 4 个模块构成：锁相环模块，提供转换时钟输出频率 500kHz；adc 控制模块，按照 A/D 转换时序控制 ADC0804 转换；数据转换模块，将 A/D 转换的 8 位数字结果转换为 4 位电压值并由 BCD 码输出；显示模块，显示各个位转换电压结果。

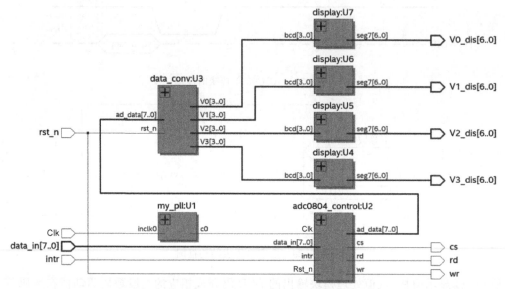

图 6.30　ADC0804 顶层 RTL 视图

数字电压表引脚分配如表 6.12 所示。

表 6.12　数字电压表引脚分配

信号	Clk	Rst_n	Intr	datain_7	datain_6
引脚	PIN_Y2	PIN_M23	AD15	AH25	AG25
外设	50MHz	Key0	GPIO[8]	GPIO[24]	GPIO[22]
信号	Datain_5	Datain_4	Datain_3	Datain_2	Datain_1
引脚	AF22	AE22	AF25	AF24	AD19
外设	GPIO[20]	GPIO[18]	GPIO[16]	GPIO[1]	GPIO[12]
信号	Datain_0	CS	RD	WR	
引脚	AC19	AD21	AC21	AB21	
外设	GPIO[10]	GPIO[6]	GPIO[4]	GPIO[2]	

数字电压表参考代码及测试文件扫码可见。

6.10　LCD1602 控制器的设计

6.10.1　实验目的

代码

（1）理解 LCD1602 的工作原理和方式；

（2）掌握 FPGA 对 LCD1602 接口的控制技术；

（3）学习利用状态机方式控制 LCD1602 显示字符。

6.10.2 实验原理

LCD1602 是指显示的内容为 16×2,即可以显示两行,每行 16 个字符。液晶屏采用 +5V 电源供电,外围电路配置简单,价格便宜,具有很高的性价比。目前市面上字符液晶绝大多数是基于 HD44780 液晶芯片的,控制原理是完全相同的。LCD1602 引脚图如图 6.31 所示。各个引脚功能如表 6.13 所示。

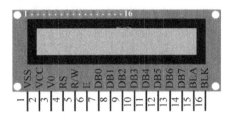

图 6.31 LCD1602 引脚图

表 6.13 LCD1602 引脚功能定义

引 脚	符 号	功 能 说 明
1	VSS	接地
2	VCC	接电源(+5V)
3	V0	液晶显示器对比度调整端
4	RS	寄存器选择,高电平时选择数据寄存器,低电平时选择指令寄存器
5	R/W	读写信号线,高电平时进行读操作,低电平时进行写操作
6	E	使能(enable)端,下降沿使能
7～14	DB0～7	低 4 位三态、双向数据总线 0 位(DB7 最高位,也是 busy flag)
15	BLA	背光电源正极
16	BLK	背光电源负极

HD44780 内置了 DDRAM、CGROM 和 CGRAM。DDRAM 是显示数据 RAM,用来寄存待显示的字符代码。其共 80 个字节,地址和屏幕的对应关系如图 6.32 所示。

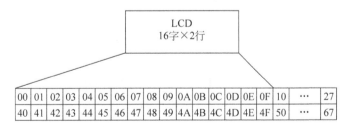

图 6.32 DDRAM 地址

LCD1602 液晶模块内部的字符发生存储器(CGROM)已经存储了 160 个不同的点阵字符图形,如图 6.33 所示,每一个字符都有一个固定的代码。

CGRAM 为用户自定义的字符图形 RAM。字符代码 0x00～0x0F(对于 5×8 点阵的字符,可以存放 8 组;对于 5×10 点阵的字符,存放 4 组)。

LCD1602 控制指令如表 6.14 所示。共 11 条主要指令。

图 6.33 CGROM 地址对应的字符

表 6.14 LCD1602 指令

序号	指　　令	RS	R/W	D7	D6	D5	D4	D3	D2	D1	D0	E-Cycle
1	清显示	0	0	0	0	0	0	0	0	0	1	1.64ms
2	光标返回	0	0	0	0	0	0	0	0	1	×	1.64ms
3	设置输入模式	0	0	0	0	0	0	0	1	I/D	S	40μs
4	显示开/关控制	0	0	0	0	0	0	1	D	C	B	40μs
5	光标或字符移位	0	0	0	0	0	1	S/C	R/L	×	×	40μs
6	设置功能	0	0	0	0	1	DL	N	F	×	×	40μs
7	设置字符发生存储器地址	0	0	0	1	字符发生存储器地址						40μs
8	设置数据存储区地址	0	0	1	显示数据存储器地址							40μs
9	读忙信号和光标地址	0	1	BF	计数器地址							40μs
10	写数据到 CGRAM 或 DDRAM	1	0	要写的数据内容								40μs
11	从 CGRAM 或 DDRAM 读数据	1	1	读出的数据内容								40μs

（1）指令 1——清显示,指令码 01H,光标复位到地址 00H 位置。

（2）指令 2——光标返回,光标返回到地址 00H。

（3）指令 3——置输入模式,I/D:光标移动方向,高电平右移,低电平左移;S:屏幕上所有文字是否左移或右移,高电平表示有效,低电平表示无效。

（4）指令 4——显示开/关控制,D:控制整体显示的开/关,高电平为开显示,低电平为关显示;C:控制光标的开与关,高电平表示有光标,低电平表示无光标;B:控制光标是否闪烁,高电平闪烁,低电平不闪烁。

（5）指令 5——光标或字符移位,S/C:高电平时移动显示的文字,低电平时移动光标。

（6）指令 6——功能设置命令,DL:高电平时为 8 位总线,低电平时为 4 位总线;N:低电平时为单行显示,高电平时双行显示;F:低电平时显示5×7的点阵字符,高电平时显示5×10的点阵字符。

(7) 指令7——字符发生器RAM地址设置。

(8) 指令8——DDRAM地址设置。

(9) 指令9——读忙信号和光标地址,BF:忙标志位,高电平表示忙,此时模块不能接收命令或者数据,如果为低电平表示不忙。

(10) 指令10——写数据。

(11) 指令11——读数据。

基本操作时序:

读状态输入:RS=L,RW=H,E=H　　　　输出:DB0～DB7=状态字

写指令输入:RS=L,RW=L,E=下降沿脉冲,DB0～DB7=指令码　　　输出:无

读数据输入:RS=H,RW=H,E=H　　　　输出:DB0～DB7=数据

写数据输入:RS=H,RW=L,E=下降沿脉冲,DB0～DB7=数据

读操作时序图如图6.34所示。写操作时序如图6.35所示。

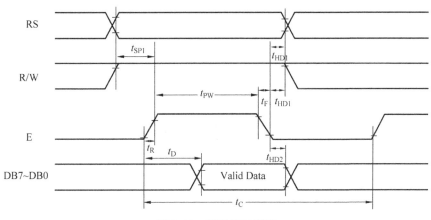

图 6.34　读操作时序图

其中:

$t_{SP1}(min)=40ns$(地址建立时间)

$t_{PW}(min)=230ns$(E脉冲宽度)

$t_C(min)=500ns$(E周期)

为了满足设计需求采用状态机的方式完成LCD1602的各个指令的设置并完成字符显示输出。控制器设计分为9个状态,状态转移图如图6.36所示。

状态 Idle:选择指令寄存器同时选择写操作;

状态 set_clear:清屏;

状态 set_cursor:设置显示功能,8位总线模式、双行显示5×7字符;

状态 set_dcb:设置显示功能,有显示、无光标、无闪烁;

状态 set_mode:设置输入模式为光标右移模式;

状态 set_line1:设置第一行首地址;

状态 set_line1:输出第一行字符,并设置第二行首地址;

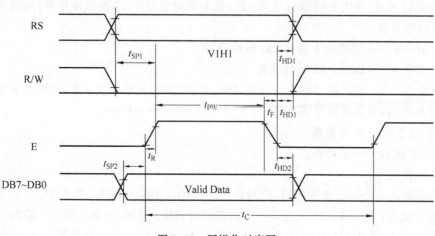

图 6.35　写操作时序图

状态 set_line2：输出第二行字符；

状态 shift：循环。

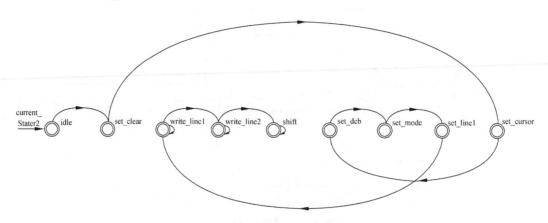

图 6.36　LCD1602 控制器的状态转移图

其中：

$t_{SP1}(\min)=40\text{ns}$（地址建立时间）

$t_{PW}(\min)=230\text{ns}$（E 脉冲宽度）

$t_C(\min)=500\text{ns}$（E 周期）

6.10.3　实验要求

（1）输入设计文件；

（2）编写 TestBench 测试各个功能模块；

（3）选择 DE2-115 开发平台进行适配；

（4）下载设计文件到 DE2-115 平台，观察 LCD 显示字符；

（5）修改设计实现不同字符的显示，并显示动态效果。

6.10.4　总结报告要求

(1) 写出 VHDL 文件；

(2) 写出模块仿真结果并分析；

(3) 写出资源分配和统计报告；

(4) 写出实验测试结果。

LCD1602 控制器仿真波形如图 6.37 所示。从图中能够看到各个信号时序与数据关系。

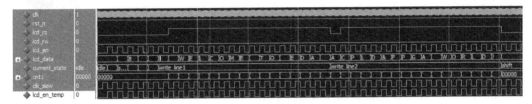

图 6.37　LCD1602 仿真测试结果（两行字符显示）

LCD1602 引脚分配如表 6.15 所示。

表 6.15　LCD1602 引脚分配

信号	Clk	Rst_n	LCD_EN	LCD_RS	LCD_RW
引脚	Pin_Y2	PIN_M23	PIN_L4	PIN_M2	PIN_M1
外设	50MHz	Key0	—	—	—
信号	LCD_Data[7]	LCD_Data[6]	LCD_Data[5]	LCD_Data[4]	LCD_Data[3]
引脚	PIN_M5	PIN_M3	PIN_K2	PIN_K1	PIN_K7
信号	LCD_Data[2]	LCD_Data[1]	LCD_Data[0]	—	—
引脚	PIN_L2	PIN_L1	PIN_L3	—	—

LCD1602 控制器参考代码及测试文件扫码可见。

6.11　UART 控制器的设计

6.11.1　实验目的

代码

(1) 理解 UART 的工作原理和方式；

(2) 掌握 FPGA 对 UART 接口的控制技术；

(3) 学习利用状态机方式实现计算机与 FPGA 的通信。

6.11.2　实验原理

UART(Universal Asynchronous Receiver Transmitter,通用异步收发器)是一种应用广泛的短距离串行传输接口。UART 允许在串行链路上进行全双工的通信。本次实验就是利用 FPGA 实现一个 UART 与计算机进行通信,但是由于二者电平不同故需要电平转换电路,如图 6.38 所示。

从图中可以看出基本的 UART 通信只需要两条信号线（RXD、TXD）就可以完成数据

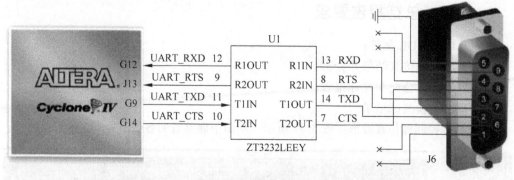

图 6.38　RS232 电平转换电路

的相互通信,接收与发送是全双工形式。TXD 是 UART 发送端,为输出;RXD 是 UART 接收端,为输入。数据收发格式如图 6.39 所示。

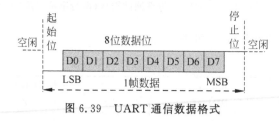

图 6.39　UART 通信数据格式

（1）在信号线上共有两种状态,可分别用逻辑 1（高电平）和逻辑 0（低电平）来区分。在发送器空闲时,数据线应该保持在逻辑高电平状态。

（2）起始位（Start Bit）：发送器是通过发送起始位而开始一个字符传送,起始位使数据线处于逻辑 0 状态,提示接收器数据传输即将开始。

（3）数据位（Data Bit）：起始位之后就是传送数据位。数据位一般为 8 位一个字节的数据（也有 6 位、7 位的情况）,低位（LSB）在前,高位（MSB）在后。

（4）校验位（Parity Bit）：可以认为是一个特殊的数据位。校验位一般用来判断接收的数据位有无错误,一般是奇偶校验。在使用中,该位常常取消。

（5）停止位：停止位在最后,用以标志一个字符传送的结束,它对应于逻辑 1 状态。

（6）位时间：即每个位的时间宽度。起始位、数据位、校验位的位宽度是一致的,停止位有 0.5 位、1 位、1.5 位格式,一般为 1 位。

（7）帧：从起始位开始到停止位结束的时间间隔称为 1 帧。

（8）波特率：UART 的传送速率,用于说明数据传送的快慢。在串行通信中,数据是按位进行传送的,因此传送速率用每秒钟传送数据位的数目来表示,称为波特率。如波特率 9600＝9600bps（位/秒）。

本次实验采用无奇偶校验,停止位采用 1 位格式,传输速率设定为 9600bps,说明每发送 1bit 数据时钟周期为 $1/9600＝104.17\mu s$。在 UART 发送时将待发送的 8 位并行数据转换为串行数据并添加开始位与停止位；接收时采集中间的 8 位数据位忽略起始位与停止位。系统时钟采用 50MHz,故需采用分频器将系统时钟分频得到满足 9600bps 的时钟需求。故分频系数为 5208。

6.11.3　实验要求

（1）设计串口发送模块，利用串口助手接收数据验证是否与发送一致；串口发送数据由 DE2-115 平台中 SW7～SW0 提供，每按一下按键 Key1，观察串口助手是否与 SW7～SW0 电平状态一致。

（2）设计串口接收模块，利用串口助手发送数据，串口接收模块接收后驱动 LED 显示出接收十六进制数据并验证是否与发送一致。

（3）完成收发模块顶层设计，实现利用串口助手发送数据经接收模块接收后，将接收到的数据传递给发送模块，串口助手接收到发送模块的数据并显示出来，比较发送数据与接收数据是否一致。

（4）编写 TestBench 利用 Altera-ModelSim 验证收发模块功能。

（5）下载设计文件到 DE2-115 平台，用串口线连接实验平台至计算机，利用上位机串口助手软件进行观察。

6.11.4　总结报告要求

（1）写出 VHDL 文件；

（2）写出模块仿真结果并分析；

（3）写出资源分配和统计报告；

（4）写出实验测试结果；

（5）思考如何实现多字节的收发。

发送模块测试结果如图 6.40 所示，引脚分配如表 6.16 所示。从图中可以看出 cnt_bit 为 1 时 tx 信号为一帧数据起始位低电平，2～9 对应的数据位"10101010"低位在前高位在后，10 对应的一帧数据停止位高电平。

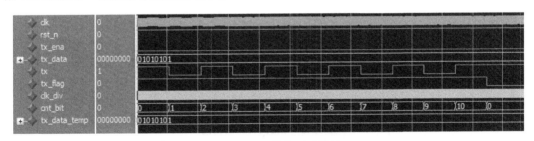

图 6.40　发送模块测试结果

表 6.16　UART 控制器发送模块引脚分配

信号	Clk	Rst_n	Tx_ena	Tx
引脚	Pin_Y2	PIN_M23	PIN_M21	PIN_G9
外设	50MHz	Key0	Key1	TXD
信号	TX_Data[7]	TX_Data[6]	TX_Data[5]	TX_Data[4]
引脚	PIN_AB26	PIN_AD26	PIN_AC26	PIN_AB27
信号	TX_Data[3]	TX_Data[2]	TX_Data[1]	TX_Data[0]
引脚	PIN_AD27	PIN_AC27	PIN_AC28	PIN_AB28

接收模块测试结果如图 6.41 所示,接收模块引脚分配如表 6.17 所示。串口接收模块测试文件发送数据位"01010101",从图中可以看出 cnt_bit 为 9 时表示一帧数据接收完毕,结果存储到 rx_data 波形图中数据位 55H,与测试文件发送数据一致。

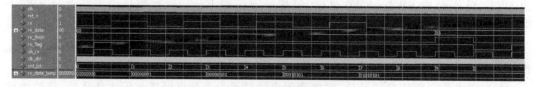

图 6.41　接收模块测试

表 6.17　UART 控制器接收模块引脚分配

信号	Clk	Rst_n	Rx	Rx_finish
引脚	Pin_Y2	PIN_M23	PIN_G12	PIN_G19
外设	50MHz	Key0	RXD	LEDR0
信号	RX_Data[7]	RX_Data[6]	RX_Data[5]	RX_Data[4]
引脚	PIN_G21	PIN_G22	PIN_G20	PIN_H21
外设	LEDG7	LEDG6	LEDG5	LEDG4
信号	RX_Data[3]	RX_Data[2]	RX_Data[1]	RX_Data[0]
引脚	PIN_E24	PIN_E25	PIN_E22	PIN_E21
外设	LEDG3	LEDG2	LEDG1	LEDG0

串口收发模块顶层 RTL 如图 6.42 所示。该顶层设计功能为接收到上位机 PC 发送的数据后自动原码返回。实验过程中通过串口助手下传一个字节数据,串口助手将会显示出 FPGA 回复的字符。仿真测试结果如图 6.43 所示,其中接收的数据为 55H,发送数据为 55H,二者一致,结果正确。顶层设计引脚分配如表 6.18 所示。

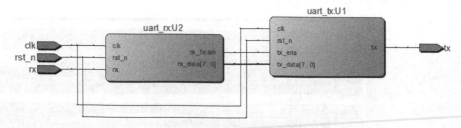

图 6.42　Uart RTL 结构图

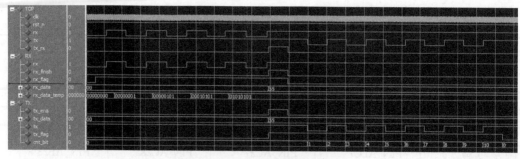

图 6.43　Uart 顶层设计仿真结果

表 6.18　UART 控制器顶层设计引脚分配

信号	Clk	Rst_n	Rx	Tx
引脚	Pin_Y2	PIN_M23	PIN_G12	PIN_G9
外设	50MHz	Key0	RXD	TXD

UART 控制器参考代码及测试文件扫码可见。

代码

6.12　VGA 控制器的设计

6.12.1　实验目的

(1) 理解 VGA 的工作原理和方式；

(2) 掌握 FPGA 驱动高速视频 ADV7123VGA 的控制技术；

(3) 学习利用 FPGA 在液晶显示器上显示彩色条纹。

6.12.2　实验原理

1. VGA 简介

VGA 接口就是显卡上输出模拟信号的接口，VGA(Video Graphics Array)接口，也叫 D-Sub 接口。虽然液晶显示器可以直接接收数字信号，但为了兼容性，大多数液晶显示器也配备了 VGA 接口。

2. VGA 接口

VGA 接口是一种 D 型接口(D-SUB)，上面共有 15 个针孔，分成 3 排，每排 5 个，如图 6.44 所示。而与之配套的底座则为孔型接口。各引脚定义如表 6.19 所示。

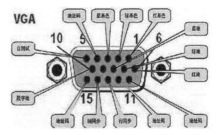

图 6.44　VGA 孔型接口

表 6.19　VGA 接口引脚定义

引脚序号	描　　述	引脚序号	描　　述
1	红基色 red	9	保留(各家定义不同)
2	绿基色 green	10	数字地
3	蓝基色 blue	11	地址码
4	地址码 ID Bit	12	地址码
5	自测试(各家定义不同)	13	行同步 HSYNC
6	红地	14	场同步 VSYNC
7	绿地	15	地址码(各家定义不同)
8	蓝地		

引脚 1、2、3 分别为红、绿、蓝三基色模拟电压,为 0～0.714VPP(峰-峰值),0V 代表无色,0.714V 代表满色。一些非标准显示器使用的是 1VPP 的满色电平。HSYNC 和 VSYNC 分别为行数据同步与帧数据同步,为 TTL 电平。

3. ADV7123

DE2-115 平台 VGA 驱动设计选择美国 AD 公司的 ADV7123 作为视频 D/A 转换器。ADV7123 是三路高速、10 位输入的视频 D/A 转换器,具有 330MHz 的最大采样速度,与多种高精度的显示系统兼容,可以广泛应用于如数字视频系统(1600×1200@100Hz)、高分辨率的彩色图片图像处理、视频信号再现等需求。图 6.45 为 DE2-115 平台 VGA 驱动电路原理图。电路中通过 ADV7123 产生 RGB 模拟输出,电路中采用低 8 位作为 RGB 数据输入,同时结合行场同步信号完成图像的显示。ADV7123 主要引脚功能如表 6.20 所示。

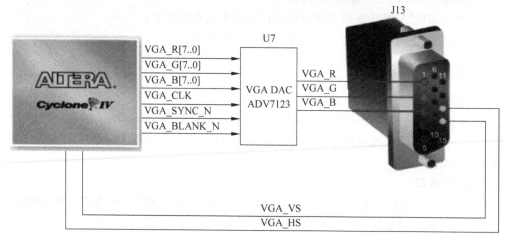

图 6.45　VGA 驱动电路原理图

表 6.20　ADV7123 接口引脚定义

序号	引脚名称	功能描述
1	R9～R0	红基色 10bit 数据输入,不使用的位应接地
2	G9～G0	绿基色 10bit 数据输入,不使用的位应接地
3	B9～B0	蓝基色 10bit 数据输入,不使用的位应接地
4	CLOCK	时钟上升沿通常锁存 R、G、B 像素数据、复合同步、复合消隐信号,通常该时钟频率与视频系统的像素时钟相同
5	SYNC_N	复合同步控制输入(TTL 兼容)。同步输入如果为逻辑零将关闭 40 个 IRE 电流源。同步信号只能在时钟上升沿锁存
6	BLANK_N	复合消隐输入(TTL 兼容)。消隐信号在时钟上升沿上锁存。消隐信号如果为逻辑 0,RGB 像素输入将被忽略

4. VGA 行场同步时序

VGA 中定义行时序和列时序都需要同步脉冲(a 段)、显示后沿(b 段)、显示时序段(c 段)和显示前沿(d 段)4 部分。VGA 工业标准显示模式要求:行同步、列同步都为负极性,即同步脉冲要求是负脉冲。列同步时序如图 6.46 所示,行同步时序如图 6.47 所示。

VGA 的工业标准如表 6.21 所示。

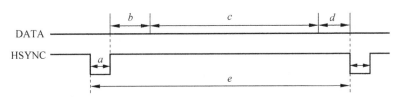

图 6.46 列同步时序

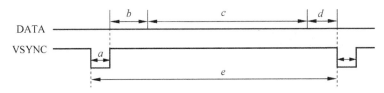

图 6.47 行同步时序

表 6.21 VGA 的工业标准

显示模式	时钟/MHz	列时序(列数)					行时序(行数)				
		a	b	c	d	e	a	b	c	d	e
640×480×60	25.175	96	48	640	16	800	2	33	480	10	525
640×480×75	31.5	64	120	640	16	840	3	16	480	1	500
800×600×60	40.0	128	88	800	40	1056	4	23	600	1	628
800×600×75	49.5	80	160	800	16	1056	3	21	600	1	625
1024×768×60	65.0	136	160	1024	24	1344	6	29	768	3	806
1024×768×75	78.5	176	176	1024	16	1312	3	28	768	1	800
1280×1024×60	108.0	112	248	1280	48	1688	3	38	1024	1	1066

本次设计的驱动显示标准为 800×600×60Hz，即 800 为列数，600 为行数，60Hz 为刷新一屏的频率。由此可知：需要的扫描时钟频率：628×1056×60 约为 39.79MHz，约为 40MHz。

屏幕显示有效区域如图 6.48 所示。

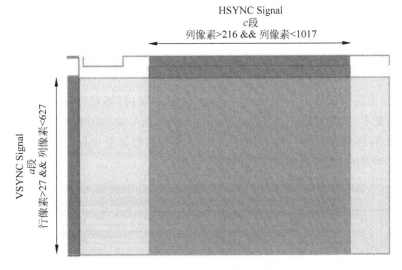

图 6.48 屏幕显示有效区域

6.12.3 实验要求

(1) 完成视频格式 $800 \times 600@60\,\mathrm{Hz}$；

(2) 完成代码输入，并编写 TestBench 利用 Altera-ModelSim 完成仿真验证；

(3) 完成图像的水平彩条和垂直彩条的设计；可利用按键切换显示效果；

(4) 下载设计文件到 DE2-115 平台，用 VGA 视频线连接实验平台至液晶显示器，观察图像显示效果。

6.12.4 总结报告要求

(1) 写出 VHDL 文件；

(2) 写出模块仿真结果并分析；

(3) 写出实验测试结果；

(4) 思考如何实现字符显示或特定图形显示(如圆形图案)；

(5) 思考如何实现 $1024 \times 768@70\,\mathrm{Hz}$，$1280 \times 1024@60\,\mathrm{Hz}$ 视频格式输出。

VGA 控制器顶层 RTL 视图如图 6.49 所示。该工程由 3 个模块构成：mypll 为锁相环模块，该模块由 IP 核 altpll 完成了时钟 40MHz 的输出，满足 $800 \times 600@60\,\mathrm{Hz}$ 时钟要求；VGA 控制模块完成行场信号满足 $800 \times 600@60\,\mathrm{Hz}$ 视频输出时序要求并结合 ADV7123 接口实现视频控制信号的输出，同时给出了有效显示区域的 x,y 坐标；VGA_RGB 数据模块主要用来显示不同画面，读者可根据坐标值完成指定的图像输出。

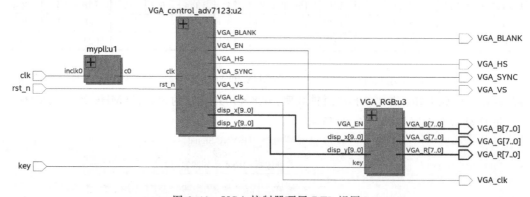

图 6.49　VGA 控制器顶层 RTL 视图

VGA 控制模块测试结果如图 6.50 所示。由图可知，行场信号满足 $800 \times 600@60\,\mathrm{Hz}$ 视频输出时序要求，读者可进一步添加 h_cnt 和 v_cnt 信号观察时钟数量是否与表 6.21 中 $800 \times 600@60\,\mathrm{Hz}$ 图像的时序一致。Dispx、dispy 为列行像素点坐标，后续 RGB 数据可根据该坐标点填写不同的 RGB 值实现不同的输出效果。

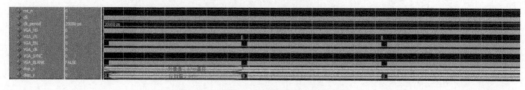

图 6.50　VGA 控制模块测试结果

VGA_RGB 模块主要实现了 8 行和 8 列彩条输出,行彩条和列彩条显示由按键切换。彩条宽度的划分由 VGA 控制模块的 x,y 坐标范围确定。

表 6.22 给出了 VGA 控制器顶层设计的引脚分配。

表 6.22　VGA 控制器顶层设计的引脚分配

信号	Clk	Rst_n	Key	VGA_BLANK
引脚	Pin_Y2	PIN_M23	PIN_M21	PIN_F11
外设	50MHz	Key0	Key1	—
信号	VGA_B[7]	VGA_B[6]	VGA_B[5]	VGA_B[4]
引脚	PIN_D12	PIN_D11	PIN_C12	PIN_A11
信号	VGA_B[3]	VGA_B[2]	VGA_B[1]	VGA_B[0]
引脚	PIN_B11	PIN_C11	PIN_A10	PIN_B10
信号	VGA_G[7]	VGA_G[6]	VGA_G[5]	VGA_G[4]
引脚	PIN_C9	PIN_F10	PIN_B8	PIN_C8
信号	VGA_G[3]	VGA_G[2]	VGA_G[1]	VGA_G[0]
引脚	PIN_H12	PIN_F8	PIN_G11	PIN_G8
信号	VGA_R[7]	VGA_R[6]	VGA_R[5]	VGA_R[4]
引脚	PIN_H10	PIN_H8	PIN_J12	PIN_G10
信号	VGA_R[3]	VGA_R[2]	VGA_R[1]	VGA_R[0]
引脚	PIN_F12	PIN_D10	PIN_E11	PIN_E12
信号	VGA_clk	VGA_SYNC	VGA_HS	VGA_VS
引脚	PIN_A12	PIN_C10	PIN_G13	PIN_C13

UART 控制器参考代码及测试文件扫码可见。

代码

6.13　本章小结

本章安排了教学实践环节内容,从 12 个题目出发由浅入深,既有验证性实践环节也有设计性和综合性实践内容。各个题目给出了完整的代码及仿真测试结果,读者可以结合 DE2-115 平台按照各个题目给出的引脚分配原则进行验证。

第 7 章

DE2-115 开发平台

友晶科技教育平台 DE2-115 不仅提供给客户一个低功耗、丰富逻辑资源、大容量存储器以及 DSP 功能的选择,并且搭配了丰富的外围接口,满足各类型开发之需。

7.1 DE2-115 平台介绍

DE2-115 开发平台配备了 Cyclone IV FPGA 系列资源最大的器件——Cyclone IV EP4CE115F29C7N。此芯片具有 114 480 个逻辑单元(LE)、高达 3.9Mbit 的随机存储器、内嵌 266 个乘法器,以及低功耗等特质。DE2-115 平台布局如图 7.1 所示。

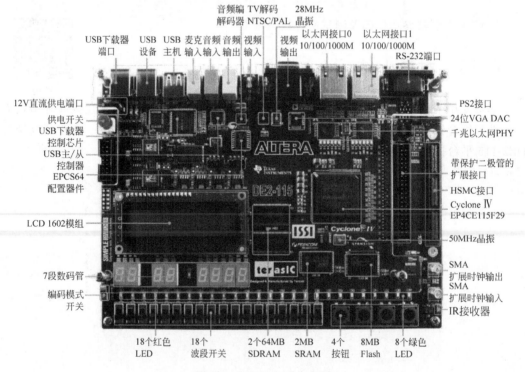

图 7.1 DE2-115 平台布局

板上主要资源包括：

核心芯片：Cyclone Ⅳ EP4CE115F29C7N；

配置芯片与 USB-Blaster 电路：EPCS64 配置芯片、内建 USB—Blaster 电路、支持 JTAG 与 AS 模式；

内存：128MB（32M×32bit）SDRAM、2MB（1M×16bit）SRAM、8MB（4M×16bit）Flash with 8bit mode、32Kbit E^2PROM；

滑动开关和 LED 指示器：18 个滑动开关和 4 个按钮、9 个绿色 LED、18 个红色 LED、8 个七段显示器；

Audio：24bit CD 质量编码器与解码器、输入、输出与麦克风输入接头；

Display：16×2 LCD 模块；

On-Board Clocking Circuitry：3 个 50MHz 振荡器时钟输入、SMA 接头；

SD Card Socket：支持 SPI 以及 SD1bit 两种 SD Card 读取模式；

2 个千兆以太网接口：高度集成的 10/100/1000M 网络芯片、支持工业以太网 IP 核；

172-pin High Speed Mezzanine Card（HSMC）：用户可配置的 I/O 标准（电压标准：3.3/2.5/1.8/1.5V）；

USB Type A and B：支持 USB 2.0 标准的 USB 主/从控制器、支持全速和低速数据传输、立即可用的 PC 端驱动程序；

40 引脚 GPIO 扩充槽：用户可配置的 I/O 标准（电压标准：3.3/2.5/1.8/1.5V）；

VGA 输出：VGA DAC；

DB-9 Serial Connector：带传输控制信号的全功能 RS-232 端口；

PS/2 Connector：提供 PS/2 鼠标和键盘到 DE-115 的连接；

Remote Control：红外接收模块；

TV-in Connector：TV 全制式解码芯片（NTSC/PAL/SECAM）；

Power：桌面型 DC 适配器、开关型降压稳压芯片 LM3150MH。

7.2 DE2-115 主要应用电路介绍

7.2.1 FPGA 芯片配置

DE2-115 开发板包含一个存储有 Cyclone Ⅳ E FPGA 芯片配置数据的串行配置芯片。每次开发板上电时，芯片里面的配置数据会自动从配置芯片加载到 FPGA 芯片。使用 Quartus Ⅱ 软件，用户可以随时重新配置 FPGA，并可以改变存储在非易失性串行存储器芯片（EPCS）里面的数据。下面分述两种不同的配置方式。

1. JTAG 编程

这种下载方式的名字起源于 IEEE 标准，联合测试行动组会把配置数据直接加载到 Cyclone Ⅳ E FPGA 芯片。FPGA 芯片会保持这些配置信息直到芯片掉电。配置电路如图 7.2 所示。用户按照以下步骤，可以将配置数据下载到 Cyclone Ⅳ E FPGA。

(1) 确保 DE2-115 已经正确连接好电源；

(2) 将 RUN/PROG 拨动开关（SW19）放置在 RUN 位置；

(3) 将附带的 USB 电缆连接到 DE2-115 开发板的 USB-Blaster 接口；

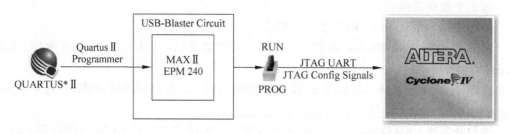

图 7.2　JTAG 配置模式

（4）通过 Quartus Prime 编程器选择合适的以. sof 为扩展名的配置数据来配置。

2. AS 编程

这种下载方式被称作串行主动编程，它会下载配置数据到 Altera EPCS64 芯片。它将配置数据保存在非易失性器件中，即使 DE2-115 开发板掉电，数据也不会丢失。在每次开发板上电时，EPCS64 芯片里面的数据会自动加载到 Cyclone Ⅳ E FPGA 芯片。配置电路如图 7.3 所示。用户可以执行以下步骤，以将配置数据下载到 EPCS64 芯片。

（1）确保 DE2-115 已经连接好电源；

（2）连接附带的 USB 电缆到 DE2-115 的 USB-Blaster 接口；

（3）将 RUN/PROG 拨动开关（SW19）放置在 PROG 位置，现在可以通过 Quartus Ⅱ 编程器选择以. sof 为扩展名的配置文件来编程 EPCS64 器件了；

（4）编程结束后，将 RUN/PROG 开关拨回 RUN 位置，关闭 DE2-115 电源，然后再开启。通过这次重启，FPGA 将从 EPCS64 器件读取新的配置数据。

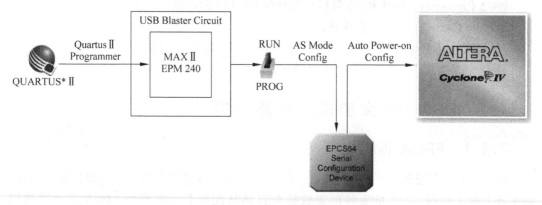

图 7.3　AS 配置模式

7.2.2　按钮和拨动开关的使用

DE2-115 提供了 4 个按钮开关，如图 7.4 所示，引脚配置如表 7.1 所示。每个按钮开关都通过一个施密特触发器进行了去抖动处理。4 个施密特触发器的输出信号分别为 KEY0、KEY1、KEY2、KEY3，直接连接到 Cyclone Ⅳ E FPGA。当按钮没有被按下时，它的输出是高电平，按下去则给出一个低电平。得益于去抖动电路，这些按钮开关适合用来给内部电路提供（模拟的）时钟或者复位信号。

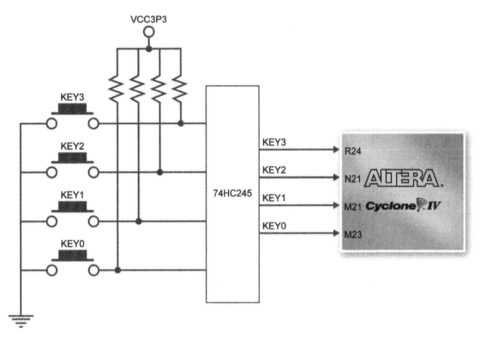

图 7.4　按钮连接示意图

表 7.1　按钮与 Cyclone Ⅳ 引脚连接配置

信　号　名	FPGA 引脚	信　号　名	FPGA 引脚
KEY0	PIN_M23	KEY2	PIN_N21
KEY1	PIN_M21	KEY3	PIN_R24

　　DE2-115 开发板上还有 18 个拨动开关,连接关系如图 7.5 所示,引脚配置如表 7.2 所示。这些开关没有去抖动电路,它们可以作为对电平敏感的电路的输入数据。每个开关都直接连接到 Cyclone Ⅳ E FPGA。当拨动开关在 DOWN 位置(靠近开发板边缘)时输出为低电平,当在 UP 位置时输出为高电平。

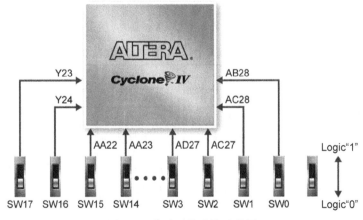

图 7.5　拨动开关连接示意图

表 7.2 拨动开关与 Cyclone Ⅳ 引脚连接配置

信　号　名	FPGA 引脚	信　号　名	FPGA 引脚
SW[0]	PIN_AB28	SW[9]	PIN_AB25
SW[1]	PIN_AC28	SW[10]	PIN_AC24
SW[2]	PIN_AC27	SW[11]	PIN_AB24
SW[3]	PIN_AD27	SW[12]	PIN_AB23
SW[4]	PIN_AB27	SW[13]	PIN_AA24
SW[5]	PIN_AC26	SW[14]	PIN_AA23
SW[6]	PIN_AD26	SW[15]	PIN_AA22
SW[7]	PIN_AB26	SW[16]	PIN_Y24
SW[8]	PIN_AC25	SW[17]	PIN_Y23

7.2.3　LED 的使用

DE2-115 开发板共有 27 个直接由 FPGA 控制的 LED,包括 18 个红色的 LED、9 个绿色 LED。每一个 LED 都由 Cyclone Ⅳ E FPGA 的一个引脚直接驱动,其输出高电平则点亮 LED,输出低电平 LED 熄灭。图 7.6 给出了 LED 和 Cyclone Ⅳ E FPGA 之间的连接示意图,引脚配置如表 7.3 所示。

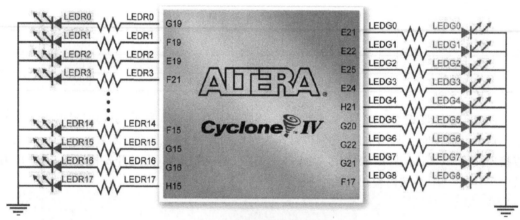

图 7.6　LED 连接示意图

表 7.3 LED 与 Cyclone Ⅳ 引脚连接配置

信　号　名	FPGA 引脚	信　号　名	FPGA 引脚	信　号　名	FPGA 引脚
LEDR[0]	PIN_G19	LEDR[9]	PIN_G17	LEDG[0]	PIN_E21
LEDR[1]	PIN_F19	LEDR[10]	PIN_J15	LEDG[1]	PIN_E22
LEDR[2]	PIN_E19	LEDR[11]	PIN_H16	LEDG[2]	PIN_E25
LEDR[3]	PIN_F21	LEDR[12]	PIN_J16	LEDG[3]	PIN_E24
LEDR[4]	PIN_F18	LEDR[13]	PIN_H17	LEDG[4]	PIN_H21
LEDR[5]	PIN_E18	LEDR[14]	PIN_F15	LEDG[5]	PIN_G20
LEDR[6]	PIN_J19	LEDR[15]	PIN_G15	LEDG[6]	PIN_G22
LEDR[7]	PIN_H19	LEDR[16]	PIN_G16	LEDG[7]	PIN_G21
LEDR[8]	PIN_J17	LEDR[17]	PIN_H15	LEDG[8]	PIN_F17

7.2.4　七段数码管的使用

DE2-115 配有 8 个七段数码管（共阳模式）。每个数码管的字段都从 0～6 依次编号，每个引脚均连接到 Cyclone Ⅳ E FPGA，如图 7.7 所示。它们被分成两组，每组 4 个，用来作为数字显示用。FPGA 输出低电压时，对应的字码段点亮，反之则熄灭。表 7.4 给出了所有数码管和 FPGA 芯片的引脚连接信息。

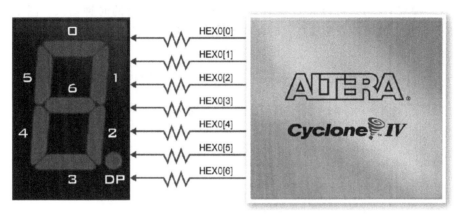

图 7.7　LED 连接示意图

表 7.4　数码管与 Cyclone Ⅳ 引脚连接配置

信　号　名	FPGA 引脚	信　号　名	FPGA 引脚	信　号　名	FPGA 引脚
HEX0[0]	PIN_G18	HEX2[0]	PIN_AA25	HEX4[0]	PIN_AB19
HEX0[1]	PIN_F22	HEX2[1]	PIN_AA26	HEX4[1]	PIN_AA19
HEX0[2]	PIN_E17	HEX2[2]	PIN_Y25	HEX4[2]	PIN_AG21
HEX0[3]	PIN_L26	HEX2[3]	PIN_W26	HEX4[3]	PIN_AH21
HEX0[4]	PIN_L25	HEX2[4]	PIN_Y26	HEX4[4]	PIN_AE19
HEX0[5]	PIN_J22	HEX2[5]	PIN_W27	HEX4[5]	PIN_AF19
HEX0[6]	PIN_H22	HEX2[6]	PIN_W28	HEX4[6]	PIN_AE18
HEX1[0]	PIN_M24	HEX3[0]	PIN_V21	HEX5[0]	PIN_AD18
HEX1[1]	PIN_Y22	HEX3[1]	PIN_U21	HEX5[1]	PIN_AC18
HEX1[2]	PIN_W21	HEX3[2]	PIN_AB20	HEX5[2]	PIN_AB18
HEX1[3]	PIN_W22	HEX3[3]	PIN_AA21	HEX5[3]	PIN_AH19
HEX1[4]	PIN_W25	HEX3[4]	PIN_AD24	HEX5[4]	PIN_AG19
HEX1[5]	PIN_U23	HEX3[5]	PIN_AF23	HEX5[5]	PIN_AF18
HEX1[6]	PIN_U24	HEX3[6]	PIN_Y19	HEX5[6]	PIN_AH18
HEX6[0]	PIN_AA17	HEX7[0]	PIN_AD17		
HEX6[1]	PIN_AB16	HEX7[1]	PIN_AE17		
HEX6[2]	PIN_AA16	HEX7[2]	PIN_AG17		
HEX6[3]	PIN_AB17	HEX7[3]	PIN_AH17		
HEX6[4]	PIN_AB15	HEX7[4]	PIN_AF17		
HEX6[5]	PIN_AA15	HEX7[5]	PIN_AG18		
HEX6[6]	PIN_AC17	HEX7[6]	PIN_AA14		

7.2.5 时钟电路的使用

DE2-115 开发板包含一个生成 50MHz 频率时钟信号的有源晶体振荡器,另有一个时钟缓冲器用来将缓冲后的低抖动 50MHz 时钟信号分配给 FPGA。这些时钟信号用来驱动 FPGA 内的用户逻辑电路。开发板还包含两个 SMA 连接头,用来接收外部时钟输入信号到 FPGA 或者将 FPGA 的时钟信号输出到外部。另外,所有这些时钟输入都连接到 FPGA 内部的 PLL 模块上,用户可以将这些时钟信号作为 PLL 电路的时钟输入。图 7.8 给出 DE2-115 开发板上的时钟分配信息。时钟与 FPGA 芯片相关的引脚配置信息见表 7.5。

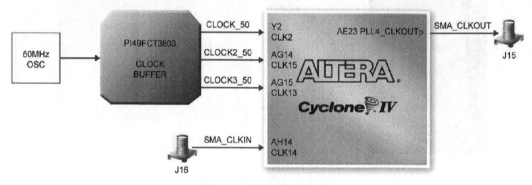

图 7.8 时钟连接示意图

表 7.5 时钟与 Cyclone Ⅳ 引脚连接配置

信 号 名	FPGA 引脚	信 号 名	FPGA 引脚
CLOCK_50	PIN_Y2	SMA_CLKOUT	PIN_AE23
CLOCK2_50	PIN_AG14	SMA_CLKIN	PIN_AH14
CLOCK3_50	PIN_AG15		

7.2.6 LCD 模块的使用

DE2-115 开发板上的 LCD 模块配有内置英文字库,发送合适的命令控制字到显示控制器 HD44780 便可以在 LCD 显示文字信息。Cyclone Ⅳ E FPGA 和 LCD 模块间的连接信息原理框图如图 7.9 所示,使用 3.3V 电平标准,在 DE2-115 中使用的 LCD 模块并不含背光单元,故而 LCD_BLON 信号在用户工程中的设定是无效的。相关的引脚连接信息见表 7.6。

表 7.6 LCD 与 Cyclone Ⅳ 引脚连接配置

信 号 名	FPGA 引脚	信 号 说 明
LCD_DATA	PIN_M5	LCD Data[7]
LCD_DATA	PIN_M3	LCD Data[6]
LCD_DATA	PIN_K2	LCD Data[5]
LCD_DATA	PIN_K1	LCD Data[4]

续表

信　号　名	FPGA 引脚	信　号　说　明
LCD_DATA	PIN_K7	LCD Data[3]
LCD_DATA	PIN_L2	LCD Data[2]
LCD_DATA	PIN_L1	LCD Data[1]
LCD_DATA	PIN_L3	LCD Data[0]
LCD_EN	PIN_L4	启用 LCD
LCD_RW	PIN_M1	LCD 读/写选择,0=写,1=读
LCD_RS	PIN_M2	LCD 命令/数据选择,0=命令 d,1=数据
LCD_ON	PIN_L5	LCD 电源开/关
LCD_BLON	PIN_L6	LCD 背光开/关

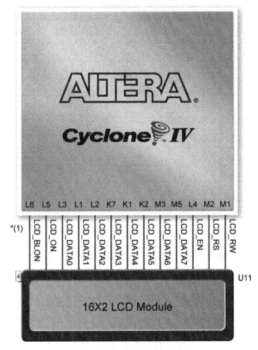

图 7.9　LCD 连接示意图

7.2.7　VGA 的使用

DE2-115 开发板包含一个用于 VGA 视频输出的 15 引脚 D-SUB 接头。VGA 同步信号直接由 Cyclone Ⅳ E FPGA 驱动,Analog Device 公司的 ADV7123 三通道 10 位(仅高 8 位连接到 FPGA)高速视频 DAC 芯片用来将输出的数字信号转换为模拟信号(R、G、B)。芯片可支持的分辨率为 SVGA 标准(1280×1024),带宽达 100MHz。图 7.10 给出相关的电路图,相关的引脚连接信息见表 7.7。

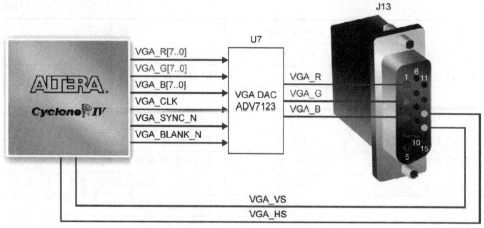

图 7.10　VGA、ADV7123 连接示意图

表 7.7　ADV7123 与 Cyclone Ⅳ 引脚连接配置

信　号　名	FPGA 引脚	信　号　名	FPGA 引脚	信　号　名	FPGA 引脚
VGA_R[0]	PIN_E12	VGA_G[0]	PIN_G8	VGA_B[0]	PIN_B10
VGA_R[1]	PIN_E11	VGA_G[1]	PIN_G11	VGA_B[1]	PIN_A10
VGA_R[2]	PIN_D10	VGA_G[2]	PIN_F8	VGA_B[2]	PIN_C11
VGA_R[3]	PIN_F12	VGA_G[3]	PIN_H12	VGA_B[3]	PIN_B11
VGA_R[4]	PIN_G10	VGA_G[4]	PIN_C8	VGA_B[4]	PIN_A11
VGA_R[5]	PIN_J12	VGA_G[5]	PIN_B8	VGA_B[5]	PIN_C12
VGA_R[6]	PIN_H8	VGA_G[6]	PIN_F10	VGA_B[6]	PIN_D11
VGA_R[7]	PIN_H10	VGA_G[7]	PIN_C9	VGA_B[7]	PIN_D12
VGA_CLK	PIN_A12	VGA_BLANK_N	PIN_F11	VGA_HS	PIN_G13
		VGA_SYNC_N	PIN_C10	VGA_VS	PIN_C13

7.2.8　24bit 音频编解码芯片的使用

DE2-115 开发板凭借 Wolfon WM8731 音频编解码（CODEC）芯片为用户提供 24 位的高品质音频界面。芯片支持麦克风输入、线路输入及线路输出端口，采样率在 8～96kHz 间可调。用户通过 I^2C 总线可以配置 WM8731，这两根信号线直接连接到 FPGA。图 7.11 给出了音频电路相关的原理框图，表 7.8 列出了音频芯片到 FPGA 的引脚配置。

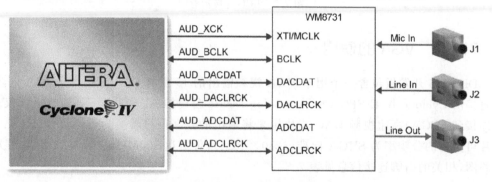

图 7.11　FPGA 与 CODEC 芯片连接示意图

表 7.8 音频编解码与 Cyclone Ⅳ 引脚连接配置

信 号 名	FPGA 引脚	信 号 说 明
AUD_ADCLRCK	PIN_C2	音频编解码器 ADC 左右声道时钟
AUD_ADCDAT	PIN_D2	音频编解码器 ADC Data
AUD_DACLRCK	PIN_E3	音频编解码器 DAC 左右声道时钟
AUD_DACDAT	PIN_D1	音频编解码器 DAC 数据
AUD_XCK	PIN_E1	音频编解码器芯片流时钟
AUD_BCLK	PIN_F2	音频编解码器比特流时钟
I^2C_SCLK	PIN_B7	I^2C 时钟
I^2C_SDAT	PIN_A8	I^2C 数据

7.2.9 RS232 串口的使用

DE2-115 开发板使用 ZT3232 收发器芯片和 9 引脚 DB9 接口用于 RS-232 通信。图 7.12 给出了接口相关的原理图,表 7.9 给出了 RS-232 界面和 Cyclone Ⅳ E FPGA 间的引脚连接信息。

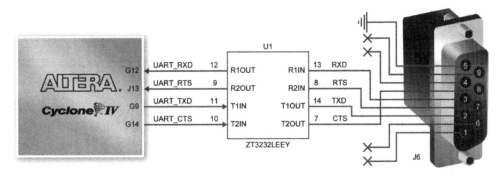

图 7.12 FPGA 与 CODEC 芯片连接示意图

表 7.9 RS232 与 Cyclone Ⅳ 引脚连接配置

信 号 名	FPGA 引脚	信 号 说 明
UART_RXD	PIN_G12	UART 接收器
UART_TXD	PIN_G9	UART 发送器
UART_CTS	PIN_G14	UART 发送清除
UART_RTS	PIN_J13	UART 发送请求

7.2.10 PS2 的使用

DE2-115 开发板包含一个标准的 PS/2 界面,可以用来外接 PS/2 鼠标或键盘。图 7.13 给出了 PS/2 界面相关的原理图。另外,用户可以通过连接 Y 型电缆到 PS/2 的方式,同时连接鼠标和键盘到 DE2-115 开发板。表 7.10 列出了与 PS/2 相关的引脚配置信息。注意: 如果用户仅连接一个 PS/2 类设备到 PS/2 接口,使用到的 PS/2 接口信号线应该为 PS2_CLK 以及 PS2_DAT。

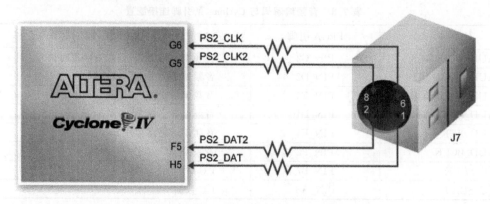

图 7.13　FPGA 与 PS2 芯片连接示意图

表 7.10　音频编解码与 Cyclone Ⅳ 引脚连接配置

信　号　名	FPGA 引脚	信　号　说　明
PS2_CLK	PIN_G6	PS/2 时钟
PS2_DAT	PIN_H5	PS/2 数据
PS2_CLK2	PIN_G5	PS/2 时钟(为第二套 PS/2 设备保留)
PS2_DAT2	PIN_F5	PS/2 数据(为第二套 PS/2 设备保留)

7.2.11　千兆以太网的使用

DE2-115 开发板通过两个 Marvell 88E1111 以太网 PHY 芯片为用户提供网络界面。88E1111 芯片支持 10/100/1000 Mbps 传输速率,支持的 MAC 层传输界面有 GMII/MII/RGMII/TBI 等。表 7.11 描述了两个芯片上电之后的默认设定信息。图 7.14 给出了 FPGA 和以太网芯片间的连线信息。DE2-115 开发板上的网络芯片仅仅支持 RGMII 以及 MII 两种传输模式(默认模式为 RGMII)。每个芯片都有一个跳线开关用来在 RGMII 以及 MII 模式间切换(参考图 7.14)。另外,使用普通的 5 类非屏蔽双绞线,芯片可以在线动态配置为支持 10Mbps、100Mbps 或者 1000Mbps 的传输速率。相关的引脚配置信息可以在表 7.12 中找到。

表 7.11　千兆以太网卡默认设置

信　号　名	FPGA 引脚	信　号　说　明
PHYADDR[4:0]	MDIO/MDC 模式的 PHY 地址	Enet0 地址 10000；Enet1 地址 10001
ENA_PAUSE	启用暂停功能	1-默认寄存器
ANEG[3:0]	自动配置模式	1110-自动适配所有模式:十兆/百兆/千兆
ENA_XC	启用交叉	0-禁用
DIS_125	禁用 125MHz 时钟	1-禁用
HWCFG[3:0]	硬件配置模式	1011/1111 均采用 4 位数据接口
DIS_FC	禁用光纤/铜线界面	1-禁用
DIS_SLEEP	能量检测	1-禁用能量检测

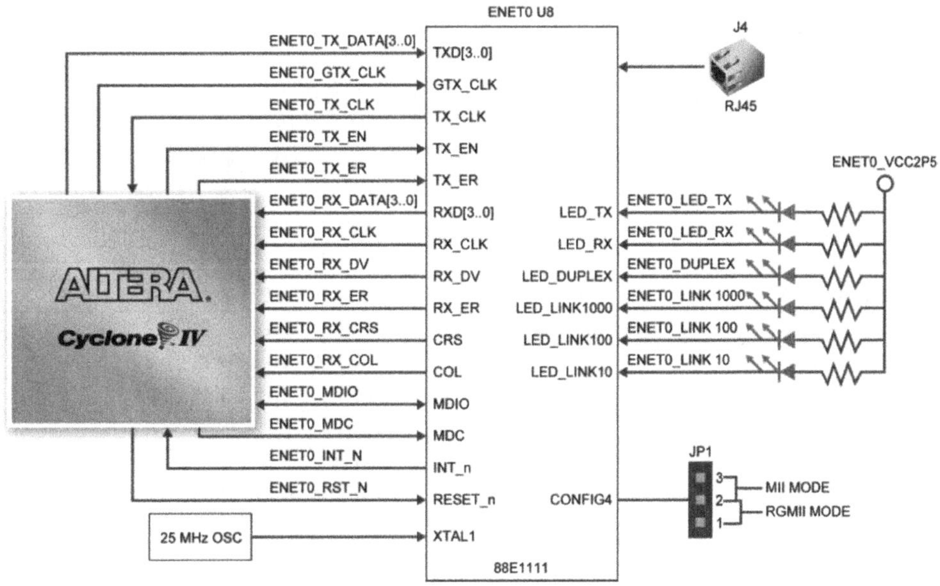

图 7.14 FPGA 与 CODEC 芯片连接示意图

表 7.12 千兆以太网卡与 FPGA 引脚配置信息

信 号 名	FPGA 引脚	信 号 说 明
ENET0_GTX_CLK	PIN_A17	GMII 传输时钟 1
ENET0_INT_N	PIN_A21	中断开路输出 1
ENET0_LINK100	PIN_C14	100BASE-TX 并行 LED 输出链接 1
ENET0_MDC	PIN_C20	管理数据时钟参考 1
ENET0_MDIO	PIN_B21	管理数据 1
ENET0_RST_N	PIN_C19	硬件复位信号 1
ENET0_RX_CLK	PIN_A15	GMII 和 MII 接收时钟 1
ENET0_RX_COL	PIN_E15	GMII 和 MII 冲突 1
ENET0_RX_CRS	PIN_D15	GMII 和 MII 载波侦听 1
ENET0_RX_DATA[0]	PIN_C16	GMII 和 MII 接收数据[0]1
ENET0_RX_DATA[1]	PIN_D16	GMII 和 MII 接收数据[1]1
ENET0_RX_DATA[2]	PIN_D17	GMII 和 MII 接收数据[2]1
ENET0_RX_DATA[3]	PIN_C15	GMII 和 MII 接收数据[3]1
ENET0_RX_DV	PIN_C17	GMII 和 MII 接收数据有效 1
ENET0_RX_ER	PIN_D18	GMII 和 MII 接收错误 1
ENET0_TX_CLK	PIN_B17	MII 传输时钟 1
ENET0_TX_DATA[0]	PIN_C18	MII 传输数据[0]1
ENET0_TX_DATA[1]	PIN_D19	MII 传输数据[1]1
ENET0_TX_DATA[2]	PIN_A19	MII 传输数据[2]1
ENET0_TX_DATA[3]	PIN_B19	MII 传输数据[3]1
ENET0_TX_EN	PIN_A18	GMII 和 MII 传输使能 1
ENET0_TX_ER	PIN_B18	GMII 和 MII 传输错误 1
ENET1_GTX_CLK	PIN_C23	GMII 传输时钟 2
ENET1_INT_N	PIN_D24	中断开路输出 2
ENET1_LINK100	PIN_D13	100BASE-TX 并行 LED 输出链接 2
ENET1_MDC	PIN_D23	管理数据时钟参考 2

续表

信　号　名	FPGA 引脚	信　号　说　明
ENET1_MDIO	PIN_D25	管理数据 2
ENET1_RST_N	PIN_D22	硬件复位信号 2
ENET1_RX_CLK	PIN_B15	GMII 和 MII 接收时钟 2
ENET1_RX_COL	PIN_B22	GMII 和 MII 冲突 2
ENET1_RX_CRS	PIN_D20	GMII 和 MII 载波侦听 2
ENET1_RX_DATA[0]	PIN_B23	GMII 和 MII 接收数据[0]2
ENET1_RX_DATA[1]	PIN_C21	GMII 和 MII 接收数据[1]2
ENET1_RX_DATA[2]	PIN_A23	GMII 和 MII 接收数据[2]2
ENET1_RX_DATA[3]	PIN_D21	GMII 和 MII 接收数据[3]2
ENET1_RX_DV	PIN_A22	GMII 和 MII 接收数据有效 2
ENET1_RX_ER	PIN_C24	GMII 和 MII 接收错误 2
ENET1_TX_CLK	PIN_C22	MII 传输时钟 2
ENET1_TX_DATA[0]	PIN_C25	MII 传输数据[0]2
ENET1_TX_DATA[1]	PIN_A26	MII 传输数据[1]2
ENET1_TX_DATA[2]	PIN_B26	MII 传输数据[2]2
ENET1_TX_DATA[3]	PIN_C26	MII 传输数据[3]2
ENET1_TX_EN	PIN_B25	GMII 和 MII 传输使能 2
ENET1_TX_ER	PIN_A25	GMII 和 MII 传输错误 2
ENETCLK_25	PIN_A14	以太网时钟源

7.2.12　TV 解码器的使用

　　DE2-115 开发板配备有 Analog Device 公司的 ADV7180 视频解码芯片。ADV7180 是一个高度集成的视频解码芯片，可以自动检测输入信号的电视标准（NTSC/PAL/SECAM），并将其数字化为兼容 ITU-R BT.656 的 4：2：2 分量视频数据。ADV7180 兼容各种视频设备，包括 DVD 播放器、磁带机、广播级视频源以及安全、监控类摄像头。

　　TV 解码器芯片的控制寄存器可以通过芯片的 I^2C 总线来访问，而 I^2C 总线直接连接到 Cyclone Ⅳ E FPGA 芯片，如图 7.15 所示。TV 解码芯片的 I^2C 总线读、写地址分别为 0x41/0x40。表 7.13 给出了芯片相关的引脚配置信息。

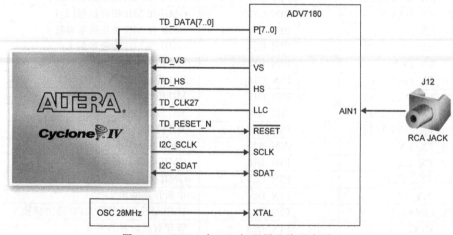

图 7.15　FPGA 与 TV 解码器连接示意图

表 7.13 TV 解码器与 FPGA 引脚的配置

信 号 名	FPGA 引脚	信 号 说 明
TD_ DATA [0]	PIN_E8	TV Decoder Data[0]
TD_ DATA [1]	PIN_A7	TV Decoder Data[1]
TD_ DATA [2]	PIN_D8	TV Decoder Data[2]
TD_ DATA [3]	PIN_C7	TV Decoder Data[3]
TD_ DATA [4]	PIN_D7	TV Decoder Data[4]
TD_ DATA [5]	PIN_D6	TV Decoder Data[5]
TD_ DATA [6]	PIN_E7	TV Decoder Data[6]
TD_ DATA [7]	PIN_F7	TV Decoder Data[7]
TD_HS	PIN_E5	TV Decoder H_SYNC
TD_VS	PIN_E4	TV Decoder V_SYNC
TD_CLK27	PIN_B14	TV Decoder Clock Input
TD_RESET_N	PIN_G7	TV Decoder Reset
I^2C_SCLK	PIN_B7	I^2C Clock
I^2C_SDAT	PIN_A8	I^2C Data

7.2.13 USB 的使用

DE2-115 开发板通过飞利浦 ISP1362USB 控制器芯片同时提供 USB 主/从界面。主/从设备控制器完全符合通用串行总线协议 2.0 版规范,支持全速(12Mb/s)以及低速(1.5Mb/s)模式。图 7.16 给出了 USB 电路相关的原理框图,引脚配置信息可以在表 7.14 中找到。

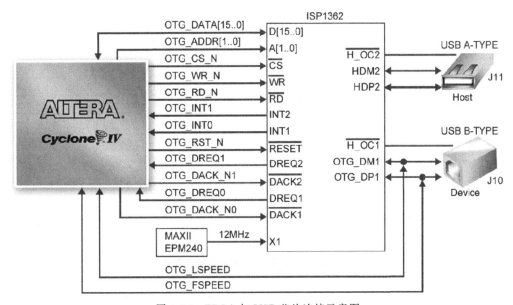

图 7.16 FPGA 与 USB 芯片连接示意图

表 7.14　USB 芯片与 FPGA 引脚的配置

信　号　名	FPGA 引脚	信 号 说 明
OTG_ADDR[0]	PIN_H7	ISP1362 Address[0]
OTG_ADDR[1]	PIN_C3	ISP1362 Address[1]
OTG_DATA[0]	PIN_J6	ISP1362 Data[0]
OTG_DATA[1]	PIN_K4	ISP1362 Data[1]
OTG_DATA[2]	PIN_J5	ISP1362 Data[2]
OTG_DATA[3]	PIN_K3	ISP1362 Data[3]
OTG_DATA[4]	PIN_J4	ISP1362 Data[4]
OTG_DATA[5]	PIN_J3	ISP1362 Data[5]
OTG_DATA[6]	PIN_J7	ISP1362 Data[6]
OTG_DATA[7]	PIN_H6	ISP1362 Data[7]
OTG_DATA[8]	PIN_H3	ISP1362 Data[8]
OTG_DATA[9]	PIN_H4	ISP1362 Data[9]
OTG_DATA[10]	PIN_G1	ISP1362 Data[10]
OTG_DATA[11]	PIN_G2	ISP1362 Data[11]
OTG_DATA[12]	PIN_G3	ISP1362 Data[12]
OTG_DATA[13]	PIN_F1	ISP1362 Data[13]
OTG_DATA[14]	PIN_F3	ISP1362 Data[14]
OTG_DATA[15]	PIN_G4	ISP1362 Data[15]
OTG_CS_N	PIN_A3	ISP1362 Chip Select
OTG_RD_N	PIN_B3	ISP1362 Read
OTG_WR_N	PIN_A4	ISP1362 Write
OTG_RST_N	PIN_C5	ISP1362 Reset
OTG_INT[0]	PIN_A6	ISP1362 Interrupt 0
OTG_INT[1]	PIN_D5	ISP1362 Interrupt 1
OTG_DACK_N[0]	PIN_C4	ISP1362 DMA Acknowledge 0
OTG_DACK_N[1]	PIN_D4	ISP1362 DMA Acknowledge 1
OTG_DREQ[0]	PIN_J1	ISP1362 DMA Request 0
OTG_DREQ[1]	PIN_B4	ISP1362 DMA Request 1
OTG_FSPEED	PIN_C6	USB Full Speed,0＝Enable,Z＝Disable
OTG_LSPEED	PIN_B6	USB Low Speed,0＝Enable,Z＝Disable

7.2.14　IR 模块的使用

　　DE2-115 开发板配备有一个红外接收(IR)模组(型号：IRM-V538N7/TR1)，这个一体化接收模组仅兼容 38kHz 载波脉宽调制模式。使用附带的 uPD6121G 芯片编码的遥控器可以产生与接收器匹配的调制信号。图 7.17 给出了 IR 相关的电路图，相关引脚配置信息如表 7.15 所示。

表 7.15　IR 模组与 FPGA 引脚的配置

信　号　名	FPGA 引脚	信 号 说 明
IRDA_RXD	PIN_Y15	IR Receiver

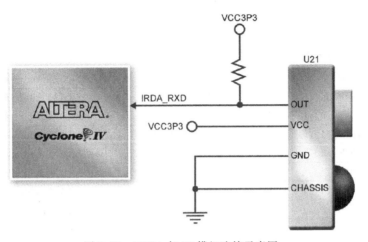

图 7.17　FPGA 与 IR 模组连接示意图

7.2.15　SRAM 模块的使用

DDE2-115 开发板配有一片 2MB 容量,16bit 位宽的 SRAM 芯片。它在 3.3V 的 I/O 电压标准下可以在 125MHz 的频率下运行。鉴于其高速特性,在高速多媒体数据处理应用中,可以把它用作数据缓存等。图 7.18 给出了 SRAM 相关的原理框图,相关引脚配置信息如表 7.16 所示。

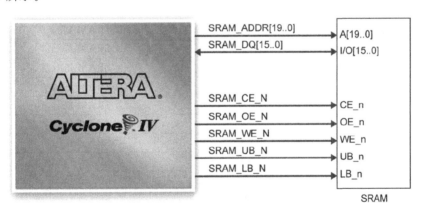

图 7.18　FPGA 与 SRAM 连接示意图

表 7.16　SRAM 与 FPGA 引脚的配置

信 号 名	FPGA 引脚	信 号 说 明
SRAM_ADDR[0]	PIN_AB7	SRAM Address[0]
SRAM_ADDR[1]	PIN_AD7	SRAM Address[1]
SRAM_ADDR[2]	PIN_AE7	SRAM Address[2]
SRAM_ADDR[3]	PIN_AC7	SRAM Address[3]
SRAM_ADDR[4]	PIN_AB6	SRAM Address[4]
SRAM_ADDR[5]	PIN_AE6	SRAM Address[5]
SRAM_ADDR[6]	PIN_AB5	SRAM Address[6]

续表

信 号 名	FPGA 引脚	信 号 说 明
SRAM_ADDR[7]	PIN_AC5	SRAM Address[7]
SRAM_ADDR[8]	PIN_AF5	SRAM Address[8]
SRAM_ADDR[9]	PIN_T7	SRAM Address[9]
SRAM_ADDR[10]	PIN_AF2	SRAM Address[10]
SRAM_ADDR[11]	PIN_AD3	SRAM Address[11]
SRAM_ADDR[12]	PIN_AB4	SRAM Address[12]
SRAM_ADDR[13]	PIN_AC3	SRAM Address[13]
SRAM_ADDR[14]	PIN_AA4	SRAM Address[14]
SRAM_ADDR[15]	PIN_AB11	SRAM Address[15]
SRAM_ADDR[16]	PIN_AC11	SRAM Address[16]
SRAM_ADDR[17]	PIN_AB9	SRAM Address[17]
SRAM_ADDR[18]	PIN_AB8	SRAM Address[18]
SRAM_ADDR[19]	PIN_T8	SRAM Address[19]
SRAM_DQ[0]	PIN_AH3	SRAM Data[0]
SRAM_DQ[1]	PIN_AF4	SRAM Data[1]
SRAM_DQ[2]	PIN_AG4	SRAM Data[2]
SRAM_DQ[3]	PIN_AH4	SRAM Data[3]
SRAM_DQ[4]	PIN_AF6	SRAM Data[4]
SRAM_DQ[5]	PIN_AG6	SRAM Data[5]
SRAM_DQ[6]	PIN_AH6	SRAM Data[6]
SRAM_DQ[7]	PIN_AF7	SRAM Data[7]
SRAM_DQ[8]	PIN_AD1	SRAM Data[8]
SRAM_DQ[9]	PIN_AD2	SRAM Data[9]
SRAM_DQ[10]	PIN_AE2	SRAM Data[10]
SRAM_DQ[11]	PIN_AE1	SRAM Data[11]
SRAM_DQ[12]	PIN_AE3	SRAM Data[12]
SRAM_DQ[13]	PIN_AE4	SRAM Data[13]
SRAM_DQ[14]	PIN_AF3	SRAM Data[14]
SRAM_DQ[15]	PIN_AG3	SRAM Data[15]
SRAM_OE_N	PIN_AD5	SRAM Output Enable
SRAM_WE_N	PIN_AE8	SRAM Write Enable
SRAM_CE_N	PIN_AF8	SRAM Chip Select
SRAM_LB_N	PIN_AD4	SRAM Lower Byte Strobe
SRAM_UB_N	PIN_AC4	SRAM Higher Byte Strobe

7.2.16 SDRAM 的使用

开发板配有 32bit 宽、128MB SDRAM 内存,由两片 16bit 位宽、64MB 容量的 SDRAM 芯片并联运用而成,两个芯片共用地址和控制信号线。这两个芯片使用 3.3V LVCMOS 信号电平标准。SDRAM 相关的原理框图如图 7.19 所示,引脚配置信息如表 7.17 所示。

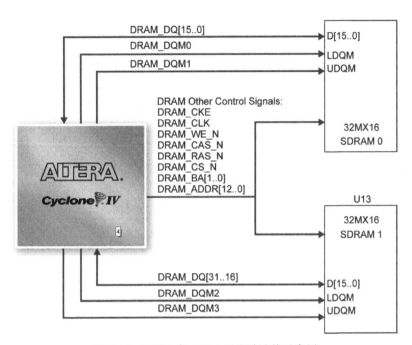

图 7.19　FPGA 与 SDRAM 芯片连接示意图

表 7.17　SDRAM 芯片与 FPGA 引脚的配置

信　号　名	FPGA 引脚	信　号　说　明
DRAM_ADDR[0]	PIN_R6	SDRAM Address[0]
DRAM_ADDR[1]	PIN_V8	SDRAM Address[1]
DRAM_ADDR[2]	PIN_U8	SDRAM Address[2]
DRAM_ADDR[3]	PIN_P1	SDRAM Address[3]
DRAM_ADDR[4]	PIN_V5	SDRAM Address[4]
DRAM_ADDR[5]	PIN_W8	SDRAM Address[5]
DRAM_ADDR[6]	PIN_W7	SDRAM Address[6]
DRAM_ADDR[7]	PIN_AA7	SDRAM Address[7]
DRAM_ADDR[8]	PIN_Y5	SDRAM Address[8]
DRAM_ADDR[9]	PIN_Y6	SDRAM Address[9]
DRAM_ADDR[10]	PIN_R5	SDRAM Address[10]
DRAM_ADDR[11]	PIN_AA5	SDRAM Address[11]
DRAM_ADDR[12]	PIN_Y7	SDRAM Address[12]
DRAM_DQ[0]	PIN_W3	SDRAM Data[0]
DRAM_DQ[1]	PIN_W2	SDRAM Data[1]
DRAM_DQ[2]	PIN_V4	SDRAM Data[2]
DRAM_DQ[3]	PIN_W1	SDRAM Data[3]
DRAM_DQ[4]	PIN_V3	SDRAM Data[4]
DRAM_DQ[5]	PIN_V2	SDRAM Data[5]
DRAM_DQ[6]	PIN_V1	SDRAM Data[6]
DRAM_DQ[7]	PIN_U3	SDRAM Data[7]
DRAM_DQ[8]	PIN_Y3	SDRAM Data[8]

信　号　名	FPGA 引脚	信　号　说　明
DRAM_DQ[9]	PIN_Y4	SDRAM Data[9]
DRAM_DQ[10]	PIN_AB1	SDRAM Data[10]
DRAM_DQ[11]	PIN_AA3	SDRAM Data[11]
DRAM_DQ[12]	PIN_AB2	SDRAM Data[12]
DRAM_DQ[13]	PIN_AC1	SDRAM Data[13]
DRAM_DQ[14]	PIN_AB3	SDRAM Data[14]
DRAM_DQ[15]	PIN_AC2	SDRAM Data[15]
DRAM_DQ[16]	PIN_M8	SDRAM Data[16]
DRAM_DQ[17]	PIN_L8	SDRAM Data[17]
DRAM_DQ[18]	PIN_P2	SDRAM Data[18]
DRAM_DQ[19]	PIN_N3	SDRAM Data[19]
DRAM_DQ[20]	PIN_N4	SDRAM Data[20]
DRAM_DQ[21]	PIN_M4	SDRAM Data[21]
DRAM_DQ[22]	PIN_M7	SDRAM Data[22]
DRAM_DQ[23]	PIN_L7	SDRAM Data[23]
DRAM_DQ[24]	PIN_U5	SDRAM Data[24]
DRAM_DQ[25]	PIN_R7	SDRAM Data[25]
DRAM_DQ[26]	PIN_R1	SDRAM Data[26]
DRAM_DQ[27]	PIN_R2	SDRAM Data[27]
DRAM_DQ[28]	PIN_R3	SDRAM Data[28]
DRAM_DQ[29]	PIN_T3	SDRAM Data[29]
DRAM_DQ[30]	PIN_U4	SDRAM Data[30]
DRAM_DQ[31]	PIN_U1	SDRAM Data[31]
DRAM_BA[0]	PIN_U7	SDRAM Bank Address[0]
DRAM_BA[1]	PIN_R4	SDRAM Bank Address[1]
DRAM_DQM[0]	PIN_U2	SDRAM byte Data Mask[0]
DRAM_DQM[1]	PIN_W4	SDRAM byte Data Mask[1]
DRAM_DQM[2]	PIN_K8	SDRAM byte Data Mask[2]
DRAM_DQM[3]	PIN_N8	SDRAM byte Data Mask[3]
DRAM_RAS_N	PIN_U6	SDRAM Row Address Strobe
DRAM_CAS_N	PIN_V7	SDRAM Column Address Strobe
DRAM_CKE	PIN_AA6	SDRAM Clock Enable
DRAM_CLK	PIN_AE5	SDRAM Clock
DRAM_WE_N	PIN_V6	SDRAM Write Enable
DRAM_CS_N	PIN_T4	SDRAM Chip Select

7.2.17　Flash 的使用

开发板配有一片 8MB 大小,8bit 位宽的 Flash 芯片,它使用 3.3V CMOS 电压标准。由于它的非易失特性,可以用于存储软件代码、图像、声音或者其他媒体。Flash 相关的原理框图如图 7.20 所示,引脚配置信息如表 7.18 所示。

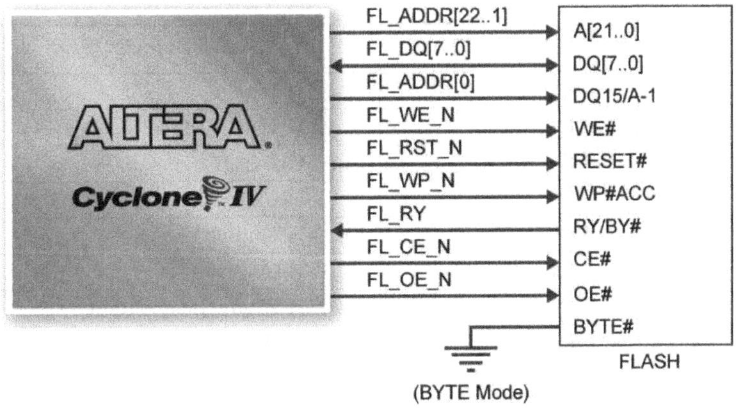

图 7.20　FPGA 与 Flash 芯片连接示意图

表 7.18　Flash 芯片与 FPGA 引脚的配置

信 号 名	FPGA 引脚	信 号 说 明
FL_ADDR[0]	PIN_AG12	FLASH Address[0]
FL_ADDR[1]	PIN_AH7	FLASH Address[1]
FL_ADDR[2]	PIN_Y13	FLASH Address[2]
FL_ADDR[3]	PIN_Y14	FLASH Address[3]
FL_ADDR[4]	PIN_Y12	FLASH Address[4]
FL_ADDR[5]	PIN_AA13	FLASH Address[5]
FL_ADDR[6]	PIN_AA12	FLASH Address[6]
FL_ADDR[7]	PIN_AB13	FLASH Address[7]
FL_ADDR[8]	PIN_AB12	FLASH Address[8]
FL_ADDR[9]	PIN_AB10	FLASH Address[9]
FL_ADDR[10]	PIN_AE9	FLASH Address[10]
FL_ADDR[11]	PIN_AF9	FLASH Address[11]
FL_ADDR[12]	PIN_AA10	FLASH Address[12]
FL_ADDR[13]	PIN_AD8	FLASH Address[13]
FL_ADDR[14]	PIN_AC8	FLASH Address[14]
FL_ADDR[15]	PIN_Y10	FLASH Address[15]
FL_ADDR[16]	PIN_AA8	FLASH Address[16]
FL_ADDR[17]	PIN_AH12	FLASH Address[17]
FL_ADDR[18]	PIN_AC12	FLASH Address[18]
FL_ADDR[19]	PIN_AD12	FLASH Address[19]
FL_ADDR[20]	PIN_AE10	FLASH Address[20]
FL_ADDR[21]	PIN_AD10	FLASH Address[21]
FL_ADDR[22]	PIN_AD11	FLASH Address[22]
FL_DQ[0]	PIN_AH8	FLASH Data[0]
FL_DQ[1]	PIN_AF10	FLASH Data[1]
FL_DQ[2]	PIN_AG10	FLASH Data[2]
FL_DQ[3]	PIN_AH10	FLASH Data[3]
FL_DQ[4]	PIN_AF11	FLASH Data[4]

续表

信　号　名	FPGA 引脚	信　号　说　明
FL_DQ[5]	PIN_AG11	FLASH Data[5]
FL_DQ[6]	PIN_AH11	FLASH Data[6]
FL_DQ[7]	PIN_AF12	FLASH Data[7]
FL_CE_N	PIN_AG7	FLASH Chip Enable
FL_OE_N	PIN_AG8	FLASH Output Enable
FL_RST_N	PIN_AE11	FLASH Reset
FL_RY	PIN_Y1	FLASH Ready/Busy output
FL_WE_N	PIN_AC10	FLASH Write Enable
FL_WP_N	PIN_AE12	FLASH Write Protect /Programming Acceleration

7.2.18　E^2PROM 的使用

开发板上还有一片 I^2C 接口 32Kbit 容量 E^2PROM 芯片，由于 I^2C 接口的简洁通用性，它一般用来存储如版本信息、IP 地址等描述性信息。E^2PROM 相关的原理框图如图 7.21 所示，引脚配置信息如表 7.19 所示。

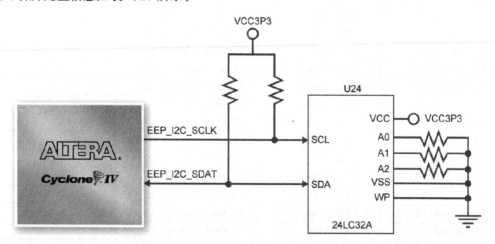

图 7.21　FPGA 与 E^2PROM 芯片连接示意图

表 7.19　E^2PROM 芯片与 FPGA 引脚的配置

信　号　名	FPGA 引脚	信　号　说　明
EEP_I^2C_SCLK	PIN_D14	E^2PROM clock
EEP_I^2C_SDAT	PIN_E14	E^2PROM data

7.2.19　SD 卡的使用

很多应用需要大容量的外部存储器来存储数据，例如 SD 卡或者 CF 卡。DE2-115 提供了存取 SD 卡所需的硬件。用户可以自行开发控制器以 SPI 或者 SD 卡 4bit/1bit 模式来读写 SD 卡。SD 卡相关的原理框图如图 7.22 所示，引脚配置信息如表 7.20 所示。

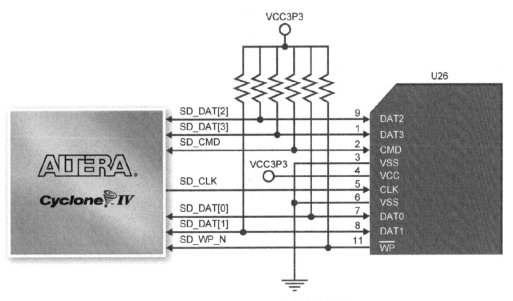

图 7.22 FPGA 与 SD 卡连接示意图

表 7.20 SD 卡与 FPGA 引脚的配置

信 号 名	FPGA 引脚	信 号 说 明
SD_CLK	PIN_AE13	SD Clock
SD_CMD	PIN_AD14	SD Command Line
SD_DAT[0]	PIN_AE14	SD Data[0]
SD_DAT[1]	PIN_AF13	SD Data[1]
SD_DAT[2]	PIN_AB14	SD Data[2]
SD_DAT[3]	PIN_AC14	SD Data[3]
SD_WP_N	PIN_AF14	SD Write Protect

7.2.20 GPIO 的使用

DE2-115 开发板提供了一个 40 引脚的扩展头（GPIO），它有 36 个引脚直接连接到 Cyclone Ⅳ E FPGA 芯片，并提供 5V 和 3.3V 电压引脚和两个接地引脚。图 7.23 给出了 GPIO 上的引脚定义。通用扩展接口上的每根信号线都提供了额外的两个钳位二极管和一个电阻，用来保护 FPGA 不会因过高或者过低的外部输入电压损坏。使用 JP6，通用扩展口上的 I/O 电压可以在 3.3V、2.5V、1.8V 或者 1.5V 间选择（默认电压为 3.3V）。因为 GPIO 的信号连接到 FPGA 的 Bank 4，而这个 Bank 的 I/O 电压由 JP6 控制，用户可以为 VCCIO4 选择不同的输入电压来达到控制这个 Bank 上的电压标准的目的。

14 脚扩展口：DE2-115 开发板提供一个 14 引脚的扩展接头，其中有 7 根信号线直接连接到 Cyclone Ⅳ E FPGA 芯片，并提供 3.3V 的电源引脚和 6 根接地引脚，如图 7.24 所示。扩展接口上的 I/O 电压标准为 3.3V。表 7.21 给出扩展接头的 I/O 引脚连接信息。

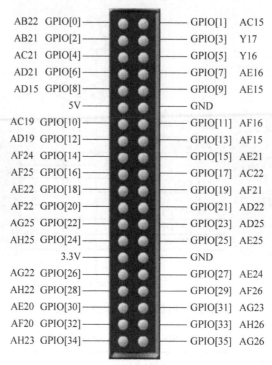

图 7.23 GPIO 引脚定义

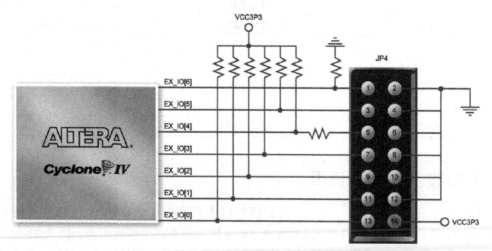

图 7.24 FPGA 与 14 引脚扩展接头间连接示意图

表 7.21 扩展接口引脚配置信息

信 号 名	FPGA 引脚	信 号 说 明
EX_IO[0]	PIN_J10	Extended IO[0]
EX_IO[1]	PIN_J14	Extended IO[1]
EX_IO[2]	PIN_H13	Extended IO[2]
EX_IO[3]	PIN_H14	Extended IO[3]
EX_IO[4]	PIN_F14	Extended IO[4]
EX_IO[5]	PIN_E10	Extended IO[5]
EX_IO[6]	PIN_D9	Extended IO[6]

7.3　本章小结

本章介绍了 Intel 公司针对大学教学及研究机构推出的 FPGA DE2-115 多媒体开发平台。重点介绍了 DE2-115 众多丰富外设的电路原理及 FPGA 接口,帮助使用者迅速理解和掌握各个外设的设计原理与接口信息。

更详细的 DE2-115 平台资料读者可以从 https：//www. terasic. com. tw/cgi-bin/page/archive. pl?Language＝China&CategoryNo＝146&No＝543&PartNo＝4 获取。

参 考 文 献

[1] 孙延鹏,张芝贤,等. VHDL 与可编程逻辑器件应用[M]. 北京:航空工业出版社,2006.

[2] 潘松,黄继业. EDA 技术实用教程 VHDL 版[M]. 北京:科学出版社,2018.

[3] 任爱锋,张志刚. FPGA 与 SOPC 设计教程——DE2-115 实践[M]. 2 版. 西安:西安电子科技大学出版社,2018.

[4] 王欣,王江宏,蔡海宁,等. Intel FPGA/CPLD 设计(基础篇)[M]. 北京:人民邮电出版社,2018.

[5] 王欣,王江宏,蔡海宁,等. Intel FPGA/CPLD 设计(高级篇)[M]. 北京:人民邮电出版社,2018.

[6] 袁玉卓,曾凯峰,梅雪松. FPGA 自学笔记——设计与验证[M]. 北京:北京航空航天大学出版社,2017.

[7] 程佩青. 数字信号处理教程[M]. 5 版. 北京:清华大学出版社,2017.

[8] Roth C H,John L K Jr. 数字系统设计与 VHDL[M]. 金明录,刘倩,译. 2 版. 北京:电子工业出版社,2008.

[9] Balley D G. 基于 FPGA 的嵌入式图像处理系统设计[M]. 原魁,何文浩,肖晗,译. 北京:电子工业出版社,2013.

[10] Brown S,Vranesic Z. 数字逻辑基础与 VHDL 设计[M]. 伍微,译. 3 版. 北京:清华大学出版社,2011.

图 书 资 源 支 持

感谢您一直以来对清华大学出版社图书的支持和爱护。为了配合本书的使用，本书提供配套的资源，有需求的读者请扫描下方的"书圈"微信公众号二维码，在图书专区下载，也可以拨打电话或发送电子邮件咨询。

如果您在使用本书的过程中遇到了什么问题，或者有相关图书出版计划，也请您发邮件告诉我们，以便我们更好地为您服务。

我们的联系方式：

地　　址：北京市海淀区双清路学研大厦 A 座 701

邮　　编：100084

电　　话：010-83470236　010-83470237

资源下载：http://www.tup.com.cn

客服邮箱：tupjsj@vip.163.com

QQ：2301891038（请写明您的单位和姓名）

用微信扫一扫右边的二维码,即可关注清华大学出版社公众号。

教学资源·教学样书·新书信息

人工智能科学与技术
人工智能|电子通信|自动控制

资料下载·样书申请

书圈